基础化学实验教学示范中心建设系列教材

主　编：方志杰

副主编：（按姓氏笔画排序）

王风云　贡雪东　居学海　彭新华

中国石油和化学工业优秀教材
大学化学实验1　基础知识与技能　第二版

主　　编：贡雪东

副 主 编：施新宇　罗元香

编写人员：（按姓氏笔画排序）

王　双　方志杰　刘　彦　贡雪东

林雪梅　罗元香　施新宇　徐皖育

姬俊梅　曹　健　彭新华

基础化学实验教学示范中心建设系列教材

方志杰　主编

中国石油和化学工业优秀教材

大学化学实验1

基础知识与技能

DAXUE HUAXUE SHIYAN 1
JICHU ZHISHI YU JINENG

第二版

贡雪东　主编

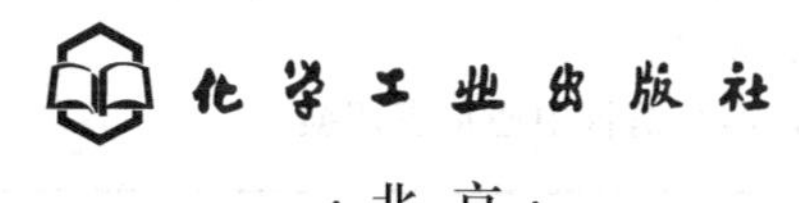

化学工业出版社

·北京·

内容提要

《基础化学实验教学示范中心建设系列教材》是南京理工大学、南通大学、南京理工大学泰州科技学院等几家院校大学化学实验教学改革的成果。经过十几年不断地探索、教学实践的检验和完善，也参考了其他院校基础化学实验课程改革的经验。该系列教材将基础化学实验分成四个部分：基础知识与技能、合成实验与技术、测试实验与技术、综合与设计性实验。本书是第一分册。

《大学化学实验1　基础知识与技能》第二版共6章，主要分两大部分：前四章着重介绍化学实验的相关基础知识和基本技能，并作适当拓展，加入了与试验结果处理有关的软件介绍和应用、文献和网络资源介绍和应用。第5和第6章精选了部分元素定性、常数测定和定量化学分析实验。

该书内容广泛而新颖，适用于化学、化工、环境、生物、制药、材料等专业的学生，也可供从事化学实验和科研的相关人员参考。

图书在版编目(CIP)数据

大学化学实验1　基础知识与技能/贡雪东主编．—2版．北京：化学工业出版社，2013.3(2024.8重印)

基础化学实验教学示范中心建设系列教材　中国石油和化学工业优秀教材

ISBN 978-7-122-15671-6

Ⅰ.①大…　Ⅱ.①贡…　Ⅲ.①化学实验-高等学校-教材　Ⅳ.①O6-3

中国版本图书馆CIP数据核字(2012)第248003号

责任编辑：刘俊之　　　　装帧设计：韩　飞

责任校对：宋　夏

出版发行：化学工业出版社(北京市东城区青年湖南街13号　邮政编码100011)

印　　装：涿州市般润文化传播有限公司

787mm×1092mm　1/16　印张11½　字数299千字　2024年8月北京第2版第9次印刷

购书咨询：010-64518888　　　　售后服务：010-64518899

网　　址：http://www.cip.com.cn

凡购买本书，如有缺损质量问题，本社销售中心负责调换。

定　　价：25.00元

前言

基础化学实验教学示范中心建设系列教材（共4册）第一版在2007年出版发行，因系统性强，内容新颖，涉及新方法新技术实践，已在大学生和研究生教学中获得广泛应用，得到用书学校师生的高度认同和肯定。各分册均多次印刷，并获得第九届中国石油和化学工业优秀教材奖。

编写一套理论和实践趋向完美结合的实验教材，需要师生们的新思想，我们很高兴利用再版的机会吸收新观点，摒弃第一版中不合时宜的内容，并保持教材的以下特色：

(1) 综合性：一个实验是两个或两个以上二级学科知识点的有机结合。例如无机制备或有机合成与分析表征的结合、晶体合成与结构表征的结合等。

(2) 先进性：部分实验内容来源于科学研究的最新成果，可以引导学生尽早了解各分支学科的国际前沿和热点。例如组合化学、纳米材料合成等。

(3) 实用性：实验的对象是真实的样品，例如地表水、表面活性剂、分子筛或自行制备的工业水处理剂等。

(4) 普遍性：通过一个实验可以达到“举一反三”的目的，既可以深入学习方法的原理，又可以得到实际操作能力的训练，进而可以推广应用。

作为基础化学实验教材，既要保持内容的系统性，又要反映科学技术发展的先进性。然而科学技术发展日新月异，及时反映科学技术发展的前沿，除了教学人员的知识体系不断更新外，还需要不断进行适合于新方法技术的先进仪器设备等装备。因此，《大学化学实验1 基础知识与技能》第二版保持了第一版的风格和特点，侧重于对大学化学实验有关的基础知识和技能的介绍。修订过程还对前一版存在的一些问题进行了修正。

第二版的修订工作由贡雪东负责，第一版全体参编人员参与完成。

本实验教材是为化学化工领域大学生实践学习所编写，其他相关专业领域人员也可参考。我们感谢书中所列参考文献的作者和因疏漏等原因未列出的文献作者，因他们创新了很多典型案例。同样我们感谢化学工业出版社的编辑，使得本书及时修订。最后我们感谢南京理工大学、南通大学、泰州科技学院等单位对本书再版工作的支持。书中不妥之处，敬请读者批评指正。

编　者

2012年10月

第一版前言

为实施“高等教育面向21世纪教学内容和课程体系改革”计划，拓宽基础，淡化专业，注重知识、能力和素质的综合协调发展，培养面向21世纪的创新型人才，以基础化学实验教学示范中心建设为契机，我们对原有的实验课程教学模式进行了较大的调整改革，对基础化学实验内容进行了整合、优化与更新，将实验课由原来依附于理论课开设变成独立设课，由原来按二级或三级学科内容开设变为分层次开设，将基础化学实验作为以能力培养为目标的整体来考虑。从培养技能的基本操作性实验，到培养分析解决问题能力的有关原理、性质、合成、表征等方面的一般实验，进而到重点培养综合思维和创新能力的综合与设计性实验，分层次展开。希望进一步强化大学生的自我获取知识的能力，在巩固其基础知识和基本技能的基础上，更有利于培养学生的动手能力和创新能力。据此，我们编写了《基础化学实验教学示范中心建设系列教材》丛书，由方志杰主编。该系列教材共分4册，分别为《大学化学实验1　基础知识与技能》、《大学化学实验2　合成实验与技术》、《大学化学实验3　测试实验与技术》和《大学化学实验4　综合与设计性实验》。

本书作为系列教材的第一册，着重编排介绍了大学化学实验的相关基础知识与基本技能，以及基础化学实验中基本的元素定性、常数测定和定量化学分析实验，作为后续实验的基础，另外，从拓展知识、培养能力出发，增加了与结果处理有关的软件应用介绍以及文献和网络资源应用介绍。

本书由贡雪东任主编，施新宇、罗元香任副主编，参与编写的有姬俊梅（第1章，实验6.1、6.9、6.12、6.15）、曹健（第1章）、罗元香（2.1～2.3）、贡雪东（2.4～2.6）、刘彦（3.1～3.4）、林雪梅（3.5～3.8）、徐皖育（3.9，实验6.2、6.5、6.7、6.11）、彭新华（3.10）、方志杰（第4章）、施新宇（第5章，实验6.3、6.4、6.6、6.8、6.10、6.13、6.14、6.16）、王双（实验6.1、6.9、6.12、6.15）。

本书的出版得到南京理工大学化工学院和教务处，南通大学，泰州科技学院等单位的大力支持，还得益于化学工业出版社编辑认真细致的工作，编者在一并致以衷心的感谢。同时还要感谢书中所列参考文献的作者，以及由于疏漏等原因未列出的文献作者。

由于编者水平有限，加之时间仓促，书中不妥之处在所难免，恳请广大师生和读者批评指正。

编　者

2007年6月

目录

第 6 章　定量化学分析实验　147

附录　170

第1章　绪　论

1.1　化学实验的目的和要求

实验是人类研究自然规律的一种基本方法。化学是一门以实验为基础的自然科学，没有实验就没有化学。化学中的所有定律、原理、学说都来源于实验，同时又通过实验进行检验。化学实验课是传授知识和技能、训练科学思维和方法、培养科学精神和职业道德、实施全面化学素质教育的最有效的形式，它不仅涉及理论的验证性，还应涉及主观能动的探索性内容；不仅涉及制备产品的合成性，还应涉及操作训练的基础性内容；不仅涉及性质实验的单一性，还应涉及实验技术的综合性内容；不仅涉及方法的经典性，还涉及其先进性的内容。

实验是大学化学课程的重要环节。通过实验，可以培养科学的认识能力和研究能力，即实验操作能力、细致观察和记录现象，归纳、综合、正确处理数据的能力，分析和正确表达实验结果的能力等。实验课要达到的目的如下所述。

（1）巩固、扩大和加深课堂所学的理论知识，加深对化学的基本原理和基础知识的理解和掌握。通过实验可发现和发展理论，同时通过实验对理论进行检验和评价。因此，学好化学实验是学好化学理论的重要环节。学生可以在实验中直接获得大量的化学事实，经过归纳总结，从感性认识上升到理性认识，对化学基础理论和基本知识的认识会产生新的飞跃。通过实验可以实现理论与实践的结合，训练理论联系实际以及分析问题和解决问题的能力。

（2）加强化学实验基本操作技能的训练，初步学会常用仪器的使用，培养独立操作动手能力，严格训练实验的技能技巧。通过实验课程的学习，使学生受到系统、规范的化学实验训练。大学化学实验要使学生受到以下几方面的训练：①规范基本操作，正确使用仪器；②准确记录、处理数据，正确表达实验结果；③认真观察实验现象，科学推断、逻辑推理，得出正确结论；④学习查阅手册及参考资料，正确设计实验，培养科学思维和独立工作能力。通过以上训练，使学生能较好地掌握化学实验基本技能，提高他们的创新意识和实际工作能力。

（3）通过实验现象的观察、分析，测试数据的处理和撰写报告，培养科学思维的方法。通过自拟实验方案的综合设计实验的训练，进一步培养独立思考、独立工作的科学实验能力。

（4）加强品德修养，培养基本素质。通过实验培养严肃认真、实事求是、一丝不苟的科学态度，同时使学生养成准确细致、整齐整洁的良好的实验室工作习惯。在实验中培养求真、探索、协作、创新的科学精神以及科学的思维方式，提高学生的思想修养、综合素质，从而使学生逐步掌握科学研究的方法，为学生参加科学研究及实际工作打下坚实的基础。

1.2　化学实验的学习方法

实验的目的不但是要培养学生的实验操作技术、巩固化学理论知识，更重要的是培养学生良好的实验作风和科学的思维方法，调动学生的主观能动性和创造性，通过长期的规范训练使学生具有独立解决问题的能力。因此，化学实验主要由学生独立完成，要求学生端正学习态度，明确学习目的，严格按照要求完成下列基本的实验程序，掌握正确的学习方法。

1.2.1　预习

为了避免实验中“照方抓药”的不良现象，使实验能够获得良好的效果，实验前必须进行预习。预习是实验前必须完成的准备工作，是做好实验的前提和保证。教师要严格要求，强调预习的重要性，保证学生对预习环节的足够重视。为了确保实验质量，实验前教师要检查每个学生的预习情况。对没有预习或预习不合格者，任课教师有权不让其参加本次实验，学生应严格服从教师的安排。

认真阅读实验教材、教科书、参考资料等相关内容，掌握本实验的预备知识。明确本实验的目的，了解实验的内容、步骤、操作过程和注意事项。写好简明扼要的预习报告后，方能进行实验。通过预习应达到的目的是：弄清实验要做什么，怎么去做，为什么这样做，不这样做是否可行，还有什么更好的方法能达到同样的目的，基本了解本实验所用仪器的工作原理、用途和正确的操作方法。

实验预习一般应达到下列要求：①阅读实验教材，明确实验目的；②掌握本次实验的主要内容，阅读实验中有关的实验操作技术及注意事项；③按教材规定设计实验方案，并回答“预习思考题”；④写出实验预习报告，预习报告是进行实验的依据，因此预习报告应包括简要的实验步骤与操作、定量实验的计算公式等。

1.2.2　操作记录

实验是培养独立工作能力和思维能力的重要环节，必须认真、独立地完成。在教师指导下，学生独立进行实验是训练学生正确掌握实验技术、达到培养能力目的的重要手段。为做好实验，应该做到以下几点。

(1) 根据实验内容，认真操作，仔细观察现象，如实将实验现象和数据记录在预习报告中。

(2) 若对实验现象有怀疑，应首先尊重实验事实，并认真分析和检查原因。也可以做对照实验、空白实验或自行设计实验来核对，必要时应多次实验，从中得出有益的结论。

(3) 实验中要勤于思考、仔细分析，力争自己解决问题。实验中遇到疑难问题或者有反常现象时，应认真分析操作过程，思考其原因。对于疑难问题，可与教师讨论，在教师指导下，重做或补做某些实验，自觉养成动脑筋分析问题的习惯。

(4) 若实验失败，要检查原因，经教师同意后重做实验。

(5) 遵守实验工作规则。实验完毕，按要求洗净仪器，整理药品及实验台。实验过程中应始终保持台面布局合理、环境整洁卫生。

1.2.3　实验报告

实验结束后，应严格地根据实验作出记录，对实验现象作出解释，写出有关反应，或根据实验数据进行处理和计算，作出相应的结论，并对实验中的问题进行讨论，独立完成实验报告，及时交指导教师审阅。

实验报告是描述、记录、讨论某项试验的过程和结果的报告，是对实验结果进一步分析、归纳和提高的过程。实验报告反映了学生的实验技术水平和总结归纳能力，必须认真完成。书写实验报告应字迹端正、简明扼要、清洁整齐，实验报告写得潦草者应重写。

实验报告应包括以下几方面的内容。

(1) 实验目的、要求。说明为什么进行实验，通过实验应掌握什么原理、方法和实验技能。

（2）实验基本原理和主要反应方程式。主要仪器设备和材料、试剂。

（3）实验内容。尽量采用表格、框图、符号等形式，清晰、明了地表示实验内容、实验步骤。

（4）实验现象和数据记录。如实记录实验现象，数据记录要完整，绝不允许主观臆造或抄袭别人实验结果。

（5）数据处理和结论。对现象加以简明的解释，分标题小结或者最后得出结论，数据计算要准确。数据处理以原始数据记录为依据，最好用列表加以整理，明了地显示数据的变化规律，同时注意数据的量纲单位，有效数字处理方法应符合规定。

（6）完成实验教材中规定的作业。针对本实验中遇到的疑难问题，提出自己的见解或收获，也可对实验方法、检测手段、合成路线、实验内容等提出自己的意见，分析实验误差原因，对实验方法、教学方法和实验内容等提出改进意见。

（7）讨论。一般在实验过程中，常会出现实验现象和数据与教材内容有些差别，同学之间、实验小组之间也会存在不同程度的差别。针对上述情况，要认真思考，反思自己是否严格按实验操作步骤及实验条件进行实验，是否有操作失误；若无上述原因，则同学之间相互交流，或与指导教师一起讨论，认真分析导致异常现象或误差的原因。根据讨论结果再对实验条件和实验方法进行改进以取得科学的实验结果。讨论是一种很好的学习方法，它可以明理、求真，因而在实验教学中经常被使用。实验前可以以提问的形式由师生共同讨论，以掌握实验原理、操作要点和注意事项；实验后可以组织课堂讨论，对实验现象、结果进行分析，对实验操作和素养进行评价，以提高实验效果。学生也可以在实验报告上对实验现象、实验误差及出现的其他问题进行讨论，敢于提出自己的见解或对实验提出改进意见。

1.3　化学实验安全知识

在进行化学实验时，会经常使用水、电、燃气和各种药品、仪器，如果马马虎虎、不遵守操作规则，不但会造成实验失败，还可能发生事故（如失火、中毒、烫伤或烧伤等）。只要我们在思想上重视安全工作，又遵守操作规则，则相关安全事故完全可以避免。

1.3.1　实验守则

1.3.1.1　实验室守则

（1）实验过程中要集中精力，认真操作，仔细观察，如实记录。

（2）保持严肃、安静的实验室氛围，不得高声谈话、嬉笑打闹。

（3）注意安全，爱护仪器、设备。使用精密仪器应格外小心，严格按操作规程进行。若发生故障，要及时报告指导教师。损坏仪器，酌情赔偿。

（4）节约试剂，按实验教材规定用量取用试剂。从试剂瓶中取出的试剂不可再倒回瓶中，以免带进杂质。取用试剂后应立即盖上瓶塞，切忌张冠李戴污染试剂。试剂瓶应及时放回原处。

（5）随时保持实验室和桌面的整洁。火柴梗、废纸屑、金属屑等固态废物应投入废纸篓内。废液倒入废液缸内，严禁将其投入或倒入水槽，以防堵塞、腐蚀管道。

（6）实验完毕，须将玻璃仪器洗涤干净，放回原位。清洁并整理好桌面，打扫干净水槽、地面。检查电插头或闸刀是否拉开、水龙头是否关闭。

（7）实验室的一切物品（仪器、药品等）均不得带离实验室。

1.3.1.2　实验室安全守则

⑴ 实验开始前，检查仪器是否完整无损，装置安装是否正确。要了解实验室安全用具

放置的位置，熟悉各种安全用具（如灭火器、沙桶、急救箱等）的使用方法。

(2) 嗅闻气体时，应用手轻拂气体。使用酒精灯时，应随用随点燃，不用时盖上灯罩。不要用已点燃的酒精灯去点燃其他酒精灯，以免酒精溢出而失火。

(3) 绝不允许任意混合化学药品，以免发生事故。

(4) 浓酸浓碱等具有强腐蚀性的药品，切勿将其溅在皮肤或衣服上，尤其不可将其溅入眼睛中。稀释浓硫酸时，应将浓硫酸慢慢倒入水中，而不能将水倒向浓硫酸中，以免迸溅。

(5) 乙醚、乙醇、丙酮、苯等易挥发和易燃的有机溶剂，放置和使用时必须远离明火，取用完毕后应立即盖紧瓶塞和瓶盖，置于阴凉处。

(6) 加热时，要严格遵从操作规程。加热试管时，不要将试管口指向自己或他人。不要俯视正在加热的液体，以免液体溅出受到伤害。制备或实验具有刺激性、恶臭和有毒的气体时（如 H_2S、Cl_2、CO、NO_2、SO_2 等），必须在通风橱内进行。

(7) 实验室内任何药品，特别是有毒药品（如重铬酸钾、钡盐、铅盐、砷的化合物、汞的化合物等，特别是氰化物）不得进入口内或接触伤口。有毒药品或有毒废液不得倒入水槽，以免与水槽中的残酸作用而产生有毒气体，培养良好的环境保护意识。

(8) 实验室电器设备的功率不得超过电源负载能力。电器设备使用前应检查是否漏电，常用仪器外壳应接地。人体与电器导电部分不能直接接触，也不能用湿手接触电器插头。

(9) 做危险性实验，应使用防护眼镜、面罩、手套等防护用具。

(10) 经常检查燃气开关和用气系统。如果有泄漏，立即熄灭室内火源，打开门窗通风，关闭燃气总阀，并立即报告指导教师。

(11) 实验进行时，不得擅自离开岗位。水、电、燃气、酒精灯等使用完毕应立即关闭。实验结束后，值日生和最后离开实验室的人员应再一次检查它们是否被关好。不能在实验室内饮食、吸烟。实验结束后必须洗净双手方可离开实验室。

1.3.2 危险品的使用

在化学实验过程中，经常使用具有易燃易爆、有毒有害、腐蚀性等危险特性的化学品。这些物品使用、管理或处理不当，对人和环境会造成危害。

1.3.2.1 化学危险物品的概念

凡是物质本身具有某种危险特性，如受到摩擦、撞击、震动、接触热源或火源、日光暴晒、遇水受潮、遇性能相抵触物品等外界因素的影响，会引起燃烧、爆炸、中毒、灼伤等人身伤亡或财产受损的化学品，统称为化学危险物品。

化学实验室常见的化学危险物品主要有：氯、一氧化碳及煤气、汽油、硫化氢、二氧化硫及三氧化硫、氮氧化物、笑气、氰化物、氟化物、砷和砷化物、氨、二硫化碳、溴和溴化物、碘、汞及汞盐、铅、锑及其化合物、钡盐、铍及其化合物、银及其化合物、乙炔、光气、三氯甲烷、四氯化碳、二氯甲烷、氯乙烯、氯苯、甲醛、丙酮、乙醚、甲醇、乙二醇、甲酸、乙酸、一氯乙酸和三氯乙酸、草酸、亚硝酸酯、磷酸三丁酯、苯及其同系物、苯酚、苯甲酸和苯甲酸酯类、硝基苯及其化合物、苯胺及其衍生物、放射性物质。

1.3.2.2 化学危险品的分类与主要特性

化学危险品的分类主要是根据其物化特性、危险性和便于管理等原则进行的。依照中华人民共和国国家标准《危险货物分类与品名编号》（GB 6944—1986）和《常用危险化学品的分类及标志》（GB 13690—1992）将其分为8大类。下面简要介绍化学危险品的分类及主要特性。

(1) 爆炸品。凡是在外界作用下（如受热、受压、撞击等），能发生剧烈的化学反应，瞬时产生大量的气体和热量，使周围压力急剧上升，发生爆炸，对周围环境造成破坏的物品。这类物品如火药、叠氮钠、雷汞、黑索金、三硝基甲苯等。

其主要特性是爆炸性。爆炸品的爆炸性是由本身的组成和性质决定的。在外界条件作用下，炸药受热、撞击、摩擦、遇明火或酸碱等因素的影响都易发生爆炸。

(2) 压缩气体和液化气体。这类化学品是指被压缩、液化或加压溶解的气体。按气体的性质液化气体又分为以下几种。

① 易燃气体。极易燃烧，也有一定毒性的气体，如氢气、甲烷、乙炔、丙烯、丁二烯等。

② 不燃气体。本身不燃烧，但有助燃作用，一般无毒，容易使人产生窒息的气体，如氮、氧、氦、氖、氩、二氧化碳等气体。

③ 有毒气体。毒性极强，易引起中毒甚至死亡的气体，如氯气、光气、二氧化硫、氰化物、氟化氢、硫化氢等。

压缩气体和液化气体的主要特性如下：气体在光照或受热后，温度升高，分子间的热运动加剧，体积增大，若在一定密闭容器内，气体受热的温度越高，其膨胀后形成的压力越大。一般压缩气体和液化气体都盛装在密闭的容器内，如果受高温、日晒，气体极易膨胀产生很大的压力，当压力超过容器的耐压强度时就会造成爆炸事故。

(3) 易燃液体。在常温下，以液态形式存在，极易挥发和燃烧，其闪点等于或低于61℃的液体是易燃液体。其中包括易燃的液体、液体混合物或含有固体物质的液体。许多溶剂都是易燃液体，如甲醇、乙醇、丙酮、汽油、苯、甲苯、二甲苯、乙醚等。

易燃液体主要特性及危险性如下所述。

① 易挥发性。易燃液体大多是沸点低、闪点低、挥发性强的物质。随着温度的升高，蒸发速度加快，当蒸气与空气混合达到一定浓度极限时遇火易燃烧爆炸。闪点越低的易燃液体其燃点也低，遇明火易引起燃烧。这类气体的饱和蒸气压也是随温度的升高而增加，蒸气压越大，蒸发速度越快，火灾爆炸危险性就越大。

② 易流动扩散性。液体具有流动和扩散性，大部黏度较小，易流动，有蔓延和扩大火灾的危险。易燃液体主要是靠容器盛装和管道输送，若出现跑、冒、滴、漏现象，挥发出的蒸气或流出的液体会迅速向四周扩散，与空气形成混合爆炸物。

③ 带电性。醚类、酮类、汽油、酯类、芳香烃及石油产品等易燃液体，在管道、储罐、槽车、油船的输送、灌注、摇晃、搅拌和高速流动过程中，由于摩擦易产生静电，当所带的静电荷聚积到一定程度时，就会产生静电火花，有引起燃烧和爆炸的危险。

④ 毒害性。大多数易燃液体都有一定的毒性，对人体的内脏器官有毒性作用。

(4) 易燃固体、自燃物品和遇湿易燃物品。易燃固体是指燃点低，对热、撞击、摩擦敏感，易被外部火源点燃，燃烧迅速，并可能散发出有毒烟雾或有毒气体的固体，但不包括已列入爆炸品的物品。例如，红磷、三硫化磷、五硫化磷、二硝基苯、硝化棉、闪光粉（镁粉与氯酸钾的混合物）、铝粉、镁粉、硫黄等。

易燃固体主要特性如下所述。

① 易燃性。大部分易燃固体的燃点、熔点、自燃点都较低。熔点低的固体易蒸发或气化，较易燃烧，而且燃烧速度快，许多低熔点的易燃固体有闪燃现象，如聚甲醛、樟脑等。燃点越低的固体越易着火，因为它们在较小的热源或撞击、摩擦作用下会很快受热到燃点而起火。多数易燃固体的自燃点都较低，易燃的危险性较大，其原因是分子间密度大，散热性差，易于积聚热量，当温度达到自燃点，没有火源也会引起燃烧。

② 可分散性与氧化性。物质的颗粒越细其比表面积越大，分散性就越强。当固体粒度小于0.01mm时，可悬浮于空气中，这样能充分与空气中的氧接触发生氧化作用。固体的可分散性受许多因素影响，主要是受物质的比表面积影响，比表面积越大，和空气

中氧的接触机会越多，氧化作用越容易，燃烧也就越快，就具有爆炸的危险性，如粉尘爆炸。

③ 热分解性。某些易燃固体受热后不熔融，而发生分解现象，如硝酸铵 NH_4NO_3 在分解过程中，往往释放出 NH_3 或 NO_2、NO 等有毒气体。一般来说，热分解的温度的高低直接影响其危险性的大小，受热分解温度越低的物质，其火灾爆炸危险性就越大。

自燃物品是指自燃点低，在空气中易发生氧化反应，并释放出热量而自行燃烧的物品。自燃物品的主要特性如下所述。

① 极易氧化。自燃的发生是由于物质的自行发热和散热速度处于不平衡状态而使热量积蓄的结果。如果散热受到阻碍，易促进自燃，其原因是自燃物质本身的化学性质非常活泼，具有很强的还原性，与空气中的氧能迅速作用产生大量的热。如黄磷的自燃点很低（34℃），若暴露于空气中，因氧化发热易引起自燃，因此黄磷需要放在水中保存。另外，还有一些自燃点很低的物质，为了防止自燃，储存时都需采取相应的措施。

② 易分解。某些自燃物质的化学性质很不稳定，在空气中会自行分解，积蓄的分解热也会引起自燃，如硝化纤维素、赛璐珞、硝化甘油等。

遇湿易燃物品指遇水或受潮时，发生剧烈化学反应，放出大量的易燃气体和热量的物品，有的不需明火即能燃烧或爆炸。这类物质的共性是遇水分解，遇酸或氧化剂反应更加剧烈。分解产生大量的易燃气体和热量，如果存在于容器或室内易形成爆炸性混合物而导致危险，如活泼金属、金属氢化物、硫氢化物、硫的金属化物、碳化物、磷化物等。

(5) 氧化剂和有机过氧化物。氧化剂是指处于高氧化态，具有强氧化性、易分解并放出氧和热量的物质。包括含有过氧基的无机物，其本身不一定可燃，但能导致可燃物的燃烧，与松软的粉末状可燃物能组成爆炸性混合物，对热、震动或摩擦较敏感，如碱金属（锂、钠、钾、铷、铯）或碱土金属（镁、钙、锶）的过氧化物和盐类。其分子结构中都含有过氧基或高价态元素（N^{5+}、Cl^{7+}、Mn^{7+}），性质不稳定，易分解，具有强氧化性。再如过氧化钠、氯酸钾、高锰酸钾、高氯酸钠等。

有机过氧化物是指分子组成中含有过氧基（—O—O—）的有机物，此类物质易燃易爆，极易分解，对热、震动或摩擦极为敏感，如过氧化苯甲酰、过氧化二叔丁醇、过氧化甲乙酮等。

有机过氧化物的主要特性如下所述。

① 强氧化性。具有强烈的氧化性，遇酸、碱或还原剂可发生剧烈的氧化还原反应。

② 易分解。在光、热、摩擦、震动、撞击、酸、碱等外界条件作用下，极易分解放出氧气，大量的氧可助燃，致使一些易燃品引起燃爆。

(6) 毒害品。毒害品是指物质进入人体后，累积达一定的量，能与体液和器官组织发生生物化学作用或生物物理作用，扰乱或破坏机体的正常生理功能，甚至危及生命的物品。如无机毒物（氰、砷、硒）及其化合物类（氰化钾、三氧化二砷、氧化硒），有机毒物类中的卤代烃及其卤代物（氯乙醇、二氯甲烷等），有机磷、硫、砷、硅、腈、胺等化合物类，有机金属化合物，某些芳香烃，稠环及杂环化合物等。

毒害品的主要特性如下所述。

① 溶解性。毒害品在水中溶解度越大，毒性越大。因为易于在水中溶解的物品，更易被人吸收而引起中毒。如氯化钡（$BaCl_2$）易溶于水中，对人体危害大，而硫酸钡（$BaSO_4$）不溶于水和脂肪，故无毒。但有的毒物虽不溶于水但可溶于脂肪，这类物质也会对人体产生一定危害。

② 挥发性。毒物在空气中的浓度与物质挥发度有直接的关系。在一定时间内，毒物的挥发性越大，毒性越大。一般沸点越低的物质，挥发性越大，空气中存有的浓度高，易发生

中毒。

③ 分散性。固体毒物颗粒越小，分散性越好，特别是悬浮于空气中的毒物颗粒，更易被吸入肺泡而中毒。

(7) 放射性物品。这类化学品是指放射性比活度大于 7.4×10^{4} Bq/kg 的物品。这类物质能不断地自发地放出穿透力很强的射线，人体感觉器官不能觉察到。如化工行业所用的放射性化学试剂和化工制品（氯化铀、硫酸铀、氧化铀、夜光粉、发光剂等）。

(8) 腐蚀品。腐蚀品是指能灼伤人体组织并对金属等物品造成损坏的固体或液体，如氢氟酸、硝酸、硫酸、甲酸、氯乙酸、氢氧化钠等。按化学性质可分为：酸性腐蚀品、碱性腐蚀品、其他腐蚀品。

腐蚀品的主要特性如下所述。

① 强烈的腐蚀性。它对人体、设备、建筑物、构筑物、车辆、船舶的金属结构都易发生化学反应，而使之腐蚀并遭受破坏，这种性质是所有腐蚀品的共性。

② 氧化性。腐蚀性物质如浓硫酸、硝酸、氯磺酸、漂白粉等都是氧化性很强的物质，与还原剂接触易发生强烈的氧化还原反应，放出大量的热，容易引起燃烧。

③ 稀释放热性。多种腐蚀品遇水会放出大量的热，易使液体四处飞溅造成人体灼伤。

1.3.3 意外事故的处理

(1) 割伤（玻璃或铁器刺伤等）。先把碎玻璃从伤处挑出，如轻伤可用生理盐水或硼酸溶液擦洗伤处，涂上紫药水（或红汞水），必要时撒些消炎粉，用绷带包扎。伤势较重时，则先用医用酒精在伤口周围擦洗消毒，再用纱布按住伤口压迫止血，立即送医院处置。

(2) 烫伤。可先用10%稀 $KMnO_4$ 溶液或苦味酸溶液冲洗灼伤处，再在伤口处抹上黄色的苦味酸溶液、烫伤膏或万花油，切勿用水冲洗。

(3) 受强酸腐伤。先用大量水冲洗，然后擦上碳酸氢钠油膏。如受氢氟酸腐伤，应迅速用水冲洗，再用5%苏打溶液冲洗，然后浸泡在冰冷的饱和硫酸镁溶液中30min，最后敷由硫酸镁26%、氧化镁6%、甘油18%、水和盐酸普鲁卡因1.2%配成的药膏（或甘油和氧化镁2∶1悬浮剂涂抹，用消毒纱布包扎），伤势严重时，应立即送医院急救。当酸溅入眼内时，首先用大量水冲眼，然后用3%的碳酸氢钠溶液冲洗，最后用清水洗眼。

(4) 受强碱腐伤。立即用大量水冲洗，然后用1%柠檬酸或硼酸溶液洗。当碱溅入眼内时，除用大量水冲洗外，再用饱和硼酸溶液冲洗，最后滴入蓖麻油。

(5) 吸入刺激性、有毒气体。吸入氯气、氯化氢气体、溴蒸气时，可吸入少量酒精和乙醚的混合蒸气使之解毒。吸入硫化氢气体而感到不适时，应立即到室外呼吸新鲜空气。

(6) 磷烧伤。用1%硫酸铜、1%硝酸银或浓高锰酸钾溶液处理伤口后，送医院治疗。

(7) 起火。若因酒精、苯等引起着火，立即用湿抹布、石棉布或砂子覆盖燃烧物；火势大时可用泡沫灭火器。若遇电器设备引起的火灾，应先切断电源，用二氧化碳灭火器或四氯化碳灭火器灭火，不能用泡沫灭火器，以免触电。

(8) 毒物进入口中。若毒物尚未咽下，应立即吐出来，并用水冲洗口腔；若已咽下，应设法促使呕吐，并根据毒物的性质服解毒剂。

(9) 触电事故。应立即拉开电闸，截断电源，尽快地利用绝缘物（干木棒、竹竿）将触电者与电源隔离。必要时进行人工呼吸。

(10) 若伤势较重，应立即送医院医治。火势较大，则应立即报警。

化学实验室几种常见化学品中毒的应急处理如下所述。

① 氯气。进入眼睛：用2%小苏打水或食盐水洗涤。进入呼吸道：用2%小苏打水或食盐水洗鼻、漱口，吸入水蒸气。严重者要输氧和注射强心剂。

② 氨。眼睛和皮肤：用清水或3%硼酸水或1%明矾水洗涤。眼角膜溃疡：红霉素眼药水、氯霉素眼药水或金霉素眼膏涂眼。支气管炎、肺炎：及时送医院治疗。

③ 一氧化碳。迅速移至空气新鲜处，解开衣领、腰带等，保持呼吸畅通。呼吸困难者要输氧。停止呼吸者要进行人工呼吸。

④ 氰化物。呼吸困难者需施行超压输氧，停止呼吸者进行人工呼吸。口服0.2%高锰酸钾或3%氧化氢和高浓度食盐水，反复引吐和洗胃。清醒者吸入亚硝酸异戊酯，10min为3～6滴。失去知觉者注入3%亚硝酸钠10mL，注射10%硫代硫酸钠溶液。

⑤ 有机磷农药。保证呼吸和心跳正常，必要时施行人工呼吸或体外心脏按压。解毒药：解磷针、阿托品、曼陀罗、氯磷啶等。皮肤污染：用清水或肥皂水清洗。眼睛污染：2%小苏打水洗眼。

参考文献

1　贾素云主编．基础化学实验．北京：兵器工业出版社，2005

2　高剑南，戴立益主编．现代化学实验基础．上海：华东师范大学出版社，1998

3　陈朗滨，王廷和主编．现代实验室管理．北京：冶金工业出版社，1999

4　徐伟亮主编．基础化学实验．北京：科学出版社，2005

5　刘秀儒编著．实验室技术与安全．北京：机械工业出版社，1994

6　甘孟瑜，曹渊主编．大学化学实验．重庆：重庆大学出版社，2003

7　曾淑兰主编．大学化学实验．天津：天津大学出版社，1994

8　徐功骅，蔡作乾主编．工科大学化学实验（第二版）．北京：清华大学出版社，1997

9　天津大学无机化学教研室．大学化学实验．天津：天津大学出版社，1998

10　胡立江，尤宏主编．工科大学化学实验．哈尔滨：哈尔滨工业大学出版社，1999

11　马全红等编著．大学化学实验．南京：东南大学出版社，2002

第 2 章 误差和数据处理

2.1 误差

测定试样组分的含量时，由于受分析方法、测量仪器、所用试剂以及分析工作者主观条件等方面的限制，使测定结果不可能和真实含量完全一致。

即使是技术很熟练的分析工作者，用最完善的分析方法和最精密的仪器，对同一样品进行多次平行测定，其结果也不会完全一样。这说明在分析过程中，客观上存在着难以避免的误差。

因此，人们在进行定量分析时，不仅要得到被测组分的含量，而且必须对分析结果进行评价，判断分析结果的准确性，检查产生误差的原因，采取减小误差的有效措施，从而不断提高分析结果的准确程度。

2.1.1 准确度与误差

2.1.1.1 准确度与误差的定义

分析结果与真实值的接近程度称为准确度。

分析结果与真实值之间的差值称为误差。误差愈小，表示分析结果的准确度愈高；反之，误差愈大，准确度就越低。所以误差的大小是衡量准确度高低的尺度。

2.1.1.2 误差的表示方法

误差可用绝对误差和相对误差表示。

(1) 绝对误差。

绝对误差＝测定值－真实值

常用平行测定结果的平均值$\overline{X}$表示测定结果，即

$$E=\overline{X}-\mu$$

式中，E 表示绝对误差；$\overline{X}$表示测定值；μ 表示真实值。

绝对误差的缺点是不能很好地反映分析结果准确度的高低。

例 1：HCl 标准溶液的浓度，若真实值 $\mu=0.1000$mol/L，测定值$\overline{X}=0.1001$mol/L，则绝对误差 $E=0.0001$mol/L。

例 2：HCl 标准溶液的浓度，若真实值 $\mu=0.5000$mol/L，测定值$\overline{X}=0.5001$mol/L，则绝对误差 $E=0.0001$mol/L。

可见，E 不能反映误差在测定结果中所占的百分率。

(2) 相对误差。

相对误差 RE＝(绝对误差/真实值)×100％

即

$$RE=\frac{\overline{X}-\mu}{\mu}\times100\%$$

根据相对误差的定义，上述例 1 和例 2 的相对误差依次为 0.1％和 0.02％，可见与绝对误差相比，相对误差能更好地反映分析结果准确度的高低。所以分析结果的准确度常用相对误差表示。但是仪器的测量准确度有时用绝对误差表示更清楚。例如，万分之一分析天平的

误差是±0.0001g，常量滴定管的读数误差是±0.01mL。用绝对误差来表示很清楚。

绝对误差和相对误差都有正值和负值。正值表示分析结果偏高，负值表示分析结果偏低。

对于测定结果，人们不仅希望它与真实值接近，而且希望测定结果的重现性良好。

2.1.2 精密度与偏差

2.1.2.1 精密度与偏差的定义

相同条件下多次测定结果相互吻合的程度称为精密度。

精密度高低的尺度用“偏差”来表示。所以偏差表示少量数据的离散程度。

2.1.2.2 偏差的表示方法

除了与误差相似，偏差可用绝对偏差和相对偏差表示外，它还有多种表示方法。

(1) 绝对偏差。

$$\text{绝对偏差}\ d=X-\overline{X}$$

式中，X 表示单次测定值；$\overline{X}$表示 n 次测定结果的平均值。

(2) 相对偏差。

$$\text{相对偏差}=\frac{d}{\overline{X}}\times 100\%$$

绝对偏差和相对偏差都有正值和负值。

(3) 平均偏差（算术平均偏差）。用来表示一组数据的精密度。

$$\overline{d}=\frac{\sum|X-\overline{X}|}{n}$$

式中，$\overline{d}$表示平均偏差；n 表示测定次数。

用平均偏差表示数据的精密度较简单，但大偏差得不到应有的反映。

$$\text{相对平均偏差}=\frac{\overline{d}}{\overline{X}}\times 100\%$$

(4) 标准偏差（又称均方根偏差，简称标准差）。标准偏差的计算分下列两种情况。

① 当测定次数趋于无穷大时，总体标准偏差 σ 表达如下：

$$\sigma=\sqrt{\frac{\sum(X-\mu)^2}{n}}$$

μ 为无限多次测定的平均值（总体平均值），即：

$$\lim_{n\to\infty}\overline{X}=\mu$$

消除系统误差后，μ 即为真值。

② 当测定次数有限时，样本的标准偏差 S 表达如下：

$$S=\sqrt{\frac{\sum(X-\overline{X})^2}{n-1}}$$

同平均偏差相比，标准偏差能更科学更准确地表示少量数据的离散程度。

如下列两组数据：

$X-\overline{X}$：0.11，−0.73，0.24，0.51，−0.14，0.00，0.30，−0.21

$n=8$；　$\overline{d_1}=0.28$；　$S_1=0.38$

$X-\overline{X}$：0.18，0.26，−0.25，−0.37，0.32，−0.28，0.31，−0.27

$n=8$；　$\overline{d_2}=0.28$；　$S_2=0.29$

可见$\overline{d}_1=\overline{d}_2$，但是 $S_1>S_2$，说明标准偏差确实能更准确地表示少量数据的离散程度。

(5) 相对标准偏差（又称变异系数 CV）。

$$CV=\frac{S}{\overline{X}}\times100\%$$

（6）（样本）方差。方差具有加合性，而标准偏差不具有加合性。

$$方差=S^2$$

（7）平均值的标准偏差。

m 个 n 次平行测定的平均值：

$$\overline{X}_1,\ \overline{X}_2,\ \overline{X}_3,\ \cdots,\ \overline{X}_m$$

由统计学可得，一组等精度平行测定值，其平均值的标准偏差 $S_{\overline{X}}$ 是：

$$S_{\overline{X}}=\frac{S}{\sqrt{n}}$$

（8）极差。只表明了测定值的最大离散范围。

$$R=X_{max}-X_{min}$$

式中，R 表示极差；X_{max} 表示所测数据的最大值；X_{min} 表示所测数据的最小值。

2.1.3　准确度与精密度的关系

例 1：标定某 HCl 标准溶液的浓度，若真实值 $\mu=0.1000$mol/L，3 次平行测定结果分别为 0.0800mol/L、0.1000mol/L 和 0.1200mol/L，则说明这种分析结果不可靠。因为数据的离散程度大。

例 2：标定某 HCl 标准溶液的浓度，若真实值 $\mu=0.1000$mol/L；3 次平行测定结果分别为 0.1201mol/L、0.1200mol/L 和 0.1199mol/L，说明这种分析结果也不可靠。

可见，精密度好是准确度高的必要条件，但不充分。只有在消除了系统误差以后，精密度高的分析结果才是既精密又准确的。

2.1.4　误差产生的原因及减免的方法

根据误差的性质，可将误差分为系统误差和偶然误差两类。

2.1.4.1　系统误差

（1）分类。系统误差也称可测误差或偏倚，根据误差产生的原因可分为以下几种。

① 方法误差。这种误差是由于分析方法本身所造成的。例如，在重量分析中，沉淀的溶解损失或吸附某些杂质而产生的误差；在滴定分析中，反应进行不完全、干扰离子的影响、滴定终点和化学计量点的不符合以及其他副反应的发生等，都会影响测定结果。

② 仪器误差。主要是仪器本身不够准确或未经校准所引起的。如天平、砝码和量器刻度不够准确等，在使用过程中就会使测定结果产生误差。

③ 试剂误差。由试剂不纯或去离子水中含有微量杂质所引起的。

④ 个人误差。由于分析者的主观因素所造成的误差，称为“个人误差”。例如，在读取滴定剂的体积时，有的人读数偏高，有的人读数偏低；在判断滴定终点颜色时，有的人对某种颜色的变化辨别不够敏锐，偏深或偏浅等所造成的误差。

（2）特点。系统误差的来源、大小和方向是固定的，又称为恒定误差。

（3）减免方法。消除测定中的系统误差可采用对照实验、校正实验、空白实验、回收实验、标准加入法等方法。详细内容参见 2.1.6。

2.1.4.2　偶然误差

（1）产生的原因。偶然误差也称随机误差或不可测误差，是由偶然因素，如：温度、压力波动、偶然出现的振动等引起的。

（2）特点。

① 偶然误差的来源、大小和方向是不固定的。

② 消除系统误差后，在同样条件下进行 n 次测定，当 n 很大时，则可发现偶然误差的分布符合正态分布。即大小相等的正、负误差出现的概率相等；小误差出现的概率大，大误差出现的概率小，特别大的正、负误差出现的概率非常小，故偶然误差出现的概率与其大小有关。偶然误差出现在 $\mu \pm 3\sigma$ 范围内的概率高达 99.7%。说明，对某一个量测定了 1000 次只有 3 次落在 $\mu \pm 3\sigma$ 范围之外。

（3）减免方法。增加测定次数，取其平均值可以减少偶然误差。

此外，由于操作失误（无意识）所造成的误差称为过失误差，如称量时样品洒落、滴定时滴定剂滴在锥形瓶外等。

2.1.5　误差的传递

提高测定结果的准确度需要尽量减小误差，由于一次分析过程可能经过多步测量与计算，每步测量产生的误差都会或多或少地影响分析结果的准确度。即个别测量步骤中产生的误差将传递到最后的结果中。

系统误差和偶然误差的传递规律不同。

2.1.5.1　系统误差的传递

设 A、B、C 为测定值，R 为分析结果。

（1）加减运算。

$$R = A + B - C$$
$$(\Delta R)_{\max} = \Delta A + \Delta B + \Delta C$$

即分析结果最大可能的绝对误差等于各测量值的绝对误差的代数和。

（2）乘除运算。

$$R = AB/C$$
$$(\Delta R/R)_{\max} = (\Delta A/A) + (\Delta B/B) + (\Delta C/C)$$

即分析结果最大可能的相对误差等于各测量值的相对误差的代数和。

2.1.5.2　偶然误差的传递

设 A、B、C 为测定值，S_A、S_B、S_C 分别为它们的标准偏差。

（1）加减运算。

$$R = A + B - C$$
$$S_R^2 = S_A^2 + S_B^2 + S_C^2$$

即分析结果的方差（标准偏差平方）等于各测量值的方差代数和。

（2）乘除运算。

$$R = AB/C$$
$$(S_R/R)^2 = (S_A/A)^2 + (S_B/B)^2 + (S_C/C)^2$$

即分析结果的相对标准偏差的平方，等于各测量值相对标准偏差平方的代数和。

由此可见，在一系列分析步骤中，大误差环节对分析结果准确度的影响有举足轻重的作用，因此要使测定结果准确性高就需要保证每次测量有较小的误差。

2.1.6　提高测定结果准确度的方法

2.1.6.1　选择合适的分析方法

方法的选择要能满足实际需要的情况，各种分析方法的准确度是不同的。

化学分析法：准确度高，灵敏度低，主要用于常量组分的测定。

仪器分析法：准确度低，灵敏度高，主要用于微量或痕量组分的测定。

2.1.6.2　消除系统误差

消除测定中的系统误差可采用下列方法。

（1）对照实验。即用相同的测定方法，在同样条件下，用标准样品代替试样进行的平行测定。将对照实验的测定结果与标样的已知测定结果相比较，其比值称为校正系数。对照实验（又称对比实验）是检查分析过程中有无系统误差存在的最有效的方法。

（2）空白实验。即在不加试样的情况下，按照与测定试样相同的分析条件和步骤进行测定，所得结果称为空白值。如从试样的测定结果中扣除空白值可消除试剂误差。

（3）校正实验。如对滴定管、移液管、容量瓶和分析天平砝码进行校正，以消除仪器误差。

对于系统误差的减免方法，还有回收实验、标准加入法等。

2.1.6.3　控制测量的相对误差

如常量滴定管的最小刻度只精确到 0.1mL，两个最小刻度间可以估读一位，单次读数估计误差为±0.01mL。要获得一个滴定体积值 V(mL) 需两次读数相减，则最大读数误差为±0.02mL。若要控制滴定分析的相对误差在要求的 0.1%以内，则滴定体积要大于 20mL。

2.2　有效数字

实验过程中遇到的数字有以下两类。

一类是数目。如测定次数、倍数、系数、分数等。其特点是这些数目属非测量所得，不存在准确度的问题。

另一类是测量值或计算值，数据的位数与测定准确度有关。记录的数字不仅表示数量的大小，而且要正确地反映测量的精确程度。如：称取物质的质量为 0.1g，表明是在小台秤上称取的。称取物质的质量为 0.1000g，表明是用万分之一的分析天平称取的。准确配制 50.00mL 溶液，需要用 50.00mL 容量瓶配制，而不能用烧杯和量杯。取 25.00mL 溶液，需要用移液管，而不能用量杯。取 25mL 溶液，则表示是用量杯或量筒量取的。滴定管的初始读数为零时，应记录为 0.00mL，而不能记录为 0mL。可见，化学实验中测定或计算所获得的数据，不但表示结果的大小，还可由数据的位数反映出测量结果的精确程度。

2.2.1　有效数字的定义

（1）有效数字的定义。分析工作中实际能测量到的数字称为“有效数字”。在有效数字中，末位数字是不准确的，是估计值，称为可疑数字，具有±1 的偏差，其他数字是准确的。

（2）数据中零的作用。

① 有效数字。如 2.010g 是 4 位有效数字，此数据中的 2 个“0”都是有效数字。注意：改变单位，并不改变测量的准确度，所以不能改变有效数字的位数。如将 2.010g 改用 mg 作单位时，应记为 2.010×10^3mg。

② 定位作用。如 0.0518 是 3 位有效数字。

有效数字的位数对误差有很大的影响。如：0.518 和 0.51800 有效数字的位数依次是 3 位和 5 位。其对应的相对误差依次是±0.2%和±0.002%。

注意：pH=6.32 这个数，只有小数点后的数字位数才为有效数字位数，即有 2 位有效数字；同理，lg$X$=2.38 有 2 位有效数字；以“0”结尾的正整数，有效数字的位数是不确定的，例如，690 这个数，就不能确定有几位有效数字，可能是 2 位，也可能是 3 位。此外，误差的有效数字一般取 1 位，最多取 2 位。

2.2.2 有效数字的修约规则

在计算和读取数据时，数据的位数可能比规定的有效数字位数多，如计算器可得 7 位；用万分之一的分析天平称量时，可读出小数点后 5 位，因此需要将多余的数字舍去。

舍去多余的数字称为有效数字的修约，所遵循的规则称为有效数字的修约规则。

过去常采用"四舍五入"的数字修约规则。现国家标准规定采用"四舍六入五留双"的数字修约规则。例如，将下列数字修约为 4 位有效数字，即：

0.232349→0.2323；21.4863→21.49；2.0055→2.006；2.0025→2.002

注意：① 若 5 后数字不为 0，则一律进位。

例如，将 2.00251 修约为 4 位有效数时，应为 2.00251→2.003。

② 只允许对原始测量值一次修约到所需位数，不得分次修约。

例如，将 2.3457 修约为 2 位有效数时，一次修约：2.3457→2.3；分次修约：2.3457→2.346→2.35→2.4 是不对的。

③ 测定值与极限值的比较，无特殊说明时，均采用全数值比较法，不用修约值比较法。例如，极限值：最大为 0.05%；测定值是 0.054%。采用修约值比较法：0.054%的修约值为 0.05%，结果是合格。采用全数值比较法：0.054%大于 0.05%，结果是不合格。

"四舍六入五留双"的数字修约规则避免了进舍时的单向性，降低了进舍时产生的误差。

2.2.3 有效数字的运算规则

2.2.3.1 加减运算

加减计算结果的有效数字位数取小数点后位数最少的，即绝对误差最大的。

例如，0.0121 + 25.64 + 1.057 = 26.7091，计算结果应保留 4 位有效数字。因为 0.0121、25.64 和 1.057 的绝对误差依次为 0.0001、0.01 和 0.001，所以计算结果的有效数字位数应与 25.64 保持一致，为 26.71。

在大量运算中，为了提高运算速度，又不使修约误差迅速积累，可采用"安全数字"。即将参与运算中各数的有效数字修约到比所取数应有的有效数字位数多一位，而后进行运算，最后结果修约到应有的位数。

2.2.3.2 乘除运算

乘除运算结果的有效数字位数：取有效位数最少的，即相对误差最大。

例：$(0.0325\times5.103\times60.0)/139.8=0.071179184$，其中，0.0325、5.103、60.0 和 139.8 的相对误差依次为±0.3%、±0.02%、±0.02%和±0.07%，相对误差最大的数据 0.0325 有 3 位有效数字位数，故计算结果应为 0.0712。

2.3 实验数据记录与处理

2.3.1 实验数据的记录

实验中所有测量数据都要随时记在专用的记录本上，不可将数据记录在单页纸上，或随意记录在无法长期保存的地方。

对于实验过程中的各种测量数据和有关现象，应及时、准确而且清楚地记录下来，记录的数据和现象不得随意进行涂改。要养成在任何情况下都不撕页的习惯。

2.3.2　实验数据的处理

数据处理的任务是根据测得的实验数据用统计的方法去推断试样的含量。其步骤主要包括整理数据；检验可疑数据和校正系统误差；计算一些统计量；表达分析结果。

2.3.2.1　数据的整理

整理数据是剔除已发现的操作过失所得的实验数据。

经常会遇到这样的情况，一组数据中有一个数据与其他数据偏离较大，随意处置将产生不同的结果。

一种结果是不应舍去而将其舍去。由于该数据是较大偶然误差存在所引起的较大偏离，舍去后，精密度提高，但准确度降低。

另一种结果是应舍去而未将其舍去。该数据是由未发现的操作过失所引起的较大偏离，如果应舍去而未舍去，结果的精密度和准确度均会降低。

此外，即使随意处理的结果与正确处理的结果发生巧合，两者一致。但这样做盲目性大，所得数据也没有可信度。

2.3.2.2　可疑数据的检验和系统误差的校正——显著性检验

（1）可疑数据的检验。可疑数据的检验，又称离群数据的检验，是依据小概率原理，判断该数据是由过失误差所致还是由偶然误差所致。主要方法有 Q 检验法和格鲁布斯（Grubbs）检验法等。

① Q 检验法。一般步骤如下所述。

a. 按递增顺序排列数据：X_1；X_2；…；X_n。

b. 求极差：X_n-X_1。

c. 求可疑数据与相邻数据之差：X_n-X_{n-1} 或 X_2-X_1。

d. 计算 Q 值：

$$Q_{计算}=\frac{X_n-X_{n-1}}{X_n-X_1} \text{或} Q_{计算}=\frac{X_2-X_1}{X_n-X_1}$$

e. 根据测定次数和要求的置信度查表（参见表 2.1）。

表 2.1　不同置信度下的 Q 值

测定次数	Q_{90}	Q_{95}	Q_{99}	测定次数	Q_{90}	Q_{95}	Q_{99}
3	0.94	0.98	0.99	7	0.51	0.59	0.68
4	0.76	0.85	0.93	8	0.47	0.54	0.63
5	0.64	0.73	0.82	9	0.44	0.51	0.60
6	0.56	0.64	0.74	10	0.41	0.48	0.57

f. 将 $Q_{计算}$ 与 $Q_{表}$ 相比，若 $Q_{计算}>Q_{表}$ 舍弃该数据，说明该数据是由过失误差所致。否则，保留该数据，说明该数据是由偶然误差所致。

注意：适用于 $n=3\sim10$，当数据分散时，会产生“受伪”；当数据较少时舍去一个后，应补加一个数据；可疑数据 1 个以上时，首先检验相差较大的值。

② 格鲁布斯（Grubbs）检验法。一般步骤如下所述。

a. 按递增顺序排列数据：X_1；X_2；…；X_n。

b. 求 $\overline{X}$ 和标准偏差 S。

c. 计算 G 值

$$G_{计算}=\frac{X_n-\overline{X}}{S}$$

$$或\ G_{计算}=\frac{\overline{X}-X_1}{S}$$

d. 由测定次数和要求的置信度，查表得 G(参见表 2.2)。

e. 比较：若 $G_{计算}>G_{表}$，弃去可疑值，反之保留。

表 2.2　不同置信度下的 G 值

测定次数	G_{95}	G_{99}	测定次数	G_{95}	G_{99}	测定次数	G_{95}	G_{99}
3	1.15	1.15	7	1.94	2.10	11	2.24	2.48
4	1.46	1.49	8	2.03	2.22	12	2.29	2.55
5	1.67	1.75	9	2.11	2.32			
6	1.82	1.91	10	2.18	2.41			

由于格鲁布斯（Grubbs）检验法引入了标准偏差，故准确性比 Q 检验法高。

(2) 系统误差的校正。在工作中经常会遇到这样的问题：建立了一种新的分析方法，该方法是否可靠？两个实验室或两个操作人员，采用相同方法，分析同样的试样，谁的结果准确？

对于第一个问题，新方法是否可靠需要与标准方法进行对比实验，获得两组数据。无论以上哪种情况，由于偶然误差的存在，两个结果之间有差异是必然的。

但是否存在系统误差，即两组数据之间是否有显著性差异，是判定新方法是否可靠、谁的结果准确的关键所在。如果不存在系统误差，则由偶然误差引起的差异是小的、不显著的，反之存在着显著性差异。

系统误差的检验方法主要有 t 检验法和 F 检验法。

① t 检验法。

a. 平均值（$\overline{X}$）与标准值（μ）的比较。

如用于检验某一方法是否可靠，可用被检验方法分析标准试样所得数据的平均值$\overline{X}$，与标准试样的标准值 μ 比较。检验步骤如下所述。

ⓐ 计算 t 值：

$$t_{计算}=\frac{\overline{X}-\mu}{S/\sqrt{n}}$$

ⓑ 由要求的置信度和测定次数，查表得 $t_{表}$(参见表 2.3)。

表 2.3　不同置信度下的 t 值

n	50%	90%	95%	99%	99.5%
2	1.000	6.314	12.706	63.657	127.32
3	0.816	2.920	4.303	9.925	14.089
4	0.765	2.353	3.182	5.841	7.453
5	0.741	2.132	2.776	4.604	5.598
6	0.727	2.015	2.571	4.032	4.773

ⓒ 比较：$t_{计算}>t_{表}$，表示有显著性差异，存在系统误差，被检验方法需要改进。否则，表示无显著性差异，被检验方法可以采用。

b. 两组数据的平均值比较（同一试样，无标准值）。

主要用于新方法和经典方法（标准方法）测定的两组数据；两位分析人员或两个实验室测定的两组数据之间的比较。

首先进行精密度比较，相差大，则没必要进一步检验，相差不大可用 t 检验法。

检验步骤如下所述。

ⓐ 求两组数据合并的标准偏差：

$$S_{合}=\sqrt{\frac{(n_1-1)S_1^2+(n_2-1)S_2^2}{n_1+n_2-2}}$$

ⓑ 计算 t 值：

$$t_{合}=\frac{|\overline{X}_1-\overline{X}_2|}{S_{合}}\sqrt{\frac{n_1 n_2}{n_1+n_2}}$$

ⓒ 查表（n_1+n_2-2）得 $t_{表}$。

ⓓ 比较：$t_{合}>t_{表}$，表示存在系统误差。

② F 检验法。

S_1^2 与 S_2^2 之间的比较。标准偏差（方差）反映测定结果的精密度，F 检验法实质上是检验了两组数据的精密度有无显著性差异。

检验步骤如下所述。

a. 计算 F 值：

$$F_{计算}=\frac{S_{大}^2}{S_{小}^2}$$

b. 查表，比较若 $F_{计算}>F_{表}$，表示有显著性差异，反之无显著性差异。

(3) 一些统计量的计算。

① 数理统计中的基本概念。

a. 总体和样本。例如，$CaCO_3$ 中 Ca 含量的测定，分析结果如下：

40.01%，39.91%，40.11%，40.02%，39.90%，40.21%，40.31%，…

总体（母体）是所研究的对象的某特征值的全体，如上例中无限次测量数据的集合。

个体是每个某特征值，如上例中每个数据就是一个个体。

样本（字样）是总体中随机抽出的一组测定值。它是总体的子集。

例如，40.01%，39.91%，40.11%。

样本容量（样本大小）是样本所含测定值的数目。如上例样本容量为 3。

b. 分析数据和统计量。分析数据是一个随机变量，即取值不能事先确定，受随机因素的影响，n 次平行测定所得到的 n 个数据不可能完全一样。

统计量是由随机样本根据某个函数式计算而得到的一些函数值。

例如，样本的平均值，它也是一个随机变量。

c. 统计推断。数据处理的任务是根据测得的实验数据用统计的方法去推断试样的含量。即根据测得样本，计算出统计量，再用统计量去推断总体。即由样本推断总体。

例如，用样本的平均值作为分析结果。

影响样本推断总体正确性的主要因素是样本的代表性和样本容量。

统计推断的可靠性用概率衡量。衡量统计推断可靠程度的概率称为置信概率，即在一定范围内，真值出现在该范围内的概率。又称为置信水平或置信度（P）。

统计推断中犯错误的概率称为显著水平（$1-P$）。

② 一些统计量的计算。计算平均偏差、标准偏差、相对标准偏差、方差、平均值的标准偏差、极差等统计量。

2.3.3　实验结果的正确表示方法

2.3.3.1　点估计

以样本平均值估计真值。其特点是不可靠。因为置信度为零。

2.3.3.2　区间估计

置信区间是指在某一置信度下，以测量值为中心，真值出现的范围。

平均值的置信区间可表示为：

$$\mu = \overline{X} \pm t\frac{s}{\sqrt{n}}$$

式中，s 为有限次测定的标准偏差；t 为概率系数（置信因子），表示了少量数据平均值的概率误差分布，又称为 t 分布。t 与 n 和 P 有关，置信度不变时，n 增加，t 变小，置信区间变小；n 不变时，置信度增加，t 变大，置信区间变大。

2.3.4　分析测试中的标准曲线

2.3.4.1　标准曲线

在化学实验中，常用标准曲线（又称工作曲线）来获得试样某组分的浓度。如光度分析中的浓度-吸光度曲线、电位法中的浓度-电位值曲线、色谱法中的浓度-峰面积曲线等。现以吸光光度法测定 $KMnO_4$ 的浓度为例，简介标准曲线法。

（1）吸光光度法的原理。$KMnO_4$ 的浓度 c 越大，颜色越深，吸光度 A 越大。

实验表明：$A=Kc$　（Beer 定律，K 为比例系数）

（2）标准曲线法的主要步骤。

① 配制一系列浓度为 c_1、c_2、c_3、c_4、c_5、c_6、c_7 的 $KMnO_4$ 标准溶液，并测量其对应的吸光度 A，得 A_1、A_2、A_3、A_4、A_5、A_6、A_7。

② 绘制吸光度 A-浓度 c 的曲线，即得标准曲线。

③ 测未知浓度的 $KMnO_4$ 标准溶液的吸光度 A_x，由标准曲线即可求得 c_x。

2.3.4.2　函数关系与相关关系

（1）函数关系。所有的实验数据点都在直线上（完全符合 Beer 定律），即偶然因素对它无任何影响（亦即没有实验误差），称这种关系为确定性关系或函数关系（参见图 2.1）。

（2）相关关系。由于误差的存在，常常并不是所有的实验数据点都在直线上，即两个变量之间并不存在函数关系（不能从一个变量的数值精确地求出另一个变量的数值），而是相关关系（参见图 2.2）。

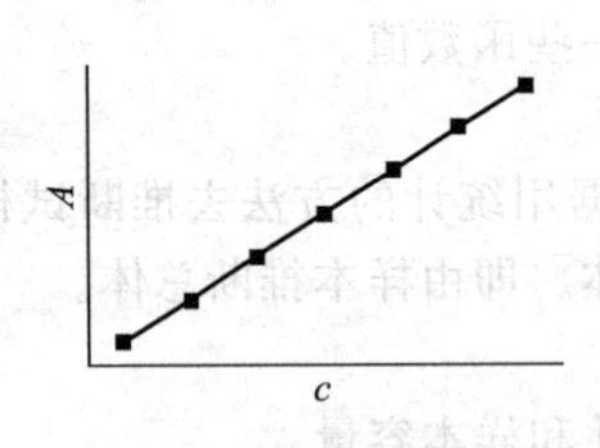

图 2.1　函数关系图

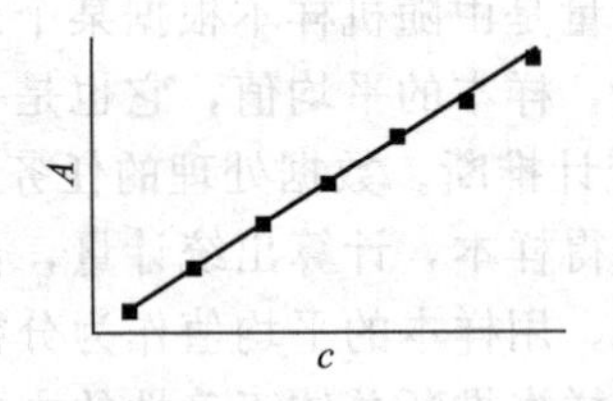

图 2.2　相关关系图

这时需要寻找两组数据间是否存在线性关系，已知是线性关系，由实验数据求线性方程（回归方程），如标准曲线，称为标准曲线的线性拟合（线性回归）。

2.3.4.3　回归方法

线性回归方法常用最小二乘法。即最小差方和法。

（1）最小二乘法回归的统计学原理。一元线性方程：$y=a_0+a_1x$，由实验获得 m 组数据：$(y_i, x_i)(i=1,2,3,\cdots,m)$，但实验数据数目 m 多于未知数个数，成为矛盾方程组。假设求得 a_0、a_1，将实验所得数据 x_i 代入一元线性方程可计算出相应的 $y_i'=a_0+a_1x_i$。如果实测值 y_i 与计算值 y_i'之间偏差越小，则回归得越好，即偏差平方和最小：

$$s(a_0, a_1) = \sum_{i=1}^{m}(y_i - y'_i)^2 = \sum_{i=1}^{m}(y_i - a_0 - a_1 x_i)^2$$

（2）最小二乘法回归。将上式求导，得：

$$\frac{\partial S}{\partial a_0} = -2\sum_{i=1}^{m}(y_i - a_0 - a_1 x_i) = 0; \quad \frac{\partial S}{\partial a_1} = -2\sum_{i=1}^{m}(y_i - a_0 - a_1 x_i)x_i = 0$$

$$a_0 + \frac{a_1}{m}\sum_{i=1}^{m}x_i = \frac{1}{m}\sum_{i=1}^{m}y_i, \quad a_0\sum_{i=1}^{m}x_i + a_1\sum_{i=1}^{m}x_i^2 = \sum_{i=1}^{m}x_i y_i$$

$$a_1 = \frac{m\sum_{i=1}^{m}x_i y_i - \overline{xy}}{m\sum_{i=1}^{m}x_i^2 - \overline{x}^2}, \quad a_0 = \overline{y} - a_1\overline{x}$$

其中：

$$\overline{x} = \frac{1}{m}\sum_{i=1}^{m}x_i, \quad \overline{y} = \frac{1}{m}\sum_{i=1}^{m}y_i$$

将实验数据代入，即可求得 a_0 和 a_1。

（3）相关系数 R。

$$R = \frac{l_{xy}}{\sqrt{l_{xx}l_{yy}}}$$

其中：$$l_{xy} = \sum_{i=1}^{m}x_i y_i - m\overline{xy}, \quad l_{xx} = \sum_{i=1}^{m}x_i^2 - m\overline{x}^2, \quad l_{yy} = \sum_{i=1}^{m}y_i^2 - m\overline{y}^2$$

相关性检验

① $R=1$，存在完全线性相关关系，无实验误差；

② $0<R<1$，存在着一定的线性相关关系；

③ $R=0$，毫无线性相关关系。

2.4　Origin 在化学实验数据处理中的应用

Microcal Origin 是 Windows 平台下用于数据处理、数据分析、科技绘图的软件。Origin 具有很强的数据分析功能，可以给出选定数据的各项统计参数，包括平均值、标准偏差、标准误差、总和以及组数，另外还可以在分析菜单下对数据进行排序、快速傅里叶变换、多重回归、线性拟合、多项式拟合等，并给出拟合参数，如回归系数、直线的斜率、截距等。使用 Origin 可以对选定的数据制作各种图形，包括直线图、描点图、柱状图、饼图以及各种 3D 图等。还可以进行矩阵运算，如转置、求逆等。该软件还可以直接使用和处理 Excel 表中的数据。

由于该软件具有处理快速、方便易用、功能强大等优点，是化学和化工类软件中实用性最强的综合型软件，对于进行实验数据拟合分析、绘制化学实验曲线非常有用，因此，被从事化学化工教学研究的人员广泛使用。

2.4.1　Origin 的启动

安装好该软件之后，双击 Windows 桌面上的 Origin 图标，启动程序，或在开始→所有程序→Origin 程序组中点击 Origin，进入如图 2.3 所示名称为 Datal 的工作表（Worksheet）

界面，Origin 中数据的输入就在工作表中进行。这里简单介绍如何输入数据到 Origin 的工作表中，以及如何由输入的数据绘制曲线。

OriginPro 7.5 - D:\PROGRAM\Origin75\gong\无标题 - [Data1]
文件(F) 编辑(E) 视图(V) 绘图(P) 列(C) 分析(A) 统计(S) 工具(T) 格式(O) 窗口(W) 帮助(H)
A(X)
B(Y)
无标题
名称 类型 视图 大 修订
Data1 工作表 最大化 7KB 2007-6...
Color Publication
Data1
弧度

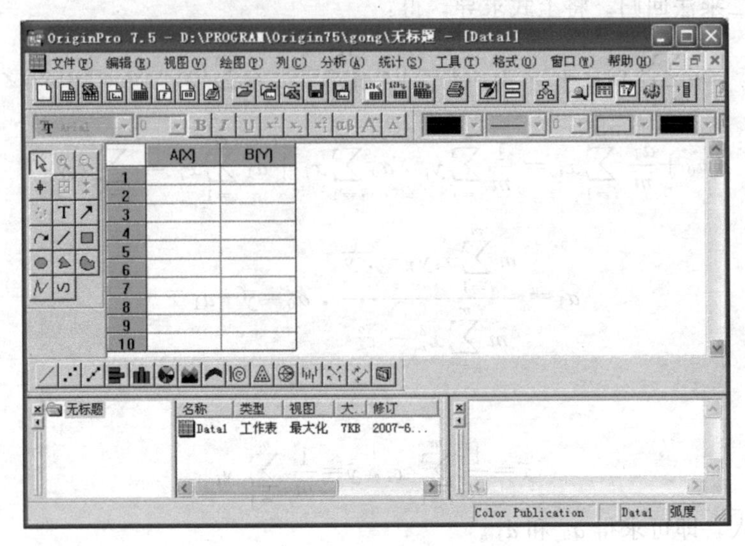

图 2.3　Origin 启动界面

2.4.2　数据的输入

输入数据是 Origin 绘图的第一步。启动 Origin 程序后出现的工作表中只含两列，若数据列数多于 2，可点击菜单“列”，运行子菜单“增加新列”，根据需要输入需要增加的列数。

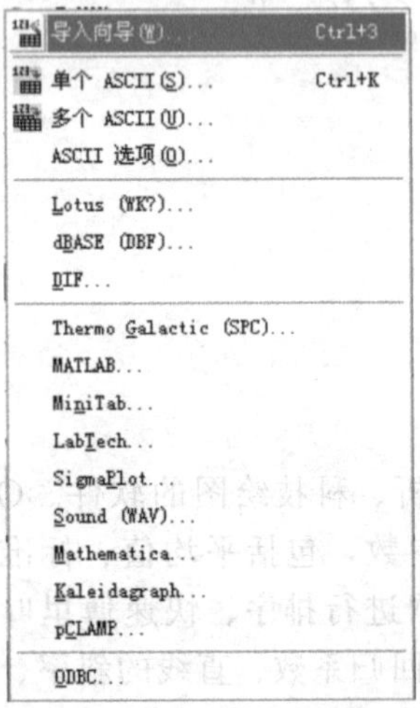

导入向导(W)... Ctrl+3
单个 ASCII(S)... Ctrl+K
多个 ASCII(U)...
ASCII 选项(O)...
Lotus (WK?)...
dBASE (DBF)...
DIF...
Thermo Galactic (SPC)...
MATLAB...
MiniTab...
LabTech...
SigmaPlot...
Sound (WAV)...
Mathematica...
Kaleidagraph...
pCLAMP...
ODBC...

图 2.4　数据文件格式选项

Origin 的数据输入，可通过键盘直接输入或文件导入的方法。

（1）直接输入。用鼠标点击工作表中要输入数据的单元格，即可直接输入数据。如果数据输入有误，可以删除或修改。

（2）文件导入。将实验获得的数据保存到文档中后可直接导入到 Origin 中。Origin 可接受多种数据文件格式的文档。数据格式可以从“文件→导入”（File→Import）子菜单中选择。图 2.4 为输入到工作表中的数据文件格式选项。

一般的输入数据文件类型为 ASCII，默认文件后缀为 .dat，可以选择文件菜单（File）→插入（Import）→单个 ASCII 导入文件；或者点击插入 ASCII 按钮。

以 NaOH 滴定 HCl 为例，不同滴定分数时的 pH 值数据保存在名为 NaOH-HCl. dat 的文档中，采用如下步骤插入数据并绘制 pH 值随滴定分数的变化曲线。

① 点击新建工作表按钮

② 点击插入 ASCII 按钮

③ 选择要插入的数据文件 NaOH-HCl. dat

④ 点击打开（Open），ASCII 文件 NaOH-HCl. dat 中的数据就插到工作表中了（如图2.5）。

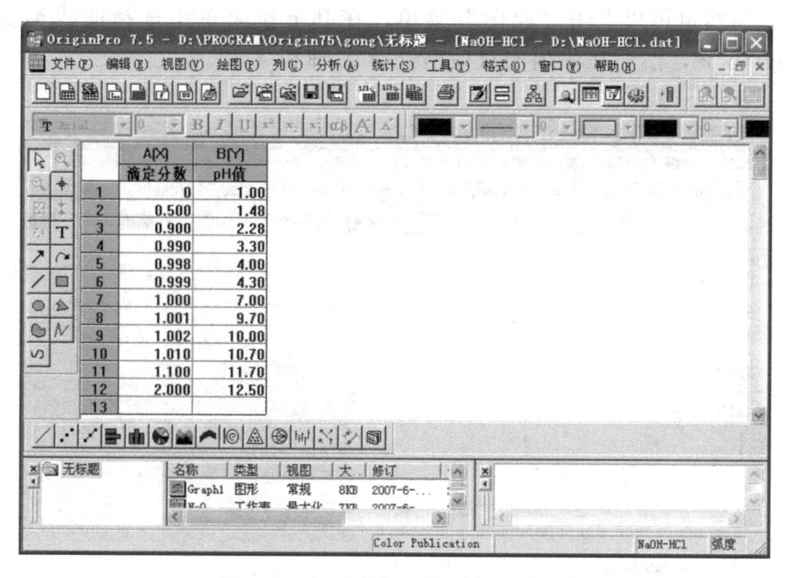

图 2.5　打开数据后的 Origin 界面

2.4.3 图形绘制

实验数据输入完毕后，就可以绘制曲线图。Origin 提供了绘图菜单的工具栏，如图 2.6 所示为二维图工具条。

图 2.6　Origin 的绘图菜单工具栏

Origin 中创建图形的最快捷方法是先选择工作表中的数据，然后点击绘图工具栏中的对应按钮。

例如，由上面的数据绘制带有数据点标志的线条曲线，可以先选择要绘图的列或单元格范围（参见图 2.7），然后点击绘图工具栏中的“线条＋符号”按钮（图 2.6 左起第 3 个），

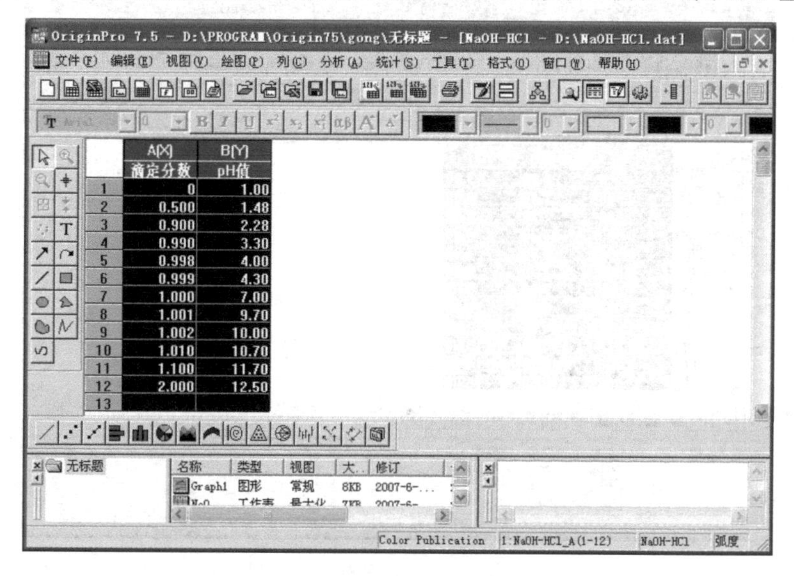

图 2.7　数据选定

结果见图 2.8。当然也可以点击“绘图”菜单，在其下拉菜单中选择曲线类型“线条＋符号”“Line＋Symbol”，然后在弹出的对话框选择 X 轴和 Y 轴。

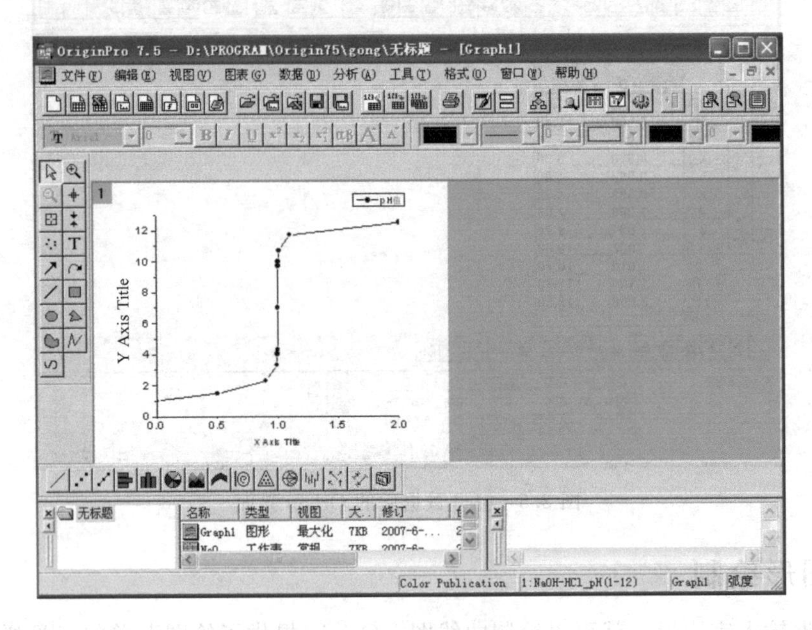

图 2.8　绘制曲线

当由 3 列以上数据绘制多条曲线时，Origin 会自动将数据分组并增加属性（例如使用不同符号和颜色），以便能方便地区分数据序列。例如，由图 2.9 中的数据绘图得到图 2.10 中的曲线。

2.4.4　图形的编辑修改

图形画好后，一般还需要进行必要的修改与美化。如，对不同曲线选择不同的线型，将数据点用不同的符号表示，命名坐标轴、改变字体大小及型号，对坐标轴位置、刻度大小进

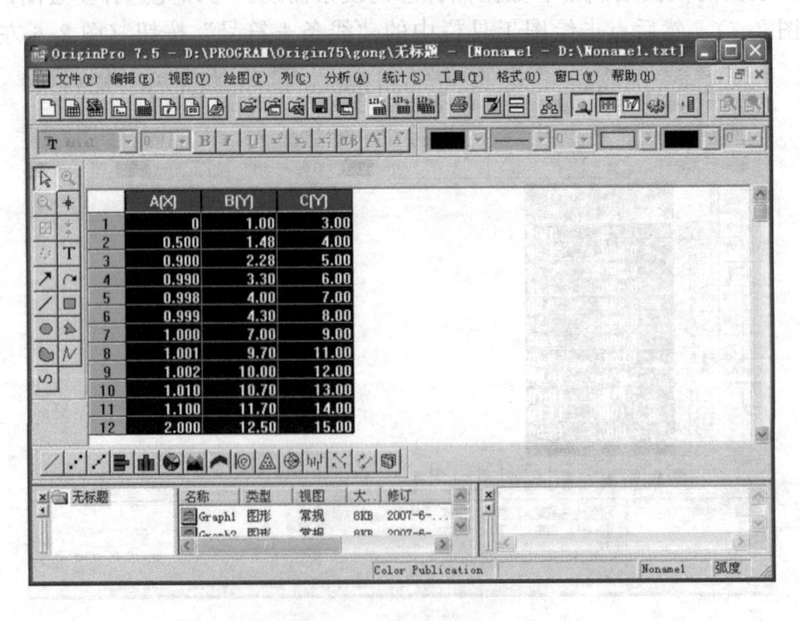

	A(X)	B(Y)	C(Y)
1	0	1.00	3.00
2	0.500	1.48	4.00
3	0.900	2.28	5.00
4	0.990	3.30	6.00
5	0.998	4.00	7.00
6	0.999	4.30	8.00
7	1.000	7.00	9.00
8	1.001	9.70	11.00
9	1.002	10.00	12.00
10	1.010	10.70	13.00
11	1.100	11.70	14.00
12	2.000	12.50	15.00

图 2.9　选定多组数据

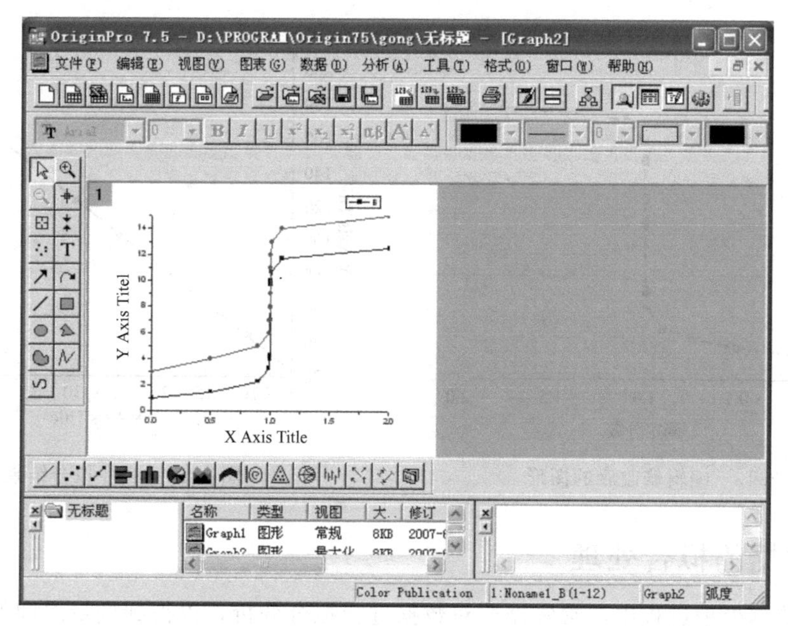

图 2.10　绘制多条曲线

行修改等。还可对实验数据进行各种不同的回归计算，打印出回归方程及各种偏差。

通过点击“格式”菜单下的各子菜单，可以修改图形的各相关属性，也可以在图形区直接点击鼠标左键或右键调出菜单。例如，左键双击“X Axis Title”就可以修改 X 轴标题，右键点击“X Axis Title”，点击“属性”，出现“文本控制”对话框（图 2.11），除了可以修改 X 轴标题，还可以对其格式进行设置。

左键双击或右键单击 X 或 Y 轴，出现如图 2.12 所示对话框。

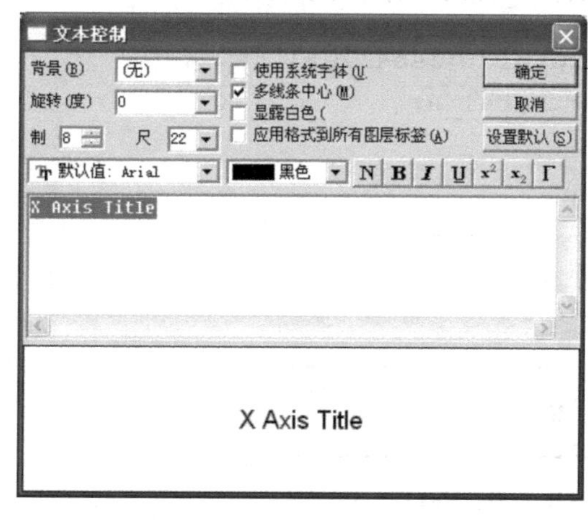

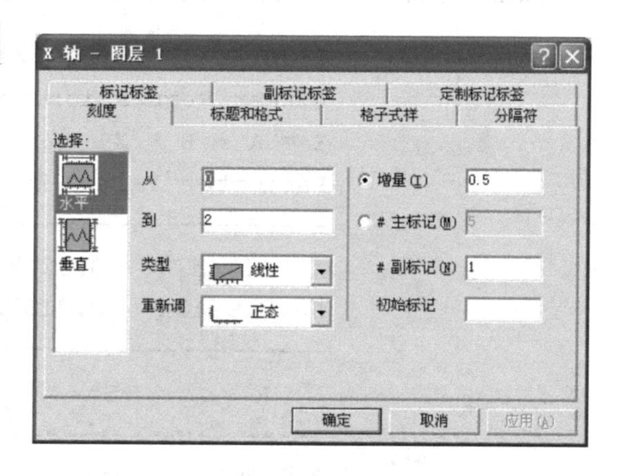

图 2.11　“文本控制”对话框

图 2.12　坐标轴设置对话框

在“选择”框中选择水平或垂直分别可以对 X 轴和 Y 轴进行设置，包括设置轴的刻度大小、标题、标记字体及大小等。

图 2.13 设置了 X 轴标题“滴定分数”用 28 号仿宋字体，Y 轴标题“pH 值”用 28 号楷体；X 轴刻度范围 0～2，增量 0.5，刻度标记用 28 号 Arial 字体；Y 轴刻度范围 0～14，增量 2，刻度标记用 28 号 Times New Roman 字体；线条为均匀虚线，宽为 3，颜色为黑色；符号为实心框居中，颜色为红色，大小为 12。

假如图中有多条曲线，可以对每条曲线逐条进行修改。

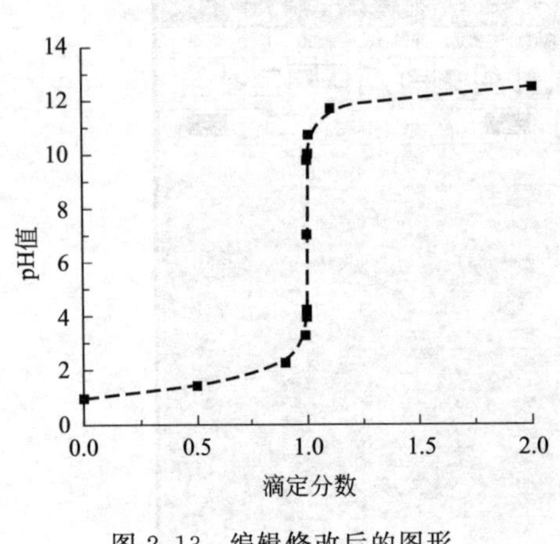

图 2.13 编辑修改后的图形

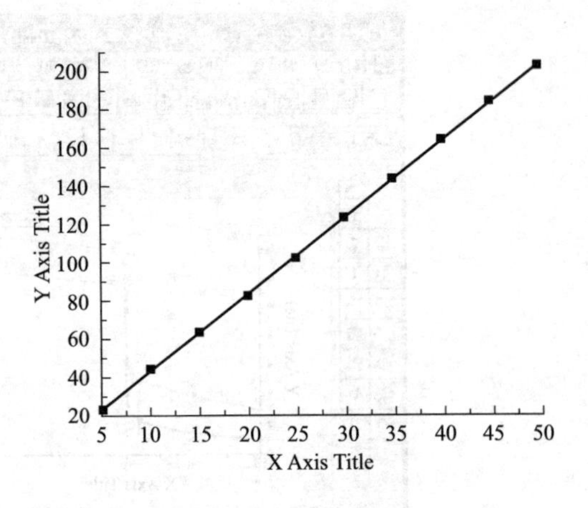

图 2.14 线性拟合结果

2.4.5 数据的拟合处理

在实验数据处理过程中，常常需要对数据进行拟合分析，以得到变量之间的关系，或分析实验数据误差。

例如，对下面这组实验数据进行线性拟合：

X	5	10	15	20	25	30	35	40	45	50
Y	23.84	43.91	63.14	82.24	102.04	122.72	143.66	163.99	183.41	202.46

将数据输入 Origin 中，绘制得到如图 2.14 所示图形。

点击“分析”或“工具”菜单下的“线性拟合”，得到拟合结果如下：

```
[2007-6-19 10:31 "/Graph1" (2454270)]
Linear Regression for Data1_B:
Y = A + B * X
Parameter Value  Error
-----------------------------------------
A   3.36533   0.52195
B   3.99184   0.01682
-----------------------------------------
     R         SD        N       P
-----------------------------------------
0.99993    0.76405    10   <0.0001
```

即 X 和 Y 之间的关系式为 $Y=3.36533+3.99184X$，线性相关系数为 0.99993，标准偏差为 0.76405。

类似地，对下面这组实验数据进行非线性拟合：

X	18	20	22	24	26	28	30	32
Y	1.410	1.193	1.004	0.842	0.704	0.595	0.509	0.422

作图得到图 2.15。

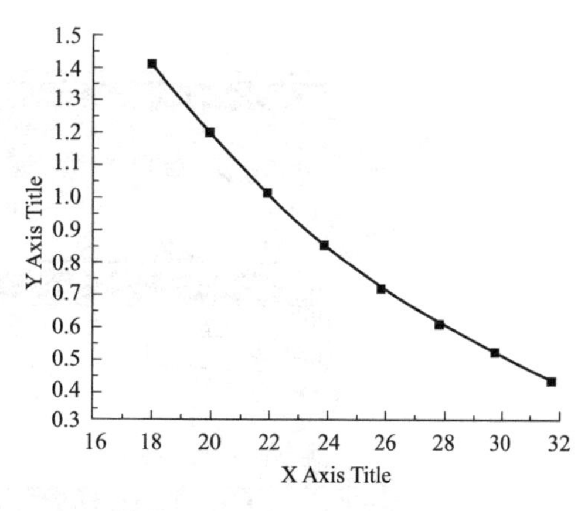

图 2.15 非线性拟合结果

点击“分析”菜单，选择“非线性曲线拟合”项，在弹出的选择函数窗口中，点击“更多”按钮进入高级模式，先在分类列表中选取要进行拟合的函数形式“Exponential”，然后在函数列表中选择“Exp2PMod2”函数，点击“Basic mode”按钮回到基本模式窗口后，点击“Equation”按钮则出现 $y=e^{a+bx}$ 方程式，再点击“开始拟合”按钮，出现“Attention”提示框，点击“Active Dataset”弹出“Fitting Session”窗口，连续点击“10Iter”按钮，直至 a，b 的值不再变化，在此过程中，图形窗口还将显示相关系数、误差等数据，单击“Done”完成拟合过程，得到 a 和 b 的值分别是 4.1975 和 −0.0861，即经验公式为 $Y=e^{4.1975-0.0861X}$。

2.5 Excel 在化学实验数据处理中的应用

Excel 是办公自动化软件 Microsoft Office 中的重要成员之一，是 Windows 操作平台上著名的电子表格软件。具有强大的制作表格、处理数据、分析数据、创建图表等功能。

2.5.1 Excel 的启动与退出

安装之后，选择 Windows“开始”菜单“程序”项子菜单的“Microsoft Excel”命令，可以启动 Excel。如果已经建立了 Excel 的快捷方式图标，双击快捷图标也可以启动 Excel。此时默认建立一个名为 Book1 的新 Excel 文件。双击一个已有的 Excel 文件，也可以启动 Excel，同时打开这个文件。

退出 Excel 的方法与 Windows 中其他应用程序的退出基本相同。单击 Excel 主窗口的“关闭”按钮或者选择“文件”菜单的“退出”命令即可退出，假如对 Excel 文件作了修改，程序就会提示是否保存修改。

2.5.2 Excel 的窗口界面

启动 Excel 后，出现 Excel 数据操作窗口（图 2.16）。电子报表处理在此进行，故称为工作簿，顶部为缺省文件名 Book1，底部指明工作簿的第一张工作表 Sheet1。工作簿从上到下分五部分：菜单栏、工具栏、编辑栏、工作簿窗口以及状态栏。

菜单栏包括了 Excel 的主要功能：文件、编辑、视图、插入、格式、工具、数据、窗口、帮助。

Excel 有多个工具栏，默认显示的工具栏是“常用”工具栏和“格式”工具栏。

编辑栏用于输入或编辑工作表中的数据公式，它们可以显示当前编辑的地址和数据。

Excel 的一个工作簿就是一个 Excel 的文件，工作簿名就是文件名，它的扩展名是 .xls。

工作簿中的每一张表称为工作表。一个工作表可以由 65536 行和 256 列构成。行的编号从 1 到 65536，列的编号依次用字母 A、B、C…IV 表示。

工作表中的矩形格子称为单元格，单元格是工作表的最小单位，也是 Excel 用于保存数据的最小单位。每个单元格有一个地址，地址由单元格所在的列号和行号组成，例如，左上

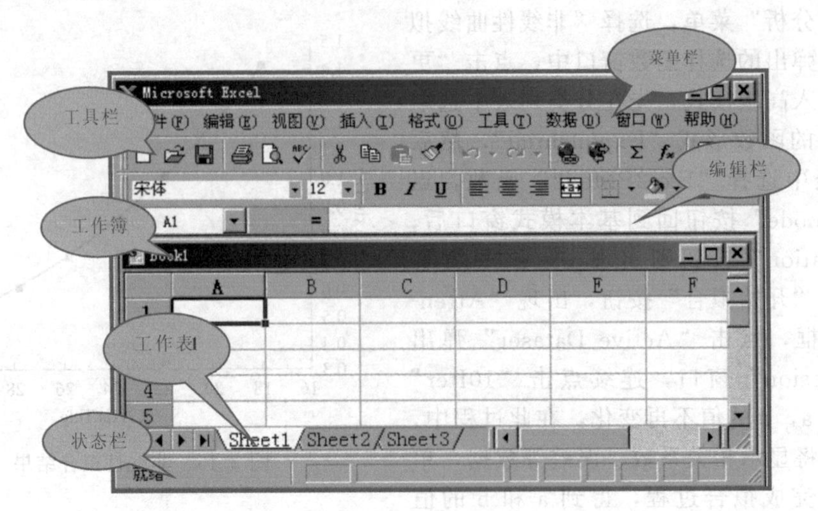

图 2.16 Excel界面

角的单元格在第一列和第一行，其地址即为 A1。

2.5.3 数据输入

在工作表中输入数据有许多方法，可以通过手工逐个输入，也可以在单元格中自动填充数据。

2.5.3.1 单元格的选定

在输入和编辑单元格内容之前，必须先选定单元格，选定的单元格称为活动单元格。此时它的地址显示在编辑栏左边的“名称”框，它的数据显示在编辑栏右边的“编辑框”。它的边框变成黑线，右下角有个小黑块称作填充柄，将鼠标指向填充柄时，鼠标的形状由空心十字变为黑十字。

2.5.3.2 数据的输入

在 Excel 中，可以为单元格输入两种类型的数据：常量和公式。常量是指没有以“＝”开头的单元格数值，包括数字、文字、日期、时间等。数字只能用 0、1、2、…、9 等 10 个数字及＋、－、*、/、.、$、%、E、e、(、) 等字符；为避免将输入的分数当作日期，在分数前应冠以 0，如 0 5/6。文字可以是数字、空格和非数字字符的组合。日期和时间在 Excel 中被视为数字处理，日期可用斜杠或减号分隔年、月、日，如 2007/06/28。

数据输入的步骤如下。

① 选中需要输入数据的单元格使其成为活动单元格。

② 输入数据并按 Enter 键或 Tab 键或用鼠标点击其他单元格。

2.5.3.3 自动填充数据

自动填充数据功能为输入数据序列提供了极大的便利。

(1) 填充相同的数据。

① 选定同一行（列）上包含复制数据的单元格或单元格区域。

② 将鼠标指针移到单元格或单元格区域填充柄上，将填充柄向需要填充数据的单元格方向拖动。

(2) 按序列填充数据。

通过拖动单元格区域填充柄填充数据，Excel 能预测填充趋势，然后按预测趋势自动填充数据。例如，要输入起始温度为 300K、升温步长为 20K 的系列温度数据，只要在相邻两个单元格如 A1、A2 中分别填入 300 和 320，选中 A1、A2 单元格区域并向下拖动填充柄，Excel 会在下面的单元格中依次填充 340、360 等值。

2.5.3.4　对单元格中数据进行编辑

首先使需要编辑的单元格成为活动单元格，若重新输入内容，则直接输入新内容；若只作部分修改，则按 F2 功能键或用鼠标双击活动单元格，对数据进行编辑，按 Enter 键或 Tab 键结束编辑。

2.5.3.5　使用公式和函数

公式和函数是 Excel 的核心。在单元格中输入正确的公式或函数后，会立即在单元格中显示计算结果，如果改变工作表中与公式有关的或作为函数参数的单元格里的数据，Excel 会自动更新计算结果。

利用公式可以对工作表中的数据进行加、减、乘、除等运算。公式可以由值、单元格引用、名称、函数或运算符组成。

运算符是公式中不可缺少的组成部分。Excel 包含 4 种类型的运算符：算术运算符、比较运算符、文本运算符和引用运算符。

算术操作符包括：＋、－、*、/、%、^（幂），计算顺序为先乘除后加减。

比较运算符可以比较两个数值并产生一个逻辑值，包括：＝、＞、＞＝、＜、＜＝、＜＞。

文本运算符“&”将两个文本值连接起来产生一个连续的文本值。

引用运算符包括：冒号（:）、逗号（,）、空格，其中“:”为区域运算符，如 A1：A10 是对单元格 A1 到 A10 之间（包括 A1 和 A10）的所有单元格的引用。“,”为联合运算符，可将多个引用合并为一个引用，如 SUM(A1：A10，B2：B5）是对 A1 至 A10 及 B2 至 B5 之间的所有单元格求和。空格为交叉运算符，产生对同时隶属于两个引用的单元格区域的引用。

使用公式必须以“＝”开始。为单元格设置公式，应在单元格中或编辑栏中输入“＝”，然后直接输入所设置的公式。对公式中包含的单元格或单元格区域的引用，可以直接用鼠标拖动进行选定，或单击要引用的单元格输入引用单元格标志或名称，如“＝(A1＋A2＋A3)/5”表示将 A1、A2、A3 三个单元格中的数值求和并除以 5，把结果放入当前单元格中。

输入公式的步骤如下：①选定要输入公式的单元格；②在单元格中或编辑栏中输入“＝”；③输入设置的公式，按 Enter 键。

Excel 的函数可以帮助进行数学、文本和逻辑计算以及在工作表内查找信息等工作，使用函数可以加快数据的录入和计算速度。Excel 除了有大量内置函数外，还允许用户自定义函数。函数的一般格式为：函数名（参数 1，参数 2，参数 3）。

要使用函数可以单击“插入”菜单，再单击“函数”命令；也可直接单击工具栏中的

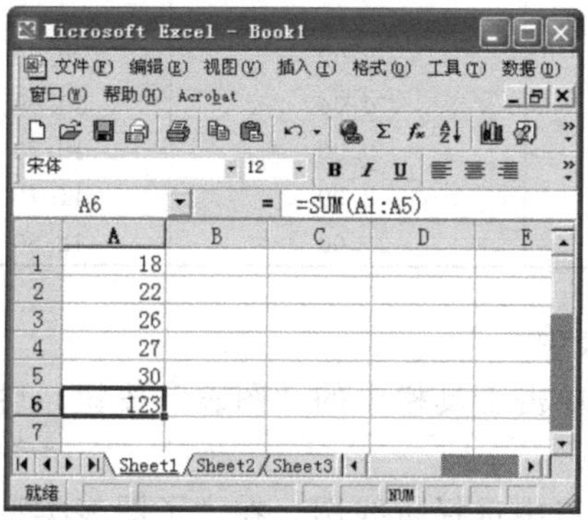

图 2.17　求和

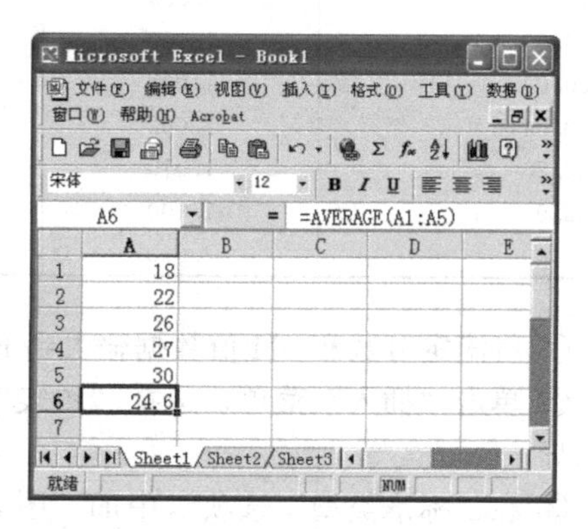

图 2.18　求平均值

“函数”按钮。在活动单元格中用到函数时需以“=”开头，并指定函数计算时所需的参数。

例如，图2.17显示了用求和函数SUM(A1：A5）求单元格A1至A5中的5个数之和的结果；图2.18则是用求平均值函数AVERAGE(A1：A5）求这几个数的平均值结果。

2.5.4 图表生成

图表是Excel最常用的对象之一，它是工作表数据的图形表示方法。与工作表相比，图表能更加形象地反映出数据的对比关系或变化趋势，可以将抽象的数据形象化，使数据更加直观。

图2.19 Excel的图表类型选择对话框

Excel提供了丰富的图表功能，例如：柱形图、条形图、折线图、饼图等（如图2.19）。

利用数据生成图表时，要依照具体情况选用不同的图表。Excel的图表分嵌入式和工作表式两种。嵌入式图表是置于工作表中的图表对象，保存工作簿时该图表随工作表一起保存。工作表式图表是工作簿中只包含图表的工作表。若在工作表数据附近插入图表，应创建嵌入式图表，若在工作簿的其他工作表上插入图表，应创建工作表式图表。

生成图表，首先必须有数据源。这些数据要求以列或行的方式存放在工作表的一个区域中，若以列的方式排列，通常以区域的第一列数据作为X轴的数据。若以行的方式排列，则要求区域的第一行数据作为X轴的数据。

例如，表2.4是0.1000mol/L NaOH滴定20.00mL 0.1000mol/L HCl过程中的相关数据，采用如下步骤来绘制pH值随滴定分数的变化曲线。

表2.4 0.1000mol/L NaOH滴定20.00mL 0.1000mol/L的HCl过程的相关数据

加入NaOH/mL	滴定分数	剩余HCl/mL	过量NaOH/mL	pH
0.00	0.000	20.00		1.00
10.00	0.500	10.00		1.48
18.00	0.900	2.00		2.28
19.80	0.990	0.20		3.30
19.96	0.998	0.04		4.00
19.98	0.999	0.02		4.30
20.00	1.000	0.00		7.00
20.02	1.001		0.02	9.70
20.04	1.002		0.04	10.00
20.20	1.010		0.20	10.70
22.00	1.100		2.00	11.70
40.00	2.000		20.00	12.50

① 将滴定分数和pH值数据输入到Excel工作表中。

② 单击“插入”菜单，选择“图表”选项，或单击工具栏中的“图表”按钮，启动图表向导。

③ 在“标准类型”选项卡中的“图表类型”窗口中选择折线图，在“子图表类型”复选框选择第一张图，然后单击“下一步”按钮。

④ 在“数据区”选项卡的“数据区域”编辑框中输入图表数据源的单元格区域，或直接由鼠标在工作表中选取数据区域＄A＄2：＄B＄13，选择“系列产生在”选项为“列”。再打开“系列”选项卡，删除“系列（S）”框中的“系列1”，在“分类X轴标志（T）”中输入或直接在工作表中选取数据区域＄A＄2：＄A＄13，然后再按“完成”按钮，得到图2.20。

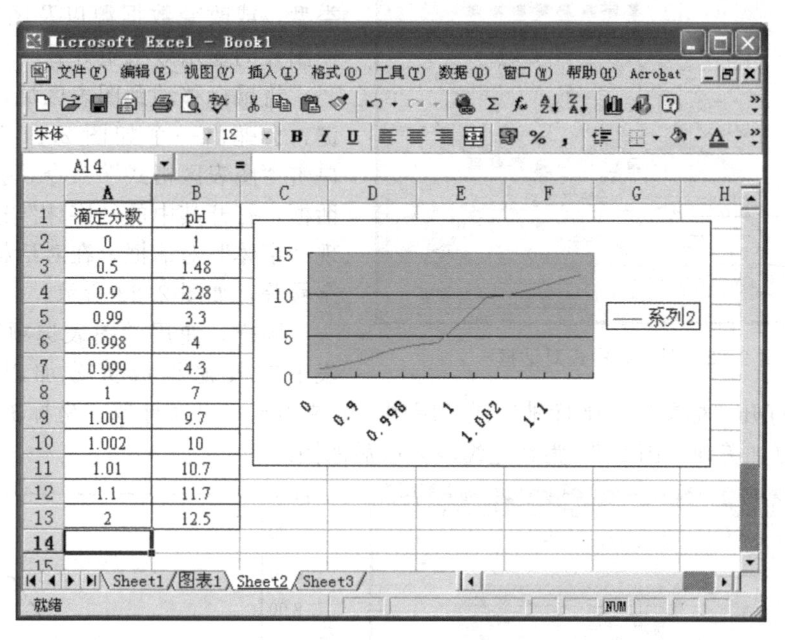

图 2.20　Excel 绘图结果

2.5.5　图表的编辑与格式化

插入的图表还需要进行编辑与格式化，按要求对图表内容、图表格式、图表布局和外观进行编辑和设置，如编辑或修改图表标题、为图表加上数据标志、把单元格的内容作为图表文字、删除图表文字等。格式化包括图表文字的格式化、坐标轴刻度的格式化、数据标志的

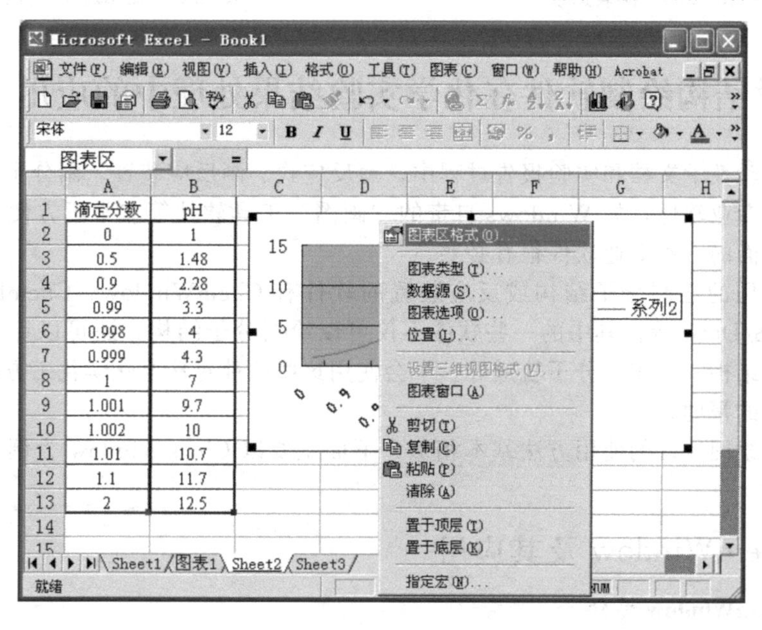

图 2.21　图表区设置选项

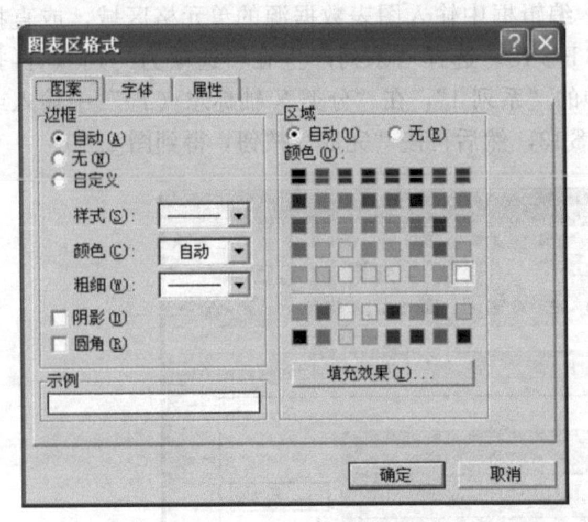

图 2.22　图表区格式对话框

颜色改变、网格线的设置、图表格式的自动套用等。还包括对图表中的图例进行添加、删除和移动，对图表中的数据系列或数据点进行添加和删除，改变当前的图表类型，或改变数据源以及图表的位置等，使图表的显示效果更好。

将鼠标移动到图表区域，单击鼠标右键，会弹出一个如图 2.21 所示的菜单，单击“图表区格式”命令，会出现一个对话框，打开其中的“字体”选项卡，会出现“字体”对话框，在对话框中设置字体字号等，如图 2.22 所示。

同样，使用“图表选项”，可以对图表中的其他组成部分加以改变。如图 2.23 所示，打开“标题”、“坐标轴”或“图例”等选项卡，可对标题、坐标轴等进行设置，使图表标题更加美观。图 2.24 为经过编辑修改后的图形。

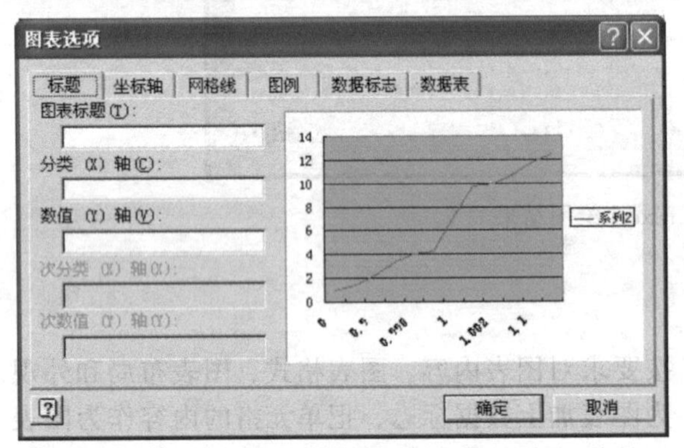

图 2.23　图表选项

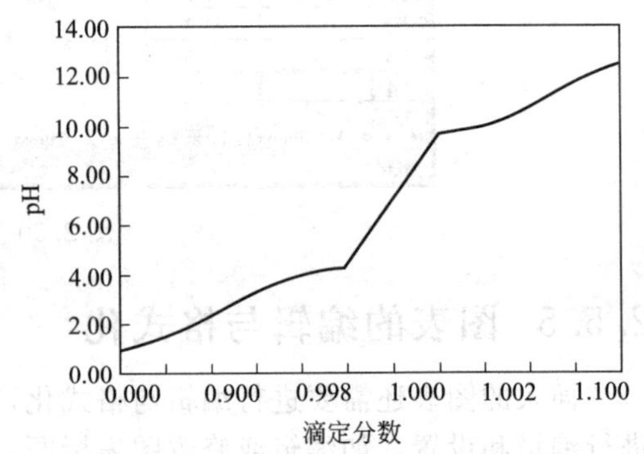

图 2.24　编辑修改后的图形

2.6　化学结构绘制软件在化学实验结果处理中的应用

在书写实验教学文档和实验报告过程中，写反应式、画反应装置、画分子结构是常有的事，而使用非专业软件，如 Windows 自带的“画图”工具软件等非常不方便。因此了解并学会使用这方面的一些专业软件很有必要。

微机上常用的绘制分子结构或反应装置的软件有 ChemWindow、ChemDraw、ChemSketch 和 ISIS/Draw 等。其中的一些软件不仅可以绘制分子结构，还可以计算显示分子的性质，如立体结构、光谱、分子轨道等。学会使用这些软件对从事化学化工方面的学习和研究工作有很大的帮助。

分子结构绘图软件的使用方法基本相似，下面主要以 ChemWindow 为例介绍这类软件的基本用法。

2.6.1　ChemWindow 及其应用

2.6.1.1　ChemWindow 简介

ChemWindow 软件的主要功能是绘制各种结构和形状的化学分子结构式及化学图形，

可直接采用工具箱中的各种图标进行操作，非常快速、便捷。大量的结构式模板，使用起来非常方便，在绘制化学专业图形方面，速度快、操作简便、功能强大，还具有一般其他绘图软件所不具备的化学分子图形编辑功能。另一重要的特点，是它提供了许多实验仪器模板，很方便进行组装，可作为演示工具。

ChemWindow 运行于 Windows 平台下，与 Microsoft Word、PowerPoint 等软件的兼容性很好，对完成化学实验报告、一般科技论文的撰写及其他化学工作带来了极大便利。

运行 ChemWindow 程序后，出现与一般的 Windows 应用软件相似的窗口界面，包括菜单栏、工具栏和工作区等（参见图 2.25）。

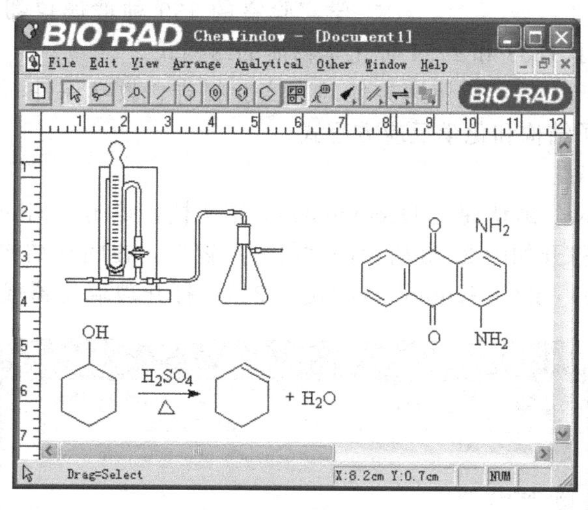

图 2.25　ChemWindow 界面

ChemWindow 的工具栏提供了许多常用的分子结构及化学键，使用时用鼠标点一下工具栏中所需的按钮，移动鼠标到编辑区后，鼠标指针变为“+”，在合适位置点击鼠标，则分子结构式就会出现，使用非常方便。ChemWindow 还支持 Windows 剪贴板，所有结构式可以方便地以对象形式剪贴到 Word 文档中，而进行修改时，只需在 Word 文档中双击结构式，即可打开 ChemWindow 进行修改。

在 View 菜单中可以设置显示哪些工具栏（图 2.26）。各工具栏的主要功能如下：

① Standard Tools 提供了选择、套索、化学标记、键、环、模板以及可选择工具按钮；

② Custom Palette 提供可选择工具按钮；

③ Commands 提供保存、打印、编辑及一些图形关系操作按钮；

④ Bond Tools 提供化学键按钮；

⑤ Graphic Tools 提供文字、表格、箭头和自由绘图工具等按钮；

⑥ Orbital Tools 提供各种轨道图形按钮；

⑦ Other Tools 提供板擦、环、长链等工具按钮；

⑧ Reaction Tools 提供反应箭头工具按钮；

⑨ Symbol Tools 提供电荷、自由基和其他符号标记按钮；

⑩ Template Tools 提供一些模板按钮；

⑪ Style Bar 提供分子结构样式、字体、字号、颜色以及其他格式按钮；

⑫ Graphics Style Bar 提供图形样式按钮；

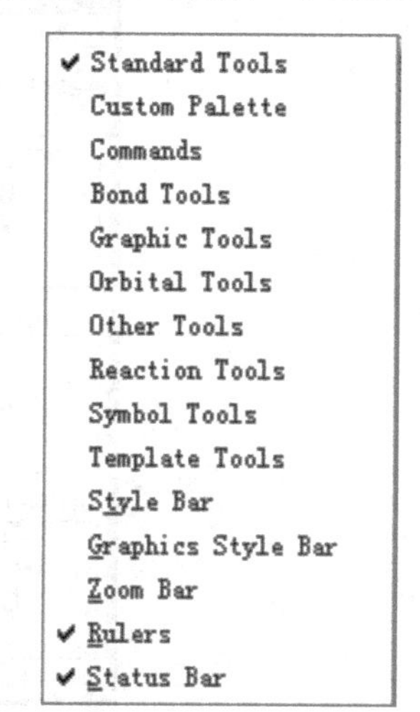

图 2.26　View 菜单

⑬ Zoom Bar 提供缩放工具按钮。

鼠标单击带有右红三角的工具按钮，可以打开选择工具栏，选择某工具后则显示该工具的按钮。在工作区单击鼠标右键，可以直接打开选择工具栏（图 2.27）。

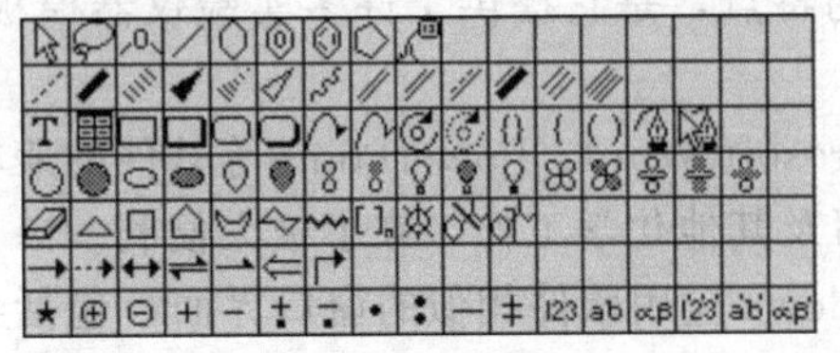

图 2.27 选择工具栏

ChemWindow 还提供了四个附加的图形结构库，默认目录为 C:\ Program Files \ Bio-Rad Laboratories \ ChemWin \ Libraries。其中，CESymbol提供 97 种化工符号；LabGlass 提供化学实验室的 139 种玻璃仪器等的图形；OtherLib 和 StrucLib 分别提供了 1888 和 2791 种化学物质的结构式。

利用 ChemWindow，就可以快速方便地在实验报告、教学课件、科技论文中插入化学化工实验装置图，分子结构和化学反应方程式。

2.6.1.2 实验装置搭建

启动 ChemWindow，默认建立 Document1 工作文档，点击“File→Open”或直接通过键盘快捷方式 Ctrl-O 打开如图 2.28 所示的“打开”窗口，在图形结构库的默认目录中选择 LabGlass. cwl(图 2.29) 或 CESymbol. cwl(图 2.30)，打开玻璃仪器或化工设备图形，选择

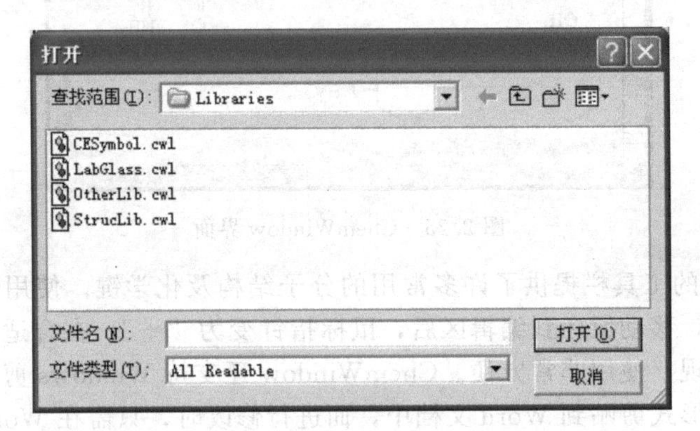

图 2.28 打开图形库窗口

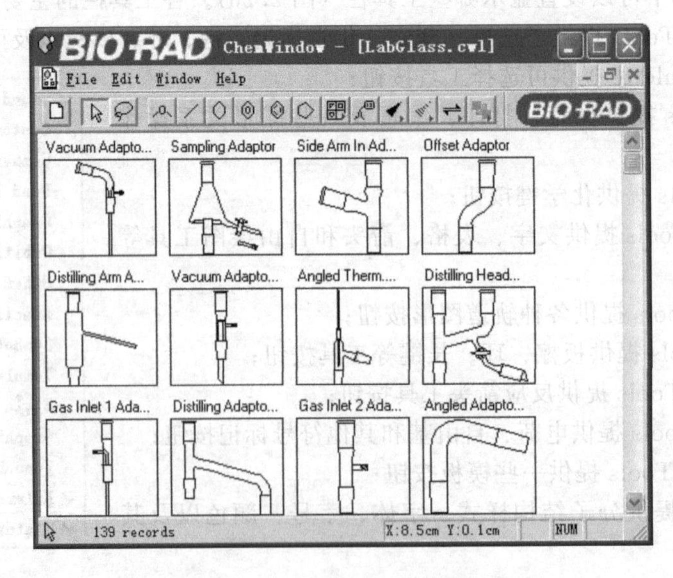

图 2.29 玻璃仪器图形库

需要的仪器并复制（点击“Edit→Copy”或按 Ctrl-C），点击“Window”菜单转到 Document1 工作文档，点击“Edit→Paste”或按 Ctrl-V 粘贴，复制的仪器即出现在 Document1 中。

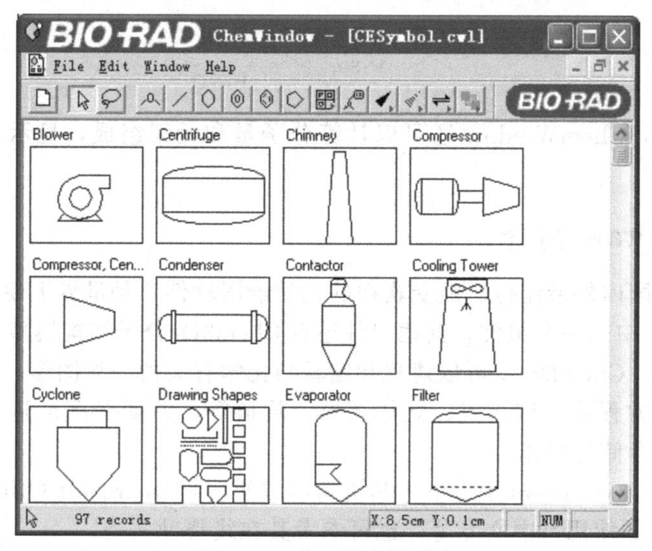

图 2.30 化工设备图形库

例如，从玻璃仪器图形库中选择并复制下列图片到 Document1 中，即可组成如图 2.31 所示装置。

① Angled Therm. Adaptor 75，Thermometer

② Round Bottom Flask 1

③ Tall Wire Stand，Tripod Support

④ Bunsen Burner，Heat Source

⑤ Liebig Condenser

⑥ Erlenmeyer Flask 2，Small

⑦ Lab Jack

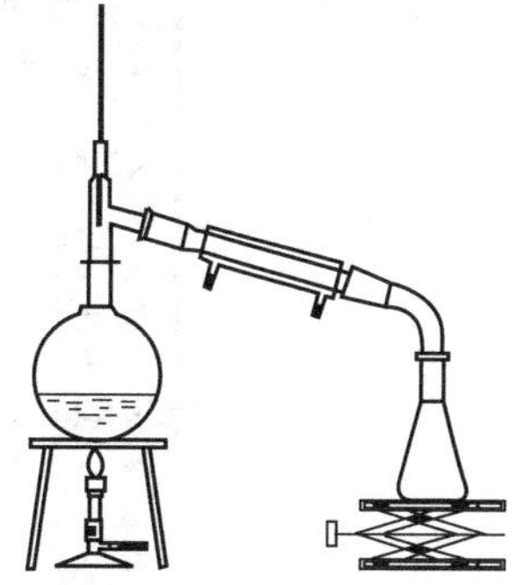

图 2.31 用 ChemWindow 搭建的蒸馏装置

2.6.1.3 分子结构的绘制

ChemWindow 提供了许多分子结构模板供选择，可直接使用，或者通过修改模板得到所需结构，也可以从头开始画分子结构。

例如，绘制 1,4-二氨基蒽醌的分子结构，可先打开 OtherLib.cwl，选中“1-Aminoanthraquinone”，复制，转到工作窗口，粘贴，得到如图 2.32(a) 所示分子结构；点击“Standard Bond”按钮，然后点击 4 号 C，点击“Label”按钮，输入 NH_2，即可得到如图 2.32(b) 所示 1,4-二氨基蒽醌的分子结构。

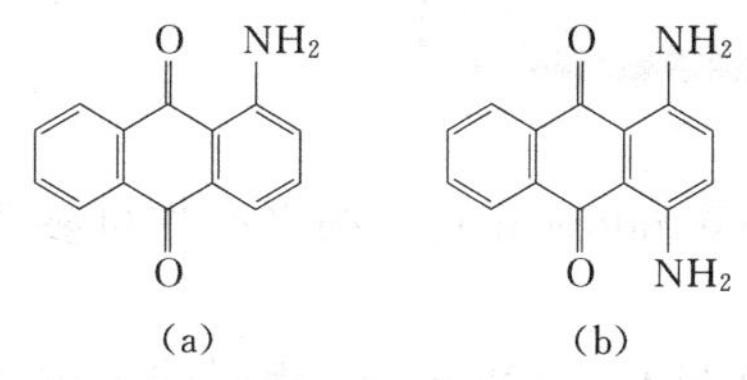

图 2.32 氨基蒽醌的分子结构

2.6.1.4 反应方程式书写

利用 ChemWindow 可以很方便地书写出化学反应方程式，尤其是含分子结构的反应方程式，例如，书写环己烯的制备反应，可采取如下步骤。

点击环己烷工具按钮“Cyclohexane”，在工作区合适的位置点两次画两个环己烷分子结构，点击“View→Reaction Tools”和“View→Bond Tools”显示反应工具栏和成键工具栏，点击→按钮，在两个环己烷分子结构间添加反应式箭头；按照上面的方法修改反应物一侧的环己烷结构，即添加羟基；点击按钮，修改产物一侧的环己烷分子结构为环己烯，只要点击双键所在的中间位置即可；点击“Label”按钮，在箭头上方输入 H_2SO_4，在反应产物中增加 H_2O；在箭头下方增添加热符号△。

$$\text{OH}\quad \xrightarrow[\triangle]{H_2SO_4} \quad + H_2O$$

除了上述功能，ChemWindow 还可以计算分子量和元素组成，显示三维结构，判别分子点群等。

2.6.2 ChemDraw 简介

ChemDraw 是国内外最流行、最受欢迎的化学绘图软件，是世界上使用最多的大型商业软件包 ChemOffice 中的一个组件，其他组件还有 Chem3D(分子结构模型)、ChemFinder(化学数据库信息) 等。ChemDraw 可以建立和编辑与化学有关的一切图形，例如，建立和编辑各类化学式、反应方程式、结构式、立体图形、轨道等，并能对图形进行翻转、旋转、缩放、复制、粘贴、存储等操作。

该软件可运行于 Windows 平台下，其资料可方便地与 Microsoft Office 等软件共享。关于 ChemDraw 软件的使用有中文专著，也可参考其在线帮助文档。

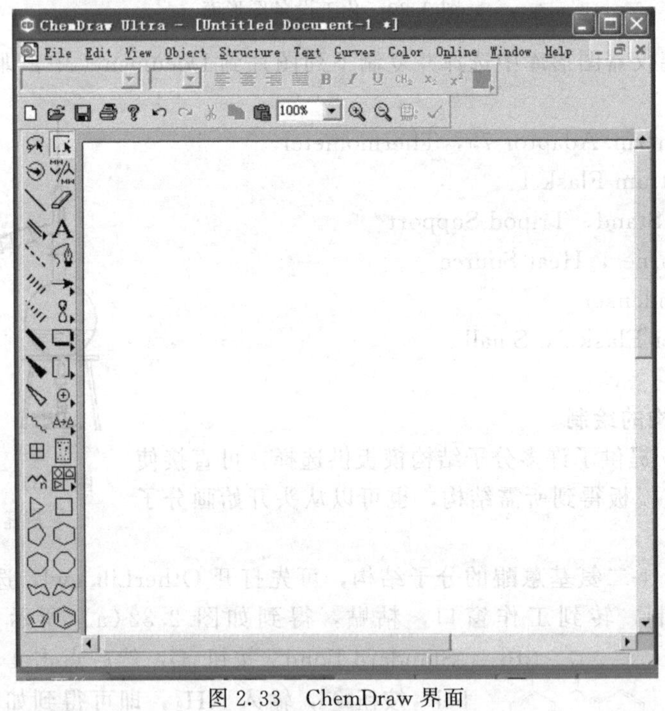

图 2.33　ChemDraw 界面

ChemDraw 的程序界面如图 2.33，其使用方法与 ChemWindow 相近，很多操作可参考 ChemWindow 的使用。

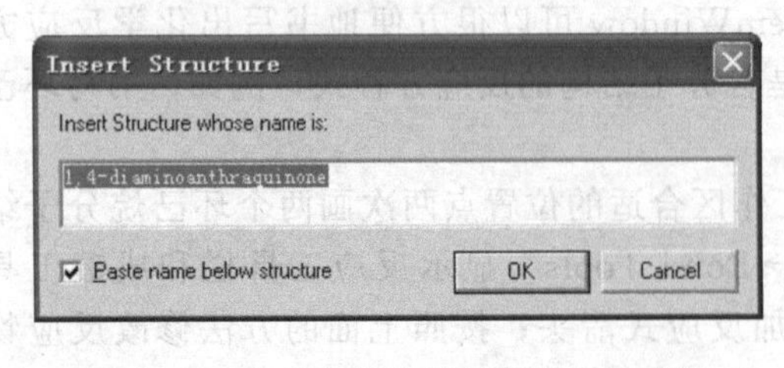

图 2.34　由化合物名称获取结构对话框

除了具有与 ChemWindow 相同的上述功能外，ChemDraw 还可以根据分子结构给出 IUPAC 命名，或者根据化合物名称给出分子结构。例如，点击 Text 按钮，输入“1,4-diaminoanthraquinone”，或者点击“Structure”菜单下的“Convert Name to Structure”，出现“Insert Structure”对话框（图 2.34），输

入“1,4-diaminoanthraquinone”，点击“OK”，即可得到其分子结构（图 2.35）。

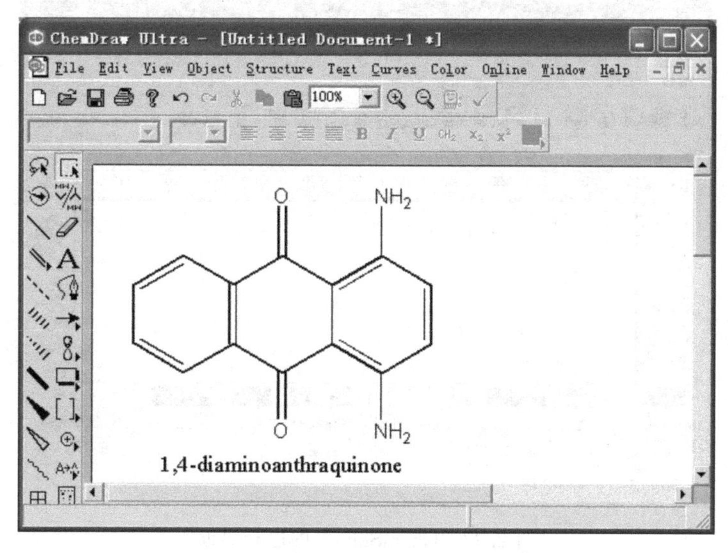

图 2.35　由化合物名称得到的分子结构

利用 ChemDraw 还可以估计^{1}H 和^{13}C NMR 谱、临界参数、生成热、熔点等。例如，估计 1,4-二氨基蒽醌的^{13}C NMR 谱结果，如图 2.36 所示。

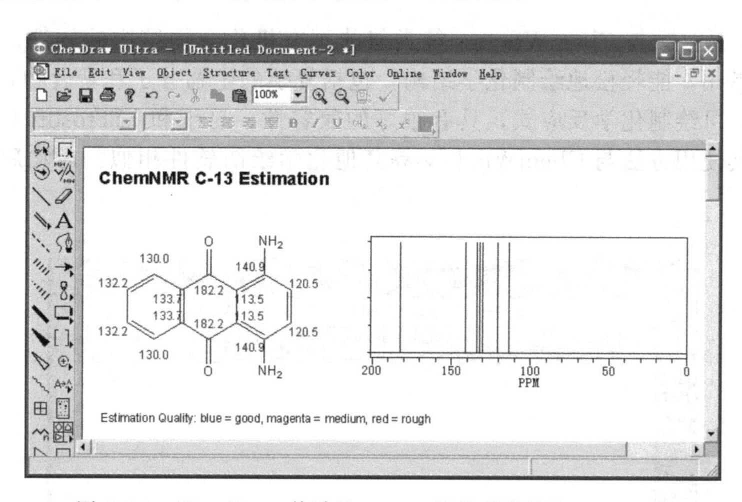

图 2.36　ChemDraw 估计的 1,4-二氨基蒽醌的^{13}C NMR 谱

2.6.3　ChemSketch 简介

ChemSketch 是 Advanced Chemistry Development 公司设计的免费化学绘图软件，可用于画化学结构和反应式，也可用于文本和图像处理，制作各种图形图像素材，应用于设计与化学相关的报告、辅助化学教学、辅助化学 CAI 课件制作及素材创作。利用内置的模板及简单的工具即可快捷地画出分子结构、离子结构、化学结构等，并可对物质的性质进行估算。软件还提供了数千种常见结构式的 IUPAC 命名。启动后其工作界面如图 2.37 所示。

ChemSketch 的主要功能可通过结构、绘图、分子性质三种模式实现。

结构模式：用于画化学结构和计算它们的性质。

绘图模式：用于文本和图像处理。

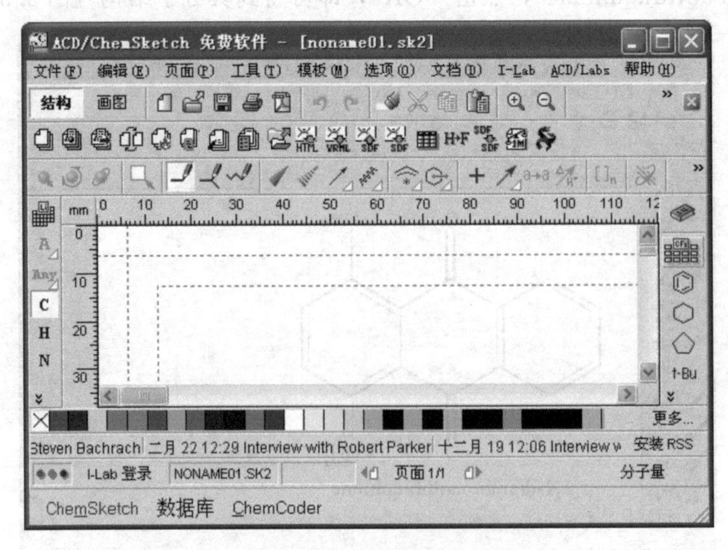

图 2.37　ChemSketch 的启动界面

分子性质模式：估算分子量、密度、表面张力、极性、介电常数等性质。

2.6.4　ISIS/Draw 简介

ISIS/Draw 是一款与 ChemWindow 等类似的画有机化合物结构的软件，该免费软件功能强大、简单易用，能轻松地绘制化学结构，包括复杂的生物分子和聚合物，可以创建化学结构的数据库，可绘制化学反应式，具有很好的兼容性，易于和 Microsoft Office 等其他软件共享资料。其使用方法与 ChemWindow 等其他化学绘图软件相似。启动后其工作界面如图 2.38 所示。

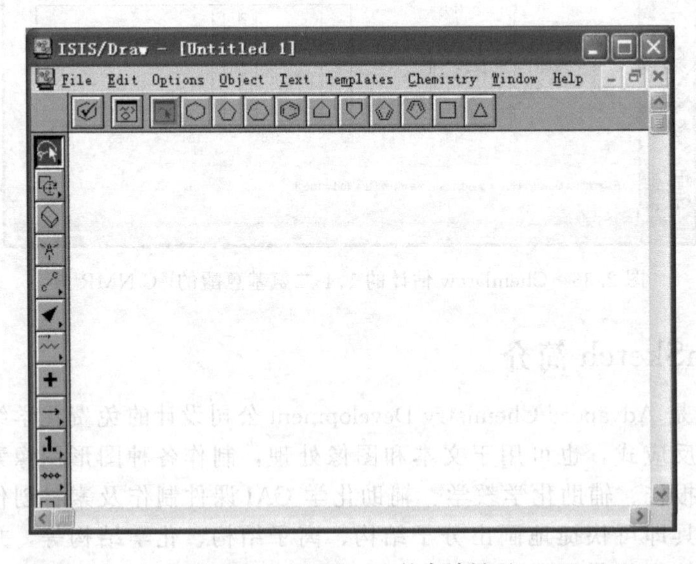

图 2.38　ISIS/Draw 的启动界面

参　考　文　献

1　华东理工大学化学系，四川大学化工学院编．分析化学，第 5 版．北京：高等教育出版社，2003
2　四川大学工科基础化学教学中心，分析测试中心编著．分析化学．北京：科学出版社，2001

3 浙江大学化学系组编．徐伟亮主编．基础化学实验．北京：科学出版社，2005
4 刘志广主编．分析化学学习指导．大连：大连理工大学出版社，2002
5 徐抗成编著．Excel数值方法及其在化学中的应用．兰州：兰州大学出版社，2000
6 方利国，陈砺编著．计算机在化学化工中的应用．北京：化学工业出版社，2003
7 殷学锋．新编大学化学实验．北京：高等教育出版社，2002

第3章 化学实验的基本操作

3.1 纯水的制备

纯水是化学实验中最常用的纯净溶剂和洗涤剂。洗涤仪器、配制溶液、洗涤产品以及分析测定等都需用大量的纯水。很多化学实验对水质要求较高，既不能直接使用自来水或其他天然水，也不应一律使用高纯水，而应根据所做实验对水质的要求合理地选用适当规格的纯水。

我国已颁布了“化学实验室用水规格和试验方法”的国家标准（GB 6682—92），该标准参照了国际标准（ISO 3696—1987）。化学实验用水的级别主要分为一级、二级和三级。电导率是纯水质量的综合指标，但在实践中人们往往习惯于用电阻率衡量水的纯度，一级、二级、三级水的电阻率应分别等于或大于10MΩ·cm、1MΩ·cm、0.2MΩ·cm。

纯水的制备方法如下所述。

一级水：可用二级水经过石英设备蒸馏或离子交换混合床处理后，再经0.2μm微孔滤膜过滤来制取。一级水主要用于有严格要求的分析实验，包括对微粒有要求的实验，如高效液相色谱分析用水。

二级水：可用离子交换或多次蒸馏等方法制取。二级水主要用于无机痕量分析实验，如原子吸收光谱分析、电化学分析实验等。

三级水：可用蒸馏、去离子（离子交换及电渗析法）或反渗透等方法制取。三级水用于一般化学实验。三级水是最普遍使用的纯水，一是直接用于某些实验，二是用于制备二级水乃至一级水。

三级水的制备方法如下所述。

① 蒸馏法。将自来水或天然水在蒸馏装置中加热汽化，水蒸气冷凝即得通常所谓的“蒸馏水”。该法设备成本低、操作简单，但能耗高、产率低，只能除去水中的非挥发性杂质及微生物等，而不能除去易溶于水的气体。同时由于通常使用的蒸馏装置是用玻璃、铜和石英等材料制成的，容易腐蚀，使蒸馏水仍含有微量杂质。在25℃时，其电阻率为1×10^5 Ω·cm左右。为节约能源和减少污染，目前已较少采用这种方法。

② 离子交换法。是将自来水通过内装有阳离子交换树脂和阴离子交换树脂的离子交换柱，利用交换树脂中的活性基团与水中的杂质离子发生交换作用，以除去水中的杂质离子，实现水的净化。用此法制得的纯水通常称为“去离子水”，纯度较高，25℃时其电阻率一般在5×10^5Ω·cm以上。此法去离子效果好，但不能除掉水中非离子型杂质，使去离子水中常含有微量的有机物。用离子交换树脂制备纯水一般有复床法、混床法和联合法等几种。

③ 电渗析法。主要是利用水中阴、阳离子在直流电作用下发生离子迁移，并借助于阳离子交换树脂只允许阳离子通过而阴离子交换树脂只允许阴离子通过的性质，从而达到净化水的目的。与离子交换法相似，电渗析法也不能除掉非离子型杂质，但电渗析器的使用周期比离子交换柱长，再生处理比离子交换柱简单。电渗析水的电阻率一般为10^4～10^5Ω·cm。

④ 反渗透法。在高于溶液渗透压的压力下，借助于只允许水分子透过的反渗透膜的选择截留作用，将溶液中的溶质与溶剂分离，从而达到纯净水的目的。反渗透膜是由具有高度有序矩阵结构的聚合纤维素组成的，孔径约为0.1～1nm。反渗透技术是当今最先进、最节

能、最高效的分离技术，最初用于太空的生活用水回收处理，使之可再次饮用，故所制得的水也称“太空水”。

化学实验中所用纯水来之不易，也较难于存放，要根据不同的要求选用适当级别的纯水。在保证实验要求的前提下，注意节约用水。

3.2　化学试剂的分类与取用

3.2.1　化学试剂的分类

化学试剂是用以研究其他物质的组成、性状及其质量优劣的纯度较高的化学物质。化学试剂的纯度对实验结果准确度的影响很大，不同的实验对试剂纯度的要求也不同，因此必须了解试剂的分类标准。

化学试剂产品按其组成和结构可分为无机试剂和有机试剂两大类。按其用途又可分为标准试剂、一般（通用）试剂、特效试剂、指示剂、溶剂、仪器分析专用试剂、高纯试剂、有机合成基础试剂、生化试剂、临床试剂、电子工业专用试剂、教学用实验试剂等若干门类。

化学试剂的纯度级别及其类别和性质，一般在标签的左上方用符号注明，规格则在标签的右端，并用不同颜色的标签加以区别。

世界各国对化学试剂的分类和级别的标准不尽一致，各国都有自己的国家标准或其他标准。我国化学试剂的纯度标准有国家标准（GB）、化工部标准（HGB)(目前部级标准已归纳为行业标准）及企业标准（EB)。按照试剂中杂质含量的多少，我国生产的化学试剂分为五个等级，见表 3.1 所列。

表 3.1　我国生产的化学试剂分为五个等级

级别	中文名称	英文名称	英文符号	标签颜色	主要用途
一级	优级纯	guaranteed reagent	G. R.	(深)绿色	精密分析和科学研究
二级	分析纯	analytical reagent	A. R.	(金光)红色	一般的分析和科学研究
三级	化学纯	chemical reagent	C. P.	(中)蓝色	一般定性及化学制备
四级	实验试剂	laboratorial reagent	L. R.	棕色或黄色	实验辅助试剂
生化试剂	生化试剂生物染色剂	biological reagent	B. R.	咖啡或玫瑰红	生物化学实验

同一化学试剂往往由于规格不同，价格差别很大，因此使用化学试剂时，应该根据节约的原则，按实验的要求分别选用不同规格的试剂。不要认为试剂越纯越好，超越具体条件盲目追求高纯度而造成浪费很没必要，当然也不能随意降低规格而影响测定结果的准确度。

3.2.2　试剂的取用

化学试剂在分装时，固体试剂一般存放在易于取用的广口瓶中，液体试剂则存放在细口试剂瓶或带有滴管的滴瓶中。见光易分解的试剂（如硝酸银、高锰酸钾、碘化钾等）应装在棕色瓶中；但见光分解的双氧水只能装在不透明的塑料瓶中，并避光于荫凉处，因为棕色瓶玻璃材质中的重金属离子会加速双氧水的分解。试剂瓶的瓶盖一般都是磨口的，在盛强碱性试剂时，应换用橡皮塞，避免试剂与玻璃成分起反应而黏结，难以开启瓶盖。每一试剂瓶上都必须贴有标签，标明试剂的名称、浓度和配制日期。并在标签外面涂上一薄层蜡或蒙上一层透明胶来保护它。

取用试剂前，应看清标签。取用时，先打开瓶塞，将瓶塞反放在实验台上。如果瓶塞上端不是平顶的，可用食指和中指将瓶塞夹住或放在清洁的表面皿上，决不可将它横置桌上，以免玷污。不能用手接触化学试剂。试剂取用完后立即将瓶盖盖好，以保持密封，防止试剂被玷污或变质，切不可将瓶塞张冠李戴，然后将试剂瓶放回原处。应根据用量取用试剂，用多少取多少，不可多取，这样既能节约药品，又能取得好的实验结果。

固体试剂的取用如下所述：

固体试剂一般用洁净、干燥的药匙取用。药匙材质为牛角、塑料、不锈钢等，两端有大小两个勺，分别用来取大量固体和少量固体。药匙要做到专勺专用。用过的药匙必须洗净擦干后方可再使用。取用强碱性试剂后的药匙应立即洗净，以免腐蚀。不要超过指定用量取药，多取的试剂不能倒回原瓶，可放在指定的容器中供他人使用。取用一定量的试剂时，可将试剂放在称量纸、表面皿等干燥洁净的玻璃容器或称量瓶内根据要求称量。具有腐蚀性或易潮解的试剂不能放在纸上，应放在表面皿等玻璃容器内。向试管（特别是湿试管）中加入固体试剂时，可用药匙或将取出的药品放在对折的纸条上，伸进试管的2/3处。如固体颗粒较大，应放在洁净干燥的研钵中研碎，研钵中的固体量不要超过研钵容量的1/3。有毒药品应在教师指导下取用。

液体试剂的取用如下所述：

从细口瓶中取用液体试剂时，可用倾注法，先将瓶塞取下，反放在实验台面上，为防止液体流出腐蚀标签，用手握住试剂瓶上贴标签的一面，逐渐倾斜瓶子，让液体试剂沿着洁净的器壁或玻璃棒流入接受器中。倒出所需量后，将试剂瓶口在容器上靠一下，再逐渐竖起瓶子，以免遗留在瓶口的药液流到瓶的外壁。

从滴瓶中取用液体试剂时，需用附置于该试剂瓶旁的专用滴管取用。滴瓶要定位，不要随便拿走。使用时提起滴管，用手指捏紧滴管上部的橡皮头，排去空气，再把滴管伸入试剂瓶中吸取试剂。吸有药品的滴管不得横置或滴管口向上斜放，以免液体流入滴管的橡皮帽中。往试管中滴加试剂时，只能把滴管尖头垂直放在管口上方滴加，滴管决不能伸入所用的容器中，以免接触器壁而玷污药品。使用完的滴管随即放入原滴瓶，不要插错。

将液体从试剂瓶中倒入烧杯时，用右手握住试剂瓶，左手拿玻璃棒，使棒的下端斜靠在烧杯中，将瓶口靠在玻璃棒上，使液体沿着玻璃棒往下流。

在试管里进行某些实验时，取试剂不需要准确量取，倒入试管里溶液的量，一般不超过其容积的1/3。

定量取用液体时，要用量筒或移液管（或吸量管）取。量取液体时，使视线与量筒内液体的弯月面的最低处保持水平，偏高或偏低都会读不准而造成较大的误差。

3.3 常用试纸及使用方法

在实验中常用某些试纸来定性检验一些溶液的性质或某些物质（气体）的存在，操作简单，使用方便。

试纸的种类很多，常用的有石蕊试纸、pH试纸、醋酸铅试纸、淀粉-KI试纸、酚酞试纸和$KMnO_4$试纸等。

3.3.1 石蕊试纸

石蕊试纸用于检验溶液的酸碱性，有红色石蕊试纸和蓝色石蕊试纸两种。红色石蕊试纸用于检验碱性溶液（或气体），遇碱时变蓝；蓝色石蕊试纸用于检验酸性溶液（或气体），遇酸时变红。

制备方法：用热的酒精处理市售石蕊以除去夹杂的红色素。倾去浸液，1份残渣与6份水浸煮并不断摇荡，滤去不溶物。将滤液分成两份，1份加稀H_3PO_4或H_2SO_4至变红，另一份加稀NaOH至变蓝，然后将滤纸分别浸入这两种溶液中，取出后在避光且没有酸、碱蒸气的房中晾干，剪成纸条即可。

使用方法：用镊子取一小块试纸放在干燥清洁的点滴板或表面皿上，用蘸有待测液的玻璃棒点试纸的中部，观察被湿润试纸颜色的变化。如果检验的是气体，则先将试纸用去离子水湿润，再用镊子夹持横放在试管口上方，观察试纸颜色的变化。

3.3.2　pH 试纸

用以检验溶液的 pH 值，分为广泛 pH 试纸和精密 pH 试纸两种。广泛 pH 试纸变色范围较宽，pH 值 1～14，测得的 pH 值较粗略；精密 pH 试纸可用于测试不同范围段的 pH 值，如变色范围为 pH 值 2.7～4.7、3.8～5.4、5.4～7.0、6.9～8.4、8.2～10.0、9.5～13.0 等，测得 pH 值较精密。可根据待测溶液的酸碱性，选用某一变色范围的试纸。

制备方法：广泛 pH 试纸是将滤纸浸泡于通用指示剂溶液中，然后取出，晾干，裁成小条而成。通用指示剂是几种酸碱指示剂的混合溶液，它在不同 pH 值的溶液中可显示不同的颜色。通用酸碱指示剂有多种配方。

使用方法：与石蕊试纸使用基本方法相同。不同之处在于 pH 试纸变色后要和标准色板进行比较，方能得出 pH 或 pH 范围。

3.3.3　醋酸铅试纸

用于定性检验反应中是否有 H_2S 气体产生（即溶液中是否有 S^{2-} 存在）。

制备方法：将滤纸浸入 3% 的 $Pb(Ac)_2$ 溶液中，取出后在无 H_2S 处晾干，裁剪成条，呈白色。

使用方法：将试纸用去离子水湿润，加酸于待测液中，将试纸横置于试管口上方，如有 H_2S 逸出，遇湿润 $Pb(Ac)_2$ 试纸后，即有黑色（亮灰色）PbS 沉淀生成，使试纸呈黑褐色并有金属光泽。

3.3.4　淀粉-KI 试纸

用于定性检验氧化性气体（如 Cl_2、Br_2 等），生成的 I_2 和淀粉作用呈蓝色。但如气体氧化性很强，且浓度较大，还可进一步将 I_2 氧化成 IO_3^-（无色），使蓝色褪去。

制备方法：将 3g 淀粉与 25mL 水搅匀，倾入 225mL 沸水中，再加入 1g 的 KI 及 1g 的 $Na_2CO_3 \cdot 10H_2O$，用水稀释至 500mL，将滤纸浸入，取出后在无氧化性气体处晾干，裁成纸条即可，呈白色。

使用方法：先将试纸用去离子水湿润，然后横放在试管口上方，如有氧化性气体，则试纸变蓝。或不需提前制备，在实验时直接取一小条滤纸，滴加一滴淀粉溶液和一滴 KI 溶液，然后在发生气体的试管口上方检查，观察试纸颜色的变化。

使用试纸时，要注意节约，除把试纸剪成小条外，用时不要多取，用多少取多少。取用后，立即盖好瓶盖，以免试纸被污染变质。用后的试纸不要丢到水槽里。

3.4　气体钢瓶及使用

气体钢瓶是化学实验室用以储存压缩气体或液化气的特制的耐压钢瓶。一般是用无缝合金钢管或碳素钢管制成，为圆柱形，器壁较厚，最高工作压力为 15MPa。使用时为了降低压力并保持压力稳定，必须装置减压阀，各种气体的减压阀不能混用。通过减压阀（气压表）有所控制地放出气体。

由于钢瓶的内压很大，而且有些气体易燃或有毒，所以在使用钢瓶时要注意安全，必须注意下列事项。

① 为了容易区分各种不同的钢瓶，保证运输和储放的安全，钢瓶上会漆有不同的颜色。在气体钢瓶使用前，要按照钢瓶外表字样、油漆颜色来区分，千万不能混淆而用错气体。实验室常用的几种气体钢瓶的颜色及标志见表3.2所列。

表3.2 实验室常用的几种气体钢瓶的颜色及标志

钢瓶名称	瓶身颜色	标字	标字颜色	横条颜色	减压器颜色
氧气瓶	天蓝色	氧	黑色	—	天蓝色
氮气瓶	黑色	氮	黄色	棕色	黑色
氢气瓶	深绿色	氢	红色	红色	
乙炔气瓶	白色	乙炔	红色	—	白色
氨气瓶	黄色	氨	黑色		
氩气瓶	灰色	氩	绿色		
氯气瓶	黄绿色	氯	白色		
空气瓶	黑色	空气	白色		

② 高压钢瓶必须分类保管，存放在阴凉干燥远离热源（如暖气、炉火等）处，避免暴晒及强烈震动，氧气钢瓶以及其他可燃性气体的钢瓶与明火的距离不能小于10m。室内存放钢瓶量不得多于2瓶。氧气钢瓶与可燃性气体钢瓶必须分开存放。

③ 使用钢瓶中的气体时，要用减压器（气压表）。减压器要专用，用于氧气钢瓶的减压器可用在氮气或空气钢瓶上，而用于氮气钢瓶的减压器只有在充分洗涤油脂后才可用在氧气钢瓶上。

④ 装减压器前应清除开关阀接口处的污垢，安装时螺扣要上紧，装好后先打开开关阀，然后慢慢开启减压器，并注意检查有无漏气现象。对于一些可燃易爆的气体，在打开减压器时，必须缓慢，以免由于气体流速太快，产生静电火花，引起爆炸。

⑤ 绝不可使油或其他易燃性有机物沾在气瓶上，尤其是气门嘴和减压阀，氧气钢瓶及其专用工具严禁与油类接触，操作人员也绝对不能穿沾有油脂或油污的工作服和手套，也不得用棉、麻等物堵漏，以免燃烧引起事故。

⑥ 开启高压钢瓶时，操作者必须站在侧面，以免气流射伤人体。使用后先关闭开关阀，放尽减压器进出口气体，最后松开减压器螺杆。

⑦ 搬运充满气体的钢瓶时，应使用专用小车，钢瓶上的安全帽应旋紧，以便保护开关阀，勿使其偶然转动。将钢瓶移放时绝对不能用手握着开关阀，钢瓶坠地及相互碰撞均可能引起爆炸。

⑧ 不可将钢瓶内的气体全部用完，一定要保留0.05MPa以上的残留压力（减压阀表压）。可燃性气体应剩余0.2～0.3MPa。

⑨ 钢瓶必须定期做技术检查。一般气体钢瓶每三年检验一次，腐蚀性气体钢瓶每两年检验一次。在使用过程中，如发现有严重腐蚀或损伤应提前进行检验。

3.5 常用玻璃仪器及加工洗涤与干燥方法

化学实验要使用各种玻璃仪器，使用玻璃仪器时必须了解以下要求。

① 玻璃仪器易碎，使用时要轻拿轻放。

② 玻璃仪器中除烧杯、烧瓶和试管外都不能用火加热。

③ 锥形瓶、平底烧瓶不耐压，不能用于减压系统。

④ 带活塞的玻璃器皿如分液漏斗等用过洗净后，要在活塞和磨口间垫上小纸片，以防

止黏结。

⑤ 温度计测量的温度范围不得超出其刻度范围，也不能把温度计当搅拌棒使用。温度计用后应缓慢冷却，不能立即用冷水冲洗，以免发生炸裂或汞柱断线。

3.5.1 化学实验常用玻璃仪器

化学实验常用的玻璃仪器分两类，一类为普通玻璃仪器，另一类为标准磨口仪器。

(1) 普通玻璃仪器。目前在大部分学校中这类仪器（参见图3.1）已被标准磨口仪器所取代，但有时还有一定用途，因此这里仍作简单介绍。

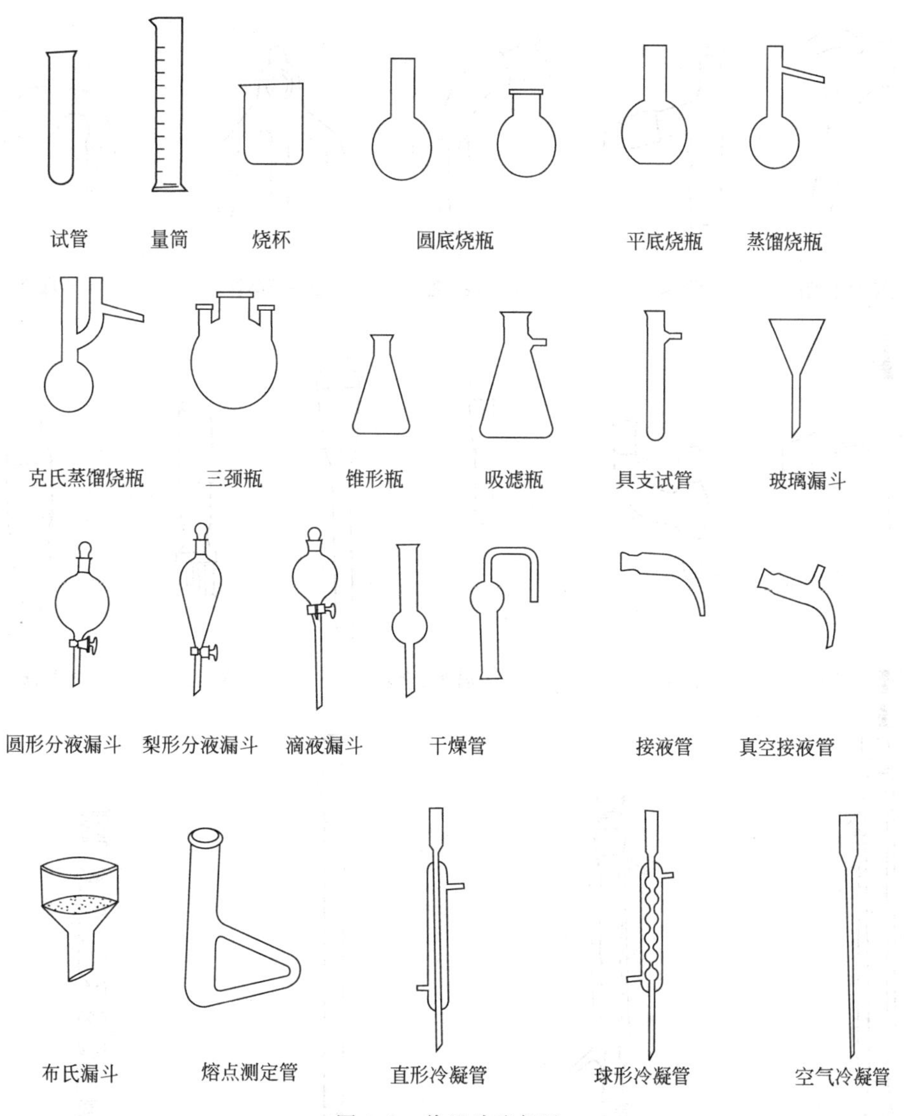

图3.1　普通玻璃仪器

(2) 标准磨口玻璃仪器。标准磨口玻璃仪器（参见图3.2）是具有标准磨口或标准磨塞的玻璃仪器。这类仪器具有标准化、通用化和系列化的特点。

标准磨口玻璃仪器均按国际通用技术标准制造，常用的标准磨口规格为10、12、14、16、19、24、29、34、40等，这里的数字编号是指磨口最大端的直径（mm）。有的标准磨口玻璃仪器用2个数字表示，如10/30，10表示磨口大端的直径为10mm，30表示磨口的高

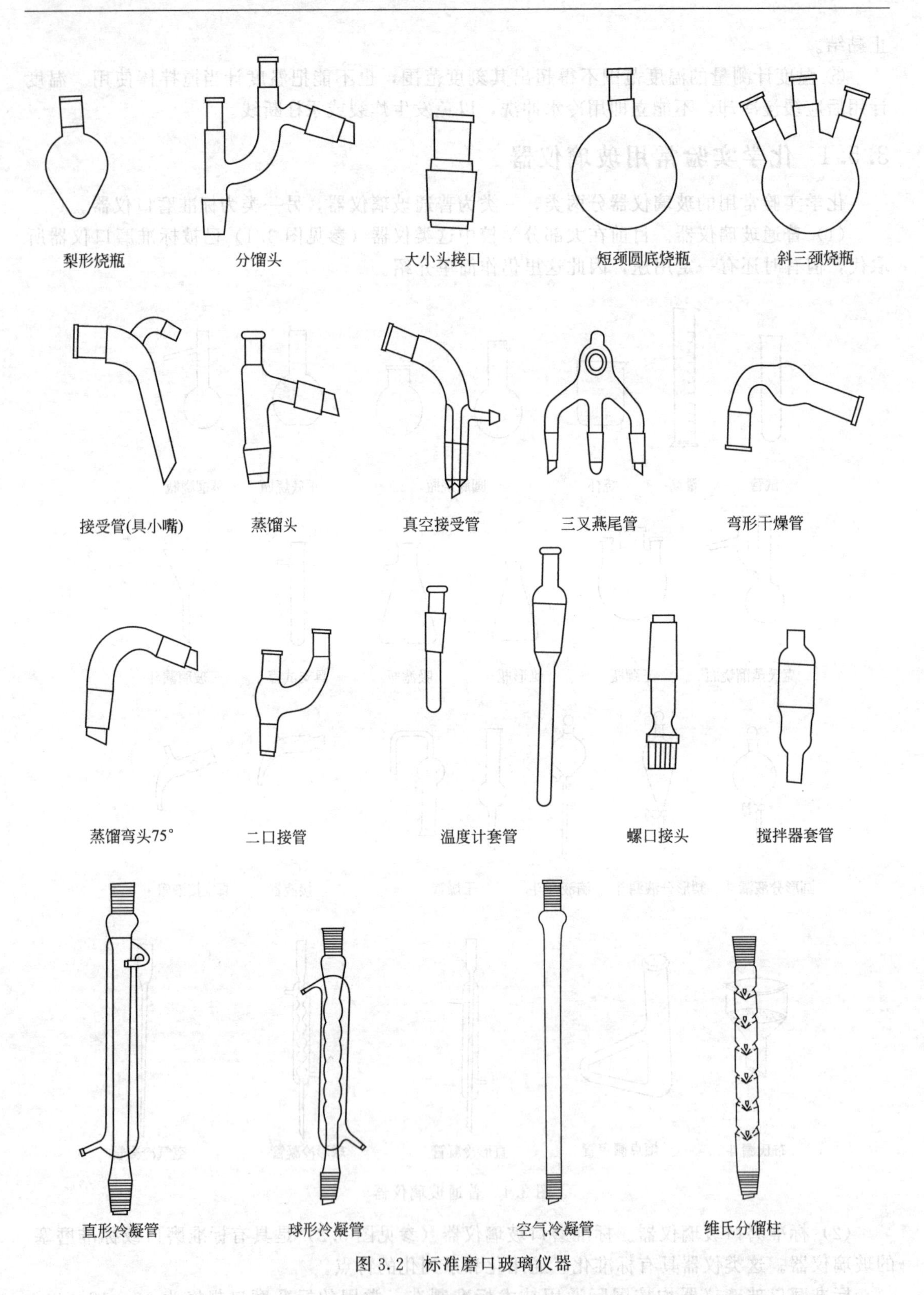

图 3.2 标准磨口玻璃仪器

度。相同规格的内外磨口仪器可以相互紧密连接，而不同的规格则不能直接连接，但可以通过大小口接头使它们彼此连接起来。使用标准磨口玻璃仪器可免去配塞子、钻孔等步骤，又可避免塞子给反应带进杂质的可能，而且磨砂塞口配合更紧密，密封性更好。

使用标准磨口玻璃仪器时应该注意以下几点。

① 磨口表面必须保持清洁，若沾有固体物质，能导致接口处漏气，同时会损坏磨口。

② 使用磨口仪器时一般不需涂润滑剂以免玷污产物，但在反应中若有强碱性物质时，则要涂润滑剂以防黏结。减压蒸馏时也要涂一些真空脂类的润滑剂。

③ 磨口仪器使用完毕后，应立即拆开洗净，以防磨口长期连接使磨口黏结而难以拆开。分液漏斗及滴液漏斗用毕洗净后，必须在活塞处放入小纸片以防黏结。

④ 安装仪器时要正确，磨口连接处要呈一直线，不能歪斜以免应力集中而造成仪器的破损。

3.5.2 玻璃仪器的清洗、干燥和塞子的配置

3.5.2.1 玻璃仪器的清洗

为保证实验结果的准确性，所有实验均应使用清洁、干净的仪器。在化学实验室中，常用去污粉和洗衣粉混合洗涤各种普通玻璃仪器。待洗仪器先用水润湿，再用湿毛刷沾少许混合洗涤剂进行里外刷洗，最后用水冲洗。标准磨口仪器的洗涤，不要使用具机械磨损作用的去污粉，可用肥皂或洗涤剂进行清洗。

为提高洗涤效果，要根据污物的性质有针对性地选用适当的洗涤措施。如水溶性的可用水直接冲洗；碱性物质可用稀盐酸或硫酸溶液洗；对于酸性物质则可用碱（NaOH 或 Na_2CO_3）溶液清洗。对于一般方法难以清除的污垢，可选用少量的溶剂洗脱或用洗液浸泡。

铬酸洗液是实验室中的常用洗液，其配制方法如下：称取重铬酸钾 20g，置于 500mL 烧杯中，加水 40mL 并搅拌使其尽量溶解，然后徐徐注入 350mL 浓硫酸（边加边搅拌）即成。

3.5.2.2 玻璃仪器的干燥

（1）自然晾干。为了保证实验时随时有洁净和干燥的仪器可以取用，一定要养成及时清洗仪器的习惯。每次做完实验后应把所使用过的玻璃仪器及时清洗干净，并把其倒置在仪器架上让其自然晾干。这样既可保证下次实验有干净仪器使用之便，又减少了由于久置而使污物更难洗去之烦。

（2）电热烘箱干燥。玻璃仪器放入烘箱干燥之前，应倒置在滴水板或仪器架上滴干器壁上的挂水。放入烘箱时，仪器开口处应朝上使水蒸气容易逸去。烘箱温度应保持在 100～120℃。达此温度后，中途不得临时再放入挂水的湿仪器，以免由于水滴滴到已受热的仪器上造成破裂损坏。干燥完毕，应切断烘箱加热电源并让其自动降温后才可取出仪器。取出仪器时应戴上棉纱手套（或用干毛巾垫手）。带余热的仪器放入干燥器或置于仪器架上，不要让热的仪器突然碰到冷水或金属板。计量玻璃仪器（如容量瓶、移液管、滴定管）不可用烘箱干燥。

（3）电吹风干燥。难以放入烘箱的大件仪器或者为了快速干燥个别仪器，可用电吹风干燥。先将仪器的挂水尽量沥干，用少量丙酮或乙醇荡洗，倾干，用电吹风先吹冷风 1～3min 赶走残留的溶剂，然后吹热风至干燥为止（有机溶剂蒸气易燃易爆，故开始时切勿吹热风，必要时再用冷风使仪器较快地冷却）。

3.5.2.3 塞子的配置和打孔

为使各种不同的仪器连接装配成套，在没有标准磨口仪器时，就要借助于塞子。塞子选配是否得当对实验影响很大。化学实验仪器上一般使用软木塞。它的好处是不易被有机溶剂溶胀，而橡皮塞则易受有机物质的侵蚀而溶胀，且价格也较贵。但是，在要求密封的实验中，例如，抽气过滤和减压蒸馏等就必须使用橡皮塞，以防漏气。

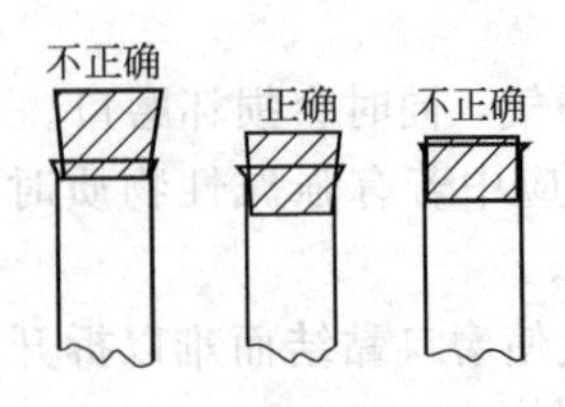

图 3.3 塞子的配置

塞子的大小应与所塞仪器颈口相适合，塞子进入颈口的部分不能少于塞子本身高度的1/3，也不能多于2/3（见图 3.3）。如选软木塞还应注意不应有裂缝存在。

为了在烧瓶上装冷凝管（防止溶剂或反应物挥发）、温度计（控制反应温度）或滴液漏斗（加料）等，常须在塞子上钻孔。软木塞在钻孔前须在压塞机内碾压紧密，以免在钻孔时塞子裂开，或留有缝隙。所钻孔径大小既要使玻璃管或温度计等能较顺利插入，又要保持插入后不会漏气。因此，须选择大小合适的打孔器（在软木塞上钻孔，打孔器孔径应比要插入的物体口径略小一点）。钻孔时，将塞子放在一块小木板上，小的一端向上，打孔器下面先敷些水或甘油以增加润滑，然后左手握紧塞子，右手持打孔器，一面向下施加压力，一面作顺时针方向旋转，从塞子小的一端垂直均匀地钻入，切不可强行推入，并且不要使打孔器左右摇摆，也不要倾斜。为了防止孔洞打斜，应时时注意打孔器是否保持垂直。当钻至塞子的1/3～1/2时，将打孔器一面逆时针方向旋转，一面向上拔出。用细的金属棒捅掉打孔器内的软木或橡皮碎屑。然后再从塞子另一端对准原来的钻孔位置垂直把孔钻通，可得良好的孔洞。必要时可以用小圆锉把洞修理光滑或略锉大一些。橡皮塞钻孔时，所选打孔器口径应与插入管子的口径差不多，钻孔时更应缓慢均匀，不要用力顶入，否则钻出的孔很细小，不合用。

当把玻璃管或温度计插入塞中时，应将手握住玻璃管接近塞子的地方，均匀用力慢慢旋入孔内，握管手不要离塞子太远，否则易折断玻璃管（或温度计）造成割伤事故。在将玻璃管插入橡皮塞时可以蘸一些水或甘油作为润滑剂，必要时可用布包住玻璃管。

每次实验后将所配好用过的塞子洗净、干燥，保存备用，以节约器材。

3.5.3 简单玻璃工操作

玻璃工操作是有机化学实验中的重要操作之一。因为测熔点、薄板层析、减压蒸馏所用的毛细管、点样管，蒸馏时用的弯管，气体吸收装置、水蒸气蒸馏装置以及滴管、玻璃钉、搅拌棒等常需自己动手制作。在玻璃工操作中最基本的操作是拉玻璃管（又称拉丝）和弯玻璃管。

3.5.3.1 玻璃管的切割

所加工的玻璃管（棒）应清洁和干燥。加工后的玻璃管（棒）视实验要求可用自来水或蒸馏水清洗。制备熔点管的玻璃管则要先用洗涤剂（或硝酸、盐酸等）洗涤，再用自来水，最后用蒸馏水清洗、干燥，然后进行加工。

玻璃管（棒）的切割是用三角锉刀的边棱或用小砂轮在需要割断的地方朝一个方向锉一稍深的痕，不可来回乱锉，否则不但锉痕多，而且易使锉刀或小砂轮变钝。然后用两手握住玻璃管，以大拇指顶住锉痕背面的两边，轻轻向前推，同时朝两边拉，玻璃管即平整地断开[如图 3.4(1)]。

为了安全，折时应尽可能离眼睛远些，或在锉的两边包上布后再折。也可用玻璃棒拉细的一端在煤气灯焰上加强热，软化后紧按在锉痕处，玻璃管即沿锉痕的方向裂开。若裂痕未扩展成一整圈，可以逐次用烧热的玻璃棒压触在裂痕稍前处，直至玻璃管完全断开。此法特别适用于接近玻璃管端处的截断。裂开的玻璃管边沿很锋利，必须在火中烧熔使之光滑（熔光），即将玻璃管呈45°在氧化焰边沿处一边烧、一边来回转动直至平滑即可。不应烧得太久，以免管口缩小。

3.5.3.2 拉玻璃管

将玻璃管外围用干布擦净，先用小火烘，然后再加大火焰（防止发生爆裂，每次加热玻

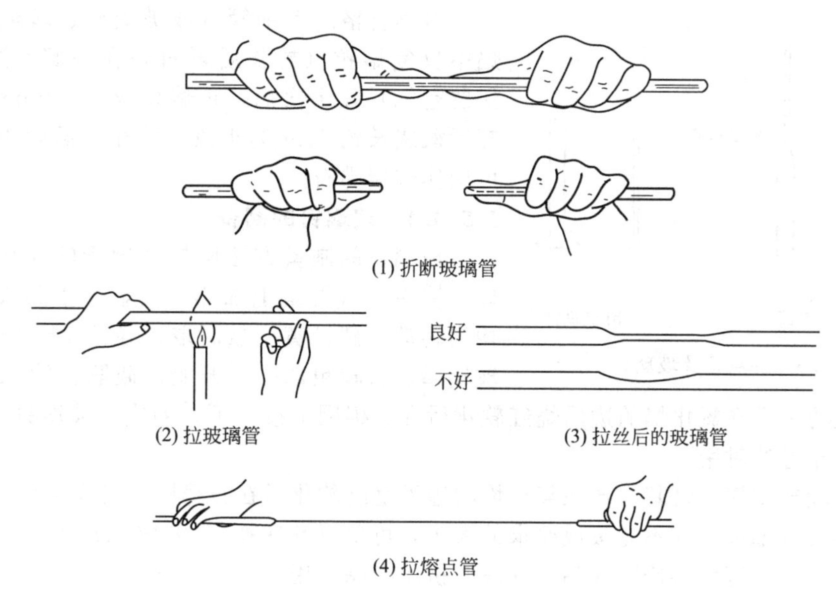

(1) 折断玻璃管

(2) 拉玻璃管

(3) 拉丝后的玻璃管

(4) 拉熔点管

图 3.4　玻璃管的折断、拉丝和拉测熔点用毛细管

璃管、玻璃棒都应如此）并不断转动。一般习惯用左手握玻璃管转动，右手托住，如图 3.4(2)所示。转动时玻璃管不要上下前后移动。在玻璃管略微变软时，托玻璃管的右手也要以大致相同的速度将玻璃管作同方向（同轴）转动，以免玻璃管绞曲。当玻璃管发黄变软后，即可从火焰中取出，若玻璃管烧得较软时，从火焰中取出后，稍停片刻，再拉成需要的细度。在拉玻璃管时两手的握法和加热时相同，让玻璃管呈倾斜，右手稍高，两手作同方向旋转，边拉边转动。拉好后两手不能马上松开，尚需继续转动，直至完全变硬后，由一手垂直提置，另一手在上端拉细的适当地方折断，粗端烫手，置于石棉网上（切不可直接放在实验台上），另一端也如上法处理，然后再将细管割断。拉出来的细管子要求和原来的玻璃管在同一轴上，不能歪斜，否则要重新拉，这种工作又称拉丝。通过拉丝能熟练熔融玻璃管的转动操作和掌握玻璃管熔融的“火候”。这两点是做好玻璃工操作的关键。应用这一操作能顺利地将玻璃管制成合格的滴管。如果转动时玻璃管上下移动，这样由于受热不均匀，拉成的滴管不会对称于中心轴。另外，在拉玻璃管时两手也要作同方向旋转，不然加热虽然均匀，由于拉时用力不当，也不会是非常均匀的，如图 3.4(3) 所示。

3.5.3.3　拉制熔点管、沸点管、点样管及玻璃沸石

取一根清洁干燥的、直径为 1cm、壁厚 1mm 左右的玻璃管，放在灯焰上加热。火焰由小到大，不断转动玻璃管，烧至发黄变软，然后从火中取出，此时两手改为同时握玻璃管作同方向来回旋转，水平地向两边拉开，如图 3.4(4)。开始拉时要慢些，然后再较快地拉长，使之成内径为 1mm 左右的毛细管。如果烧得软、拉得均匀，就可以截取很长一段所需内径的毛细管。然后将内径 1mm 左右的毛细管截成长为 15cm 左右的小段，两端都用小火封闭（封时将毛细管呈 45°在小火的边沿处一边转动、一边加热，制点样管时，无须封口），冷却后放置在试管内，准备以后测熔点用。使用时只要将毛细管从中央割断，即得两根熔点管。

用上法拉成内径 3～4mm 的毛细管，截成长 7～8cm，一端用小火封闭，作为沸点管的外管。另将内径约 1mm 的毛细管在中间部位封闭，自封闭处一端截取约 5mm（作为沸点管内管的下端），另一端约长 8cm，总长度约 9cm，作为内管。由此两根粗细不同的毛细管即构成沸点管，如图 3.5(1) 所示。

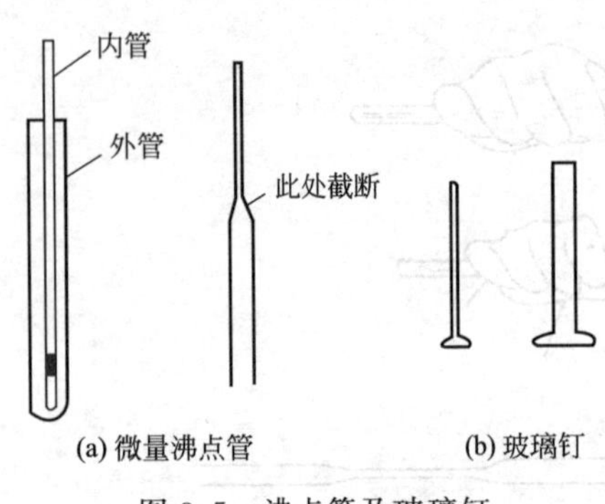

图 3.5 沸点管及玻璃钉

将不合格的毛细管（或玻璃管、玻璃棒）在火焰中反复熔拉（拉长后再对叠在一起，造成空隙，保留空气）几十次后，再熔拉成1～2mm粗细。冷却后截成长约1cm的小段，装在小试管中，蒸馏时可用作玻璃沸石。

3.5.3.4 玻璃钉的制备

玻璃钉的制备方法同拉玻璃管的操作。将一段玻璃棒在煤气灯焰上加热，火焰由小到大，且不断均匀转动，到发黄变软时取出拉成2～3mm粗细的玻璃棒。自较粗的一端开始，截取长约6cm左右的一段，将粗的一端在氧化焰的边沿烧红软化后在石棉网上按一下，即成一玻璃钉（图3.5）。供玻璃钉漏斗过滤时用。

另取一段玻璃棒，将其一端在氧化焰的边沿烧红软化后在石棉网上按成直径约为1.5cm左右的玻璃钉（如果一次不能按成要求的大小，可重复几次按）。截成6cm左右，然后在火焰上熔光，此玻璃钉可供研磨样品和抽滤时挤压产品之用。

3.5.3.5 弯玻璃管

将一段玻璃管在鱼尾灯头上加热（玻璃管受热的长度可达5～8cm），一边加热，一边慢慢转动使玻璃管受热均匀。当玻璃管软化后即从火中取出（不可在火焰中弯玻璃管）两手水平持着，玻璃管中间一段已软化，在重力作用下向下弯曲，两手再轻轻地向中心施力，使其弯曲至所需要的角度。绝对不要用力过大，否则在弯的地方玻璃管要瘪陷或纠结起来。如果玻璃管要弯成较小的角度，则常需要分几次弯。每次弯一定的角度，重复操作（每次加热的中心应稍有偏移），用积累的方式达到所需的角度。弯好的玻璃管应在同一平面上。在无鱼尾灯的情况下，可将玻璃管一端用橡皮乳头套上（或拉丝后封闭也可），斜放在煤气灯焰上加热至玻璃管发黄变软，再从火焰中取出弯成所需的角度。在弯曲的同时应在玻璃管开口的一端吹气，使玻璃管的弯曲部分保持原来粗细。在鱼尾灯加热的情况下最好也能吹气，否则虽然加热面很大，但弯曲后管径仍要缩小一些。另外如将玻璃管在弱火上烘，两手托住玻璃管两端，在火中来回摆动，玻璃管在两手轻微地向中心施力及本身重力的作用下，受热部分渐渐软化而弯曲下来。这样的弯管虽然不吹气，由于火弱而且受热面大，弯管的部分较原来玻璃管的直径虽要细些，但相应缩小不显著，可符合一般要求。

加工后的玻璃管（棒）均应随即退火处理，即再在弱火焰中加热一会儿，然后将玻璃管慢慢移离火焰，再放在石棉网上冷却至室温。否则，玻璃管（棒）因急速冷却，内部产生很大的应力，即使不立即开裂，过后也有破裂的可能。

3.5.3.6 简单玻璃仪器的修理

实验室中冷凝管或量筒的口常有破裂，若稍加修理还可使用。其方法是（以量筒为例），在裂口下用三角锉绕一圈锉一深痕，再用直径为2mm左右的一根细玻璃棒在煤气灯的强火焰上烧红烧软，取出立即紧压在锉痕处，玻璃管即沿锉痕的方向裂开。若裂痕未扩展成一整圈，可重复上述步骤数次，直至玻璃管完全断开。再将量筒口熔光，并在管口的适当部位在强火焰上烧软，用镊子向外一压即可成一流嘴。

也可用另一种方法切割管口。用浸有酒精的棉绳，绕在管口裂口的下面，围成一圈，用火柴点着棉绳，待棉绳刚熄灭时，趁热用玻璃管蘸水冷激棉绳处，玻璃管沿棉绳处裂开。若用导线代替棉绳，用通电来加热导线处的玻璃管，关闭电源，用水冷激之，可收到同样的效果。

3.6　加热与制冷技术

3.6.1　加热

化学实验室中常用的热源有煤气灯、酒精灯、电热套和电热炉等。必须注意，玻璃仪器一般不能直接用火焰加热，因为温度剧烈的变化和加热不均匀都会造成玻璃仪器的破损。同时由于局部过热，还可能导致化合物部分分解。为了避免直接加热可能带来的问题，根据具体情况，常可选用以下间接加热的方式。

（1）空气浴加热。这是利用热空气间接加热，实验室中常用的有石棉网上加热和电热套加热。

把容器放在石棉网上加热，注意容器不能紧贴石棉网，要留0.5～1.0cm间隙，使之形成一个空气浴，这样加热可使容器受热面增大，但加热仍不很均匀。这种加热方法不能用于回流低沸点、易燃的液体或减压蒸馏。

电热套是一种较好的空气浴，它是由玻璃纤维包裹着电热丝织成碗状半圆形的加热器，有控温装置可调节温度。由于它不是明火加热，因此可以加热和蒸馏易燃有机物，但是蒸馏过程中，随着容器内物质的减少，会使容器壁过热而引起蒸馏物的碳化，但只要选择适当大一些的电热套，在蒸馏时再不断调节电热套的高低位置，碳化问题是可以避免的。

（2）水浴加热。加热温度在80℃以下，最好使用水浴加热，可将容器浸在水中（水的液面要高于容器内液面），但切勿使容器接触水浴底，调节火焰，把水温控制在所需要的温度范围内。如果需要加热到接近100℃，可用沸水浴或蒸汽浴加热。

（3）油浴加热。油浴加热温度范围一般为100～250℃，其优点是温度容易控制，容器内物质受热均匀。油浴所达到的最高温度是取决于所用油的品种。实验室中常用的油有植物油、液体石蜡等。

植物油如豆油、棉籽油、蓖麻油等，加热温度一般为200～220℃。为防止植物油在高温下分解，常可加入1%对苯二酚等抗氧化剂，以增加其热稳定性。

药用液体石蜡能加热到220℃，温度再高并不分解，但较易燃烧。这是实验室中最常用的油浴。

石蜡也可加热到220℃。它的优点是在室温时为固体，保存方便。

硅油可以加热到250℃，比较稳定、透明度高，但价格较贵。

真空泵油也可加热到250℃以上，也比较稳定，价格较高。

油浴在加热时，要注意安全，防止着火，发现油浴严重冒烟时应立即停止加热。油浴中要放温度计，以便调节火焰控制温度，防止温度过高。油浴中油量不能过多，还应防止溅入水滴。

（4）砂浴加热。要求加热温度较高时，可采用砂浴。砂浴可加热到350℃。一般将干燥的细砂平铺在铁盘中，把容器半埋入砂中（底部的砂层要薄些）。在铁盘下加热，因砂导热效果较差、温度分布不均匀，所以砂浴的温度计水银球要靠近反应器。由于砂浴温度不易控制，故在实验中使用较少。

3.6.1.1　液体的加热

（1）在水浴上加热。适用于在100℃以上易变质的溶液或纯液体。

（2）直接加热。适用于在较高温度下不分解的溶液或纯液体。一般把装有液体的器皿放在石棉网上，用煤气灯加热。试管中的液体一般可直接放在火焰上加热（图3.6），但是易分解的物质仍应放在水浴中加热。在火焰上加热试管中的液体时，应注意以下四点：①应该

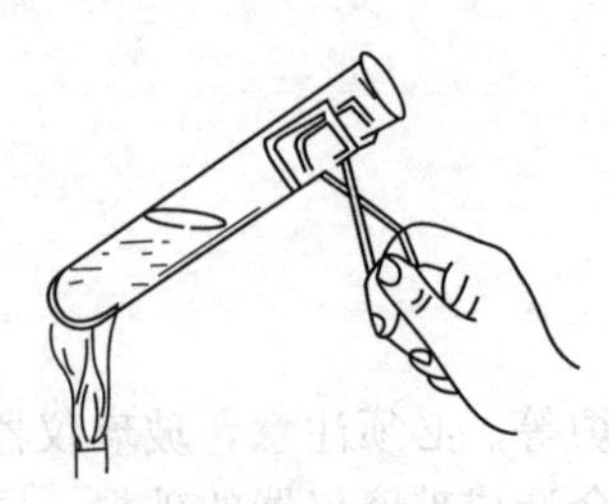
图 3.6 加热试管中的液体

用试管夹夹住试管的中上部，不能用手拿住试管加热；②试管应稍微倾斜，管口向上；③应使液体各部分受热均匀，先加热液体的中上部，再慢慢往下移动，然后不时地上下移动，不要集中加热某一部分，这样做容易引起暴沸，使液体冲出管外；④不要把试管口对着别人或自己的脸部，以免发生意外。

3.6.1.2 固体的加热

(1) 在试管中加热。所盛固体药品不得超过试管容量的1/3。块状或粒状固体一般应先研细，并尽量将其在管内铺平。加热的方法与在试管中加热液体时相同，有时也可把盛固体的试管固定在铁台上加热（图3.7)，但是必须注意，应使试管口稍微往下倾斜，以免凝结在管口的水珠流至灼热的管底，使试管炸裂。先来回将整个试管预热，然后用氧化焰集中加热。一般随着反应进行，灯焰从试管内固体药品的前部慢慢往后部移动。

(2) 在蒸发皿中加热。加热较多的固体时，可把固体放在蒸发皿中进行。但应注意充分搅拌，使固体受热均匀。

(3) 在坩埚中灼烧。当需要在高温加热固体时，可以把固体放在坩埚中灼烧（图3.8)。应该用煤气灯的氧化焰加热坩埚，而不要让还原焰接触坩埚底部（还原焰温度不高)。开始时，火不要太大，坩埚均匀地受热，然后逐渐加大火焰将坩埚烧至红热。灼烧一定时间后，停止加热，在泥三角上稍冷后，用坩埚钳夹持放在保干器内。

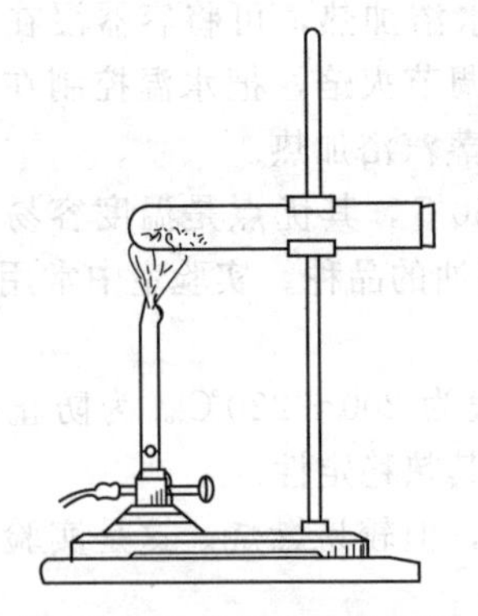
图 3.7 加热试管内的固体

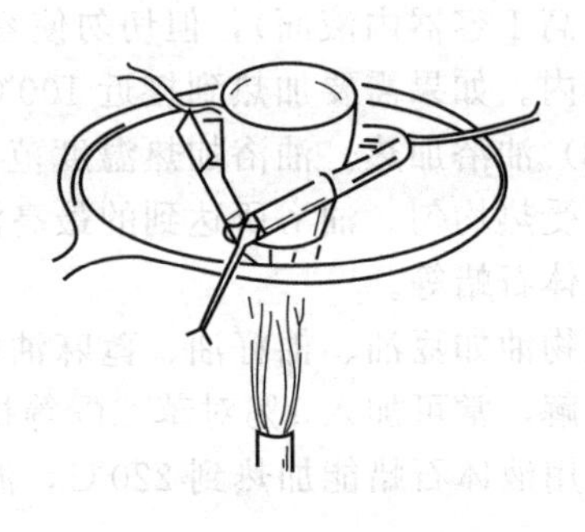
图 3.8 灼烧坩埚

要夹持处在高温下的坩埚时，必须先把坩埚钳放在火焰上预热一下。坩埚钳用后应将其尖端向上平放在石棉网上冷却。

3.6.2 制冷技术

随着科学技术的发展，制冷技术也在不断提高。利用深度冷却，可使很多在室温下不能进行的反应如负离子反应或一些有机金属化合物的反应都能顺利进行。在普通有机实验中，也普遍使用低温操作，如重氮化反应、亚硝化反应。有的放热反应，常产生大量的热，使反应难以控制，并引起易挥发化合物的损失，或导致有机物的分解或增加副反应。为了除去过剩的热量，需用制冷技术转移多余热量，使反应正常进行。

此外，为了减少固体化合物在溶剂中的溶解度，使其易于析出结晶，也常需要冷却。

将反应物冷却的最简单的方法，就是把盛有反应物的容器浸入冷水中冷却。有些反应必须在室温以下的低温进行，这时最常用的冷却剂是冰或冰与水的混合物，后者由于能和器壁接触得更好，它的冷却效果比单用冰好。如果有水存在，并不妨碍反应的进行，也可以把冰块投入反应物中，这样可以更有效地保持低温。

若需要把反应混合物冷却到 0℃以下时，可用食盐和碎冰的混合物，一份食盐与三份碎冰的混合物，温度可降至－20℃，但在实际操作中，温度约降至－5～－18℃；食盐投入冰内时碎冰易结块，故最好边加边搅拌。

冰与六水合氯化钙结晶（$CaCl_2 \cdot 6H_2O$）的混合物，理论上可得到－50℃左右的低温。在实际操作中，10 份六水合氯化钙结晶与 7～8 份碎冰均匀混合，可达到－20～－40℃。

液氨也是常用的冷却剂，温度可达－33℃。由于氨分子间的氢键，使氨的挥发速度并不很快。

将干冰（固体二氧化碳）与适当的有机溶剂混合时，可得到更低的温度，干冰与乙醇的混合物可达到－72℃，干冰与乙醚、丙酮或氯仿的混合物可达到－78℃。

液氮可冷至－195.8℃。

为了保持制冷剂的效力，通常把干冰或它的溶液及液氨盛放在保温瓶（也叫杜瓦瓶）或其他绝热较好的容器中，上口用铝箔覆盖，降低其挥发的速度。

应当注意，温度若低于－38℃时，则不能使用水银温度计。因为低于－38.87℃时，水银就会凝固。对于较低的温度，常常使用内装有机液体（如甲苯，可达－90℃；正戊烷，可达－130℃）的低温温度计。为了便于读数，往往向液体内加入少许颜料。但由于有机液体传热较差和黏度较大，这种温度计达到平衡需要的时间较长。

常用冷却剂的组成及冷却温度见表 3.3 所列。

表 3.3　常用冷却剂的组成及冷却温度

冷却剂组成	冷却温度/℃	冷却剂组成	冷却温度/℃
碎冰(或冰-水)	0	干冰＋乙腈	约－55
氯化钠(1 份)＋碎冰(3 份)	－20	干冰＋乙醇	－72
6 个结晶水的氯化钙(10 份)＋碎冰(8 份)	－50(－40～－20)	干冰＋丙酮	－78
		干冰＋乙醚	－100
液氨	－33	液氨＋乙醚	－116
干冰＋四氯化碳	约－30～－25	液氮	－195.8

3.7　温度与压力的测量

3.7.1　温度的测量与控制

3.7.1.1　温度的测量

温度是国际单位制（SI）的 7 个基本量之一，是体系的强度性质。当两个温度不同的物体相接触时，必然有能量以热的形式由高温物体传至低温物体；而当两个物体处于热平衡时，它们的温度必然相同。这是温度测量的基础。

从统计物理学角度看，温度是表征体系中物质内部大量分子、原子平均动能的一个宏观物理量。物体温度的升高或降低，标志着物体内部分子、原子平均动能的增加或减少。所以，温度是确定物体状态的一个基本参量。物质的化学特性无不与温度有着密切的关系。因此，准确测量和控制温度在科学实验中十分重要。

温度的数值表示方法称为温标。温度的量值与温标的选定有关。我国自 1991 年 7 月 1 日起施行 1990 年国际温标。

热力学温度用符号 T 表示，其单位是开，单位符号是 K。热力学温度单位开的定义是水的三相点热力学温度的 1/273.16。

摄氏温标用符号 t 表示，单位符号是℃。热力学温标与摄氏温标的关系是：

$$t/℃ = T/\mathrm{K} - 273.15$$

根据新定义，热力学温标与摄氏温标的分度值相同，两者间只差一个常数，故温度差既可用 T 表示，也可用 t 表示。

温度可用温度计测量。温度计的种类、型号多种多样，一般可按测温的物理特性或测量温度的方式分类。

利用物质的体积、电阻、热电势等物理性质与温度之间的函数关系制成的温度计，通常都是接触式温度计，测温时必须将温度计接触被测温体系，使温度计与体系达成热平衡，那么两者的温度相等。这样由测温物质的特定物理参数就可换算出体系的温度值，也可将物理参数值直接转换成温度值来表示。常用的水银温度计就是根据水银的体积直接在玻璃管上刻以温度值的，铂电阻温度计和常见的热电偶温度计则分别利用其电阻和温差电势来指示温度。

利用电磁辐射的波长分布或强度变化与温度之间的函数关系制成的温度计是非接触型的。全辐射光学高温计、光丝高温计和红外光电温度计都属于这一类。这一类温度计的特点是：不干扰被测体系，没有滞后现象，但测温精度较差。

(1) 玻璃液体温度计。

① 水银温度计与酒精温度计。

玻璃液体温度计利用液体的热胀冷缩性质来表征温度。当感温泡的温度变化时，内部液体体积随之变化，表现为毛细管液柱弯月面的升高或降低。应该指出，人们观察到的毛细管中液柱高度的变化，实质上是液体本身体积变化与玻璃（感温泡、毛细管）体积变化之差。所以，在有关校正计算中，常用到液体视膨胀系数 α 的概念，即：

$$\alpha = \alpha_L - \alpha_G$$

式中，$\alpha_L = 0.00018℃^{-1}$；$\alpha_G = 0.00002℃^{-1}$。

则汞的视膨胀系数 $\alpha = 0.00016℃^{-1}$。

在玻璃液体温度计中，水银温度计使用最广泛，在实验时也常用酒精温度计，它们各有优缺点。水银与酒精有关物性数据的比较见表 3.4 所列。

水银温度计的优点是：使用简便，准确度也较高，测温范围可以为－35～600℃（测高温的温度计毛细管中充有高压惰性气体，以防汞气化）。但汞温度计的缺点是其读数易受许多因素的影响而引起误差，在精确测量中必须加以校正。

水银温度计按精度等级可分为一等标准温度计、二等标准温度计和实验温度计。实验温度计有1℃、1/5℃、1/10℃等几种。按温度计在分度时的条件不同，又可分为全浸式与局浸式两种。全浸式温度计使用时必须将温度计上的示值部分完全浸入测温系统（为了读数方便，水银柱的弯月面可露出系统，但不得超过 1cm），而局浸式温度计使用时只需浸到温度计下端某一规定位置。一般来说，分度为 1/10℃的精密温度计都是全浸式温度计。

表 3.4 水银与酒精有关物性数据的比较

液体	沸点/℃	凝固点/℃	比热容/[J/(kg·℃)]	膨胀系数/$℃^{-1}$	热导率/[W/(m·℃)]	测温范围/℃
水银	356.9	−38.9	125.5	1.8×10^{-4}	8.33	−30～600
酒精	78.5	−117	2426.7	1.1×10^{-3}	0.180	−80～80

酒精温度计也是常用的玻璃液体温度计。测温液体用酒精代替水银的优点是：膨胀系数大，液柱高度变化更显著；凝固点低，利于低温测量。

酒精温度计有四个缺点：体积随温度变化的线性关系较差，所以温度计示值等分刻度的误差较大；酒精热惰性大，测量灵敏度差；传热系数小，测温滞后现象明显；有机液体对玻璃的润湿性好，易产生黏附现象。所以玻璃毛细管内径不宜太小，否则示值精度较差。但酒精毒性比汞小，制作方便，故在一般测温中（尤其对低温测量），酒精温度计仍被普遍使用。

② 水银温度计的读数校正。

水银温度计的读数误差主要来源于：玻璃毛细管内径不均匀；温度计的感温泡受热后体积发生变化；全浸式温度计当局浸式使用。

在精确测量中需要对读数误差加以校正。主要的有关校正项目有以下一些。

a. 示值校正。温度计的刻度常是按定点（水的冰点及正常沸点）将毛细管等分刻度，但由于毛细管直径的不均匀及汞和玻璃的膨胀系数的非严格线性关系，因而读数不完全与国际温标一致。对标准温度计或精密温度计，可由制造厂或国家计量管理机构进行校正，给予检定证书，附有每5℃或10℃的校正值。这种检定的手续比较复杂，要求比较严格。在一般实验室中对于没有检定证书的温度计，可把它与另一支同量程的标准温度计同置于恒温槽中，在露出度数相同时进行比较，得出相应校正值。其余没有检定到的温度示值可由相邻两个检定点的校正值线性内插而得。如果作成图3.9所示的校正曲线，使用起来就比较方便，这时：校正值＝标准值－读数值。

故：标准值＝读数值＋校正值。

例如，具有图3.9这种校正曲线的温度计，其35℃读数的实际温度等于(35.00＋0.03)℃＝35.03℃。

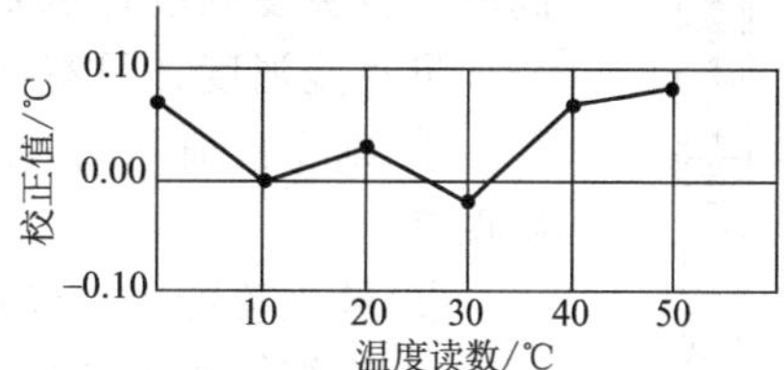

图3.9　汞温度计的校正曲线

b. 零位校正。因为玻璃属于过冷液体，当温度计在高温使用时，体积膨胀，但冷却后玻璃结构仍冻结在高温状态，感温泡不会立即复原，导致了零位下降。在示值校正中作为基准的二等标准温度计虽每年经计量局检定，但若该温度计经常在高温使用，有可能从上次检定以来感温泡体积已经发生了变化。因此，当再要用它对待校温度计进行示值校正时，就应将它插入冰点器中，对其零位进行检查。方法如下所述。

将二等标准温度计处在其示值最高温度下维持30min，取出并冷却到室温后马上浸入冰点器（如图3.10）中，测定其零位与原检定单上的零位值之差。一般认为，零位位置的改变使温度计上所有示值产生相同的改变。如某标准温度计检定单上零位值为－0.02℃，现测得为0.03℃，即升高0.05℃，因此该温度计上所有示值均应比检定单上的检定值高0.05℃。零位校正值$\Delta t_{零}$不仅与温度计的玻璃成分有关，而且与其受冷热变化的使用经历有关。所以，标准温度计应定期检定零位值。

c. 露茎校正。全浸式水银温度计如不能全部浸没在被测液体中，则因露出部分与被测体系温度不同，必然存在读数误差，必须予以校正。这种校正称为露茎校正。校正值按下式计算：

$$\Delta t_{露茎}=Kn(t_{观}-t_{环})$$

式中，K＝0.00016，是水银对玻璃的相对膨胀系数；n为露出于被测体系之外的水银柱长度，称露茎高度，以温度差值表示；$t_{观}$为测量温度计上的读数；$t_{环}$为环境温度，可用一支辅助温度计读出，其水银球置于测量温度计露茎的中部。算出的$\Delta t_{露茎}$（注意正、负值）加在$t_{观}$上即为校正后的数值：

$$t_{真实}=t_{观}+\Delta t_{露茎}$$

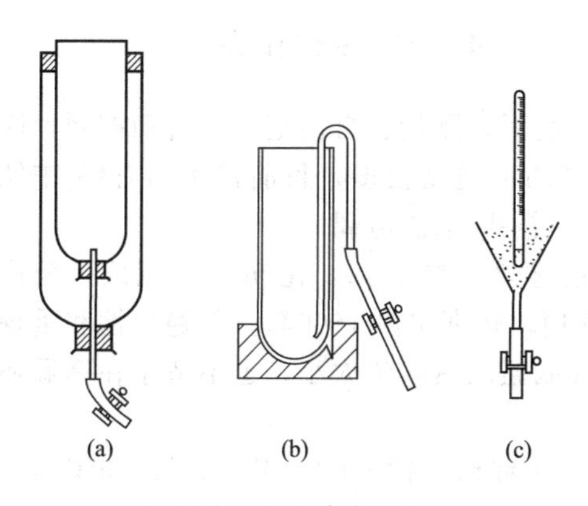

图3.10　冰点器

(2) 贝克曼温度计。

贝克曼温度计（图3.11）是一种特殊的水银温度计，是精密测量温度差值的温度计。在精确测量温度差值的实验中（如凝固点下降测分子量），温度的读数要求精确到0.001℃，为了达到这个要求，温度计刻度需刻至0.01℃。贝克曼温度计能很方便地达到这个要求。

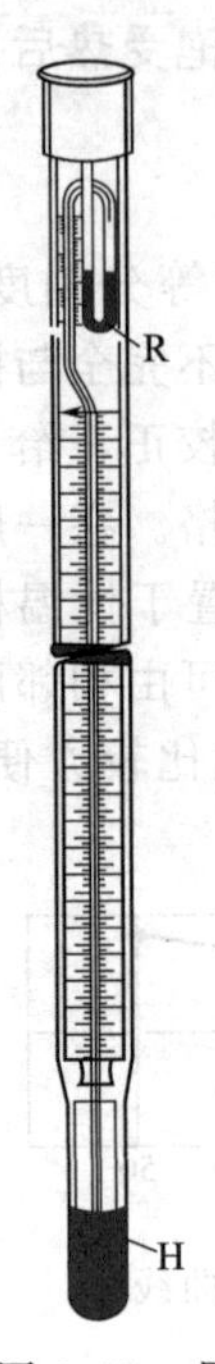

图3.11　贝克曼温度计

贝克曼温度计的构造如图3.11所示。水银球与储汞槽由均匀的毛细管连通，其中除水银外是真空。储汞槽用来调节水银球内的水银量。刻度尺上的刻度一般只有5℃，每度分为100等份，因此用放大镜可以估计到0.01℃。储汞槽背后的温度标尺只是粗略地表示温度数值，即储汞槽的水银与水银球中的水银完全相连时，储汞槽中水银面所在的刻度就表示温度粗值。

贝克曼温度计的刻度有两种标法：一种是最小刻度刻在刻度尺的上端，最大刻度刻在下端，用来测量温度的下降值，称为下降式贝克曼温度计；另一种最小刻度刻在刻度尺的下端，最大刻度刻在上端，用来测量温度的上升值，称为上升式贝克曼温度计。精密测量时，两者不能混用。现在还有更灵敏的贝克曼温度计，刻度尺总共为1℃或2℃，最小刻度为0.002℃。当测量精确度要求高时，贝克曼温度计也要进行校正。

贝克曼温度计具有以下几个特点。

① 刻度精细，刻线间隔为0.01℃，用放大镜可估读至0.002℃，测量的精确度高。

② 量程较短，一般只有5～6℃。

③ 毛细管的上端加装了一个水银储管，用来调节水银球中的水银量，可在不同的温度范围应用。

④ 由于水银球中的水银量是可变的，因此，水银柱的刻度值就不是温度的绝对读数，只能在量程范围内读出温度间的差数Δt，主要用在量热技术中，如冰点降低、沸点升高及燃烧热等测量工作中。

(3) 热电偶温度计。

将两种金属导线构成一个闭合回路，如果两个连接点的温度不同，就会产生一个电势差，称为温差电势。如在回路中串联一个毫伏表，则可粗略地显示该温差电势的量值（图3.12）。这一对金属导线的组合就称为热电偶温度计，简称热电偶。

实验表明，温差电势E与两个接点的温度差Δt之间存在函数关系：$E=f(\Delta t)$。如其中一个接点的温度恒定不变，则温差电势只与另一个接点的温度有关，即$E=f(t)$。

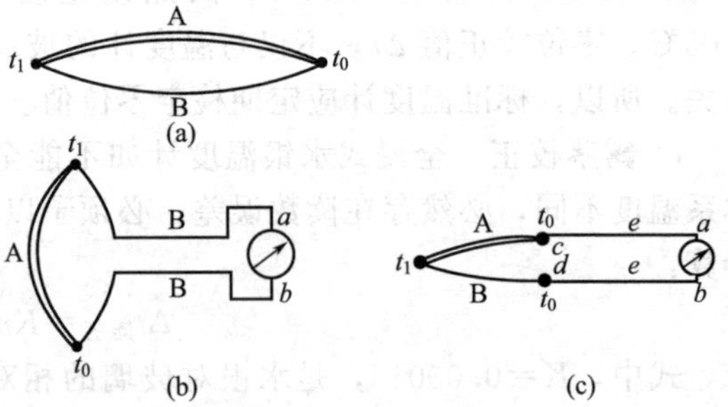

热电偶作为测温元件有灵敏度高、重现性好、量程宽、非电量变换等优点。

图3.12　热电偶回路

① 热电偶的分类。

热电偶测量温度的适用范围很广，而且容易实现远距离测量、自动记录和自动控制，因而在科学实验和工业生产中获得了广泛应用。热电偶的种类比较多，目前常用的有铂-铂铑热电偶、镍铬-镍硅（铝）热电偶、镍铬-考铜热电偶、铜-康铜热电偶。

铂-铂铑热电偶通常由直径0.5mm的纯铂丝和铂铑丝（铂10%，铑90%）制成。分度号以S(旧为LB-3）表示。它可在1300℃以内长期使用，短期可测1600℃。其稳定性和重现性均很好，可用于精密测温和作为基准热电偶。但其低温区热电势太小，也不适于在高温还原气氛中使用。

镍铬-镍硅（铝）热电偶是最常用的一种热电偶，由镍铬（镍90%，铬10%）和镍硅丝（镍95%，硅、铝、锰5%）制成。分度号以K（旧为EU-2）表示。可在氧化性和中性介质中900℃以内长期使用，短期可测1200℃。这种热电偶容易制作、热电势大、线性好、价格便宜，测量精度虽较低，但能满足一般要求。目前国内已开始用镍硅材料代替镍铝合金，使得其在抗氧化和热电势稳定性方面都有所提高。由于两种热电偶的热电性质几乎完全一致，故可互相代用。

镍铬-考铜热电偶由上述镍铬与考铜丝（铜56%，镍44%）做成。可在还原性和中性介质中600℃以内长期使用，短期可测800℃。

铜-康铜热电偶由铜和康铜丝（铜60%，镍40%）做成。分度号以T表示。其具有热电势大、价钱便宜、实验室中易于制作等特点，但再现性不佳，只能在低于350℃时使用。

随着生产和科学技术的发展，对热电偶生产要求越来越高，提出了适用范围广、使用寿命长、稳定性高、小型化和反应迅速等要求。我国已能生产在保护介质中用到2800℃的钨铼超高温热电偶、测低温达−271℃的金铁-镍铬低温热电偶、快速反应的薄膜热电偶、从室温到2000℃的各种套管（铠装）热电偶等。

② 热电偶的使用。

a. 热电偶保护管。为了避免热电偶受到被测介质的侵蚀和便于热电偶的安装，有必要使用保护管。根据测温体系的情况，保护管材料可以是石英、刚玉、耐火陶瓷等。低于600℃时可用硬质玻璃管。有时为了提高测温和控温的响应速度，短期使用时，也可以不用保护管。但这时应常作校正，以保证测量结果的可靠性。

b. 冷端补偿。表明热电偶的电动势与温度关系的数据表，是在冷端温度保持0℃时得到的。因此在使用时也最好能保持这种条件，即直接把热电偶冷端，或用补偿导线把冷端延引出来，放在冰水浴中。如果没有冰水，则应使冷端处于较恒定的室温，在确定温度时，将测得的热电势加上0℃到室温的热电势（室温高于0℃时），然后再查数据表。如果用直读式高温表，则应把指针零位拨到相当于室温的位置。热电偶冷端温度波动引起的热电势变化也可用补偿电桥法来补偿。市售的冷端补偿器有按冷端是0℃或20℃设计的。购买时要说明配用的热电偶。如热电偶长度不够，也需用补偿导线与补偿器连接。使用补偿导线时，切勿用错型号或把正负极接错。

c. 温度的补偿。要使热端温度与被测介质完全一致，首先要有良好的热接触，使两者很快建立热平衡；其次热端不能向外界传递热量。另外若被测体系温度分布不均时，要用多支热电偶测定各区域的温度。

③ 热电偶的校正。

通常采用比较校正法，即将被测热电偶与标准热电偶的热端露出，用铂丝捆在一起置于管式电炉中心位置，或放于管中心的金属块里。冷端则置于冰水浴中。再用切换开关使两电偶与同一电位差计相连。控制电炉缓慢升温，每隔50～100℃读取一次热电势值。如果用两台电位差计由两人同时读数，则对温度恒定的要求可放宽些；如果只用一台电位差计，或两电偶粗细不同，则对温度恒定的要求就较严格。校正结果可做成热电势与温度的关系曲线，以便应用。热电偶校正装置如图3.13。

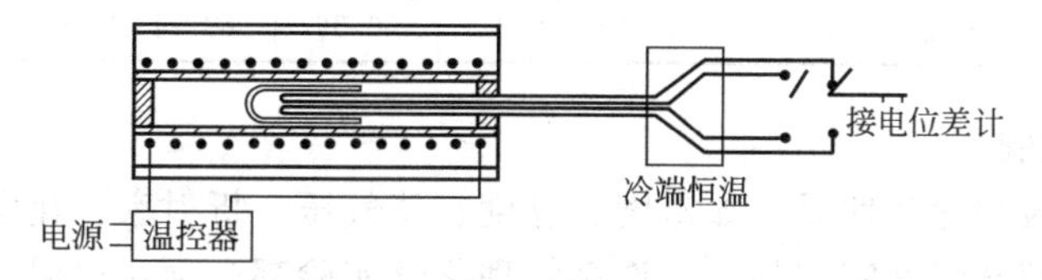

图3.13 热电偶校正装置示意

当用指示仪表配合热电偶测温时，则可配套校正或分别校正。指示仪表的校正方法与校正毫伏计相同，即用电位差计检查其指示温度相应的毫伏读数是否与分度表规定相符。校正时需注意按仪表要求配置附加电阻。

(4) 电阻温度计。

电阻温度计的测温原理是利用金属或半导体的电阻随温度的变化而变化的特性。金属丝的电阻具有正的温度系数，测温范围宽，重现性好。半导体的电阻具有负的温度系数、灵敏度高，但重现性差、测温范围较窄。

表 3.5 中列出了几种电阻温度计及其优缺点。铂电阻温度计是用直径 0.03～0.07mm 的铂丝绕在云母、石英或陶瓷支架上做成的。0℃时的电阻 10～100Ω，用金、银或镀银铜丝作引出线，放在导热良好的保护管中。可配合电桥或直读式动圈仪表测量温度。国际温度规定铂电阻温度计作为－183～630℃之间的基准器。

表 3.5　不同温度范围内常用的电阻温度计及其优缺点

电阻温度计	使用范围/℃	优　点	缺点
铂	－260～1100	灵敏，准确度高，适用于精密温度测量和控制	设备建立费用较大，体积大
碳	－271～－250		在－250℃时灵敏度较差
锗	－271～－240	在－250℃比碳有较好的灵敏度	

除表 3.3 中所列的电阻温度计外，还有铜电阻温度计，在－50～150℃之间铜电阻值与温度呈线性关系。它广泛用于远距离自动控制和自动记录。

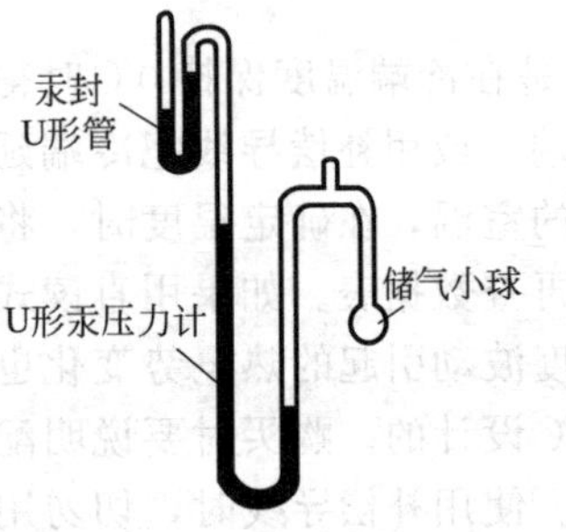

(5) 饱和蒸气温度计。

饱和蒸气温度计的测温参数是液体的饱和蒸气压，可按饱和蒸气压与温度的单值函数关系而确定温度值。它常用于测量低温体系的温度，其结构如图 3.14 所示。它由三个部分组成：储气小球、U 形汞压力计、汞封 U 形管。当小球浸入被测低温体系时，小球内部气体部分冷凝为液体，待达到气液两相平衡时，从汞压力计上读得的压力即为该温度下的饱和蒸气压。

图 3.14　饱和蒸气温度计

由于汞柱高度总有一定的限制，故测温范围也受到限制。当汞压计高为 1m 时，若储气小球中充以氨气，则测温范围为－80～－30℃；若充以氧气，则测温范围为－210～－180℃。

制作此类温度计，除了要求所用气体与汞压计中的汞非常纯净外，汞压计左管上方还必须处于真空状态。为此，可在抽真空的条件下将汞压计向左倾斜，使部分汞移入上方小的 U 形管内造成汞封，随即再将 U 形管出口烧结。

实验室中常见的氧饱和蒸气温度计多用于测定液氮的温度。不同温度下氧饱和蒸气压见表 3.6。

表 3.6　不同温度下氧饱和蒸气压

T/K	74	76	78	80	82	84	86	88	90	90.18
p/kPa	12.36	16.92	22.70	30.09	39.21	50.36	63.94	80.15	99.40	101.325

3.7.1.2　温度的控制

物质的物理性质和化学性质，如密度、黏度、蒸气压、折射率、化学反应平衡常数、化学反应速率常数等都与温度密切相关。许多物理化学实验都必须在恒温下进行。恒温装置分为常温恒温（室温至 250℃）、高温恒温（>250℃）和低温恒温（室温至－218℃）等。

(1) 恒温槽。

恒温槽是实验工作中常用的一种以液体为介质的常温恒温装置。用液体作介质的优点是热容量大和导热性好，从而使温度控制的稳定性和灵敏度大为提高。根据温度控制的范围，可采用下列液体介质：－60～30℃使用乙醇或乙醇水溶液；0～90℃使用水；80～160℃使用甘油或甘油水溶液；70～200℃使用液体石蜡、汽缸润滑油、硅油。

恒温槽如图 3.15 所示，通常由槽体、感温元件、电子管继电器、加热器（或冷却器）、搅拌器和精密温度计组成。其控制温度的简单原理是：当所控温度高于室温时，感温元件将命令电子管继电器使加热器加热（或增大加热功率）；而当槽温升至指定温度时，则命令电子管继电器使加热器停止加热（或迅速减小加热功率）。由于加热器有热惰性，故槽温将在一微小区间内波动。

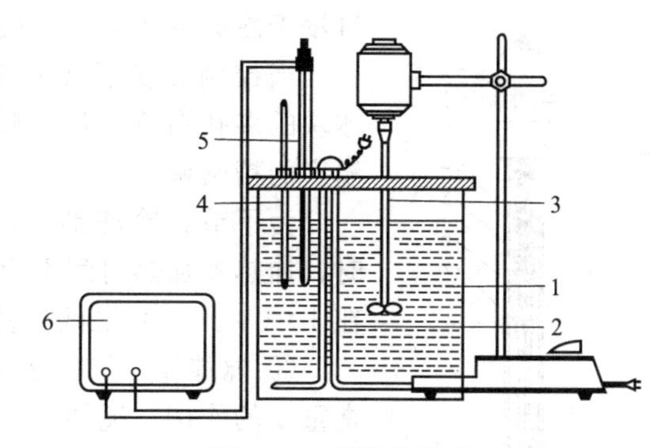

图 3.15　恒温槽组成

1—槽体；2—加热器；3—搅拌器；4—温度计；5—感温元件；6—电子管继电器

① 槽体。如果控制的温度同室温相差不太大，则可用敞口大玻璃缸作为槽体。对于较高和较低温度，则应考虑保温问题。具有循环泵的超级恒温槽，有时仅作供给恒温液体之用，而实验则在另一工作槽中进行。

② 加热器及冷却器。如果要求恒温的温度高于室温，则需不断向槽中供给热量以补偿其向四周散失的热量；如恒温的温度低于室温，则需不断从恒温槽取走热量，以抵消环境向槽中的传热。在前一种情况，通常采用电加热器间歇加热（或改变加热功率）来实现恒温控制。对电加热器的要求是热容量小，导热性好，功率适当。选择加热器的功率最好能使加热和停止加热的时间约各占一半。对低温恒温槽就需要选用适当的冷冻剂和液体工作介质。表 3.7 列出常用的几种。

表 3.7　常用的冷冻剂和液体工作介质

能达到的温度/℃	冷冻剂	液体工作介质
5	冷水	水
－3	1 份食盐＋3 份冰	20%食盐溶液
－60	干冰	乙醇

通常是把冷冻剂装入蓄冷桶（图 3.16）中（使用干冰时应加甲醇以利热传导），配合超级恒温槽使用。由超级恒温槽的循环泵送来的工作液体在夹层中被冷却后，再返回恒温槽进行温度的精密调节。如果不是在恒温槽中进行实验，则可按图 3.17 的流程连接。根据所需冷量的大小，可利用旁路活塞 D 调节通向蓄冷桶的流量。

如果实验室有现成的制冷设备，可将其冷冻剂通过恒温槽的冷却盘管，或使工作液体通

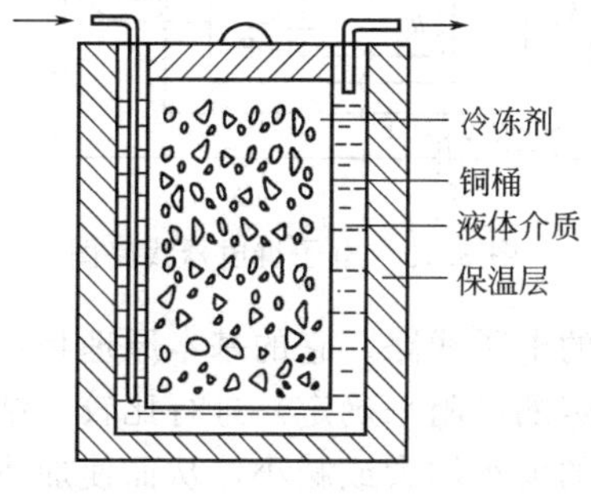

图 3.16　蓄冷桶

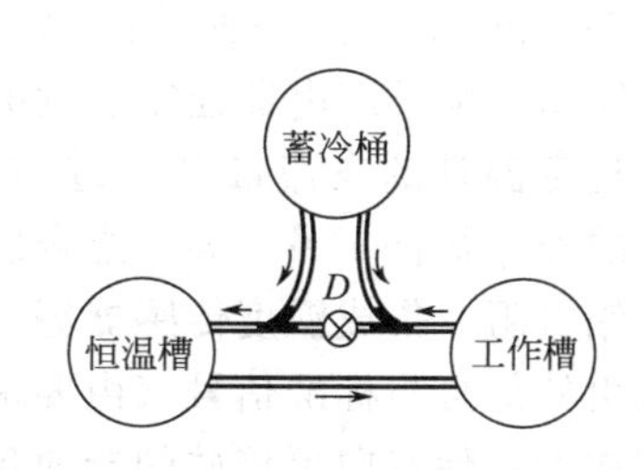

图 3.17　低温恒温循环

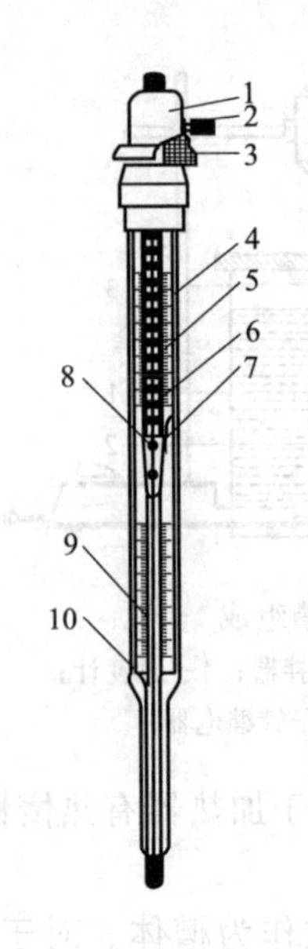

图 3.18 汞定温计
1—调节帽；2—固定螺丝；3—磁钢；4—指示铁；5—钨丝；6—调节螺杆；7,10—铂丝接点；8—铂弹簧；9—汞柱；

过浸于冷冻剂中的冷却盘管来达到降温目的。

当控制温度不低于5℃时，最简单的办法是在恒温槽中装一个盛冰块的多孔圆筒，并经常向其中补加冰块作为冷源，再由恒温槽进行温度的精密调节。

为了节省冷冻剂，过冷的工作液体回到恒温槽作温度精密调节时，加热器加热时间不应太长，一般控制加热和停止加热的时间比例在1∶(10～20)之间（例如每隔60s加热4s）。

③ 搅拌器。加强液体介质的搅拌，对保证恒温槽温度均匀起着非常重要的作用。搅拌器的功率、安装位置和桨叶的形状，对搅拌效果有很大影响。恒温槽愈大，搅拌功率也该相应增大。搅拌器应装在加热器上面或与加热器靠近，使加热后的液体及时混合均匀再流至恒温区。搅拌桨叶应是螺旋桨式或涡轮式，且有适当的片数、直径和面积，以使液体在恒温槽中循环。为了加强循环，有时还需要装导流装置。在超级恒温槽中用循环泵代替搅拌，效果仍然很好。

④ 感温元件。比较简单、使用较普遍的是汞定温计（图3.18）。它与汞温度计不同之处在于毛细管中悬有一根可上下移动的钨丝。从汞球也引出一根金属丝，两根金属丝再与控温执行机构连接。

在定温计上部装有一根可随管外永久磁铁旋转而转动的螺杆6，螺杆上有一指示铁（螺帽）4与钨丝5相连，当螺杆转动时，螺帽上下移动，即能带动钨丝上升或下降。由于汞定温计的分度较粗，故只能作为温度传感器，而不能作为温度的指示器。恒温槽的温度另由精密温度计指示。调节温度时，先转动调节帽1，使指示铁上端与辅助温度标尺相切的温度示值较希望控制的温度低1～2℃。

当加热至汞柱与钨丝接触时，定温计导线成通路，给出停止加热的信号（可从执行机构的指示灯辨明）。这时观察槽中的精密温度计，根据其与控制温度差值的大小，进一步调节钨丝尖端的位置。反复进行，直到指定温度为止。最后将调节帽上的固定螺丝2旋紧，使之不再转动。

汞定温计的控温灵敏度通常是±0.1℃，最高可达±0.05℃，已能满足一般实验的要求。当要求更高的控温精度时，可自己安装汞-甲苯球。对于要求不高的水浴锅则可用更简单的双金属温度控制器。

⑤ 电子管继电器。常用的执行机构有两类。一类是配合汞定温计，由继电器和控制电路组成电子继电器。从汞定温计发来的通、断信号，经控制电路放大后，推动继电器去开启或停止加热。图3.19是一种较简单的电子继电器的线路图。电子继电器控制温度的灵敏度很高。通过定温计的电流最多不过30μA，因而定温计的寿命很长。另一类是配合以热敏电阻（包括铂电阻、集成温度传感器等）为温度传感器的电子线路。它的基本原理是：对传感器电阻输出的信号与标准信号（由要求的恒温温度设定的电阻来确定）进行比较，结果经电子放大器放大，使双向可控硅的导通角根据偏差信号的大小增大或减小，从而使加热器的功率随之相应地减小或增大，进而达到自动控温的目的。

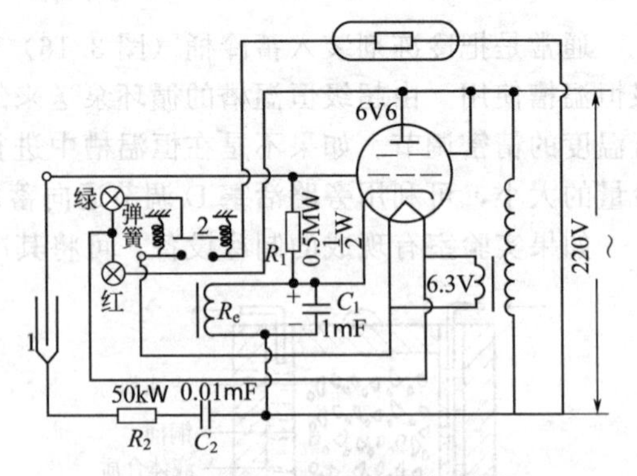

图 3.19 电子继电器线路图

设计一个优良的恒温槽应满足的基本条件是：温度传感器灵敏度高；搅拌强烈而均匀；加热器导热良好而且功率适当；搅拌器、定温计和加热器相互接近，使被加热的液体能立即搅拌均匀并流经温度传感器及时进行温度控制。

(2) 电炉。

目前高温电炉的温度控制采用铂电阻或热电偶作为温度传感器，配合适当的电子线路，或启闭继电器，或改变可控硅的导通角，以比例、积分和微分（简称PID）方式控制高温电炉的温度，并经A/D转换器在显示屏上以数字的方式显示出设定温度或电炉温度。这种控温方式的精度已能满足目前多数实验的要求。

PID控制，是指在过渡时间（被控体系受到扰动后恢复到设定值所需时间）内，能按偏差信号的变化规律，自动地调节通过加热器的电流，故又称自动调流。当偏差信号一开始就很大时，加热电流也很大；当偏差信号逐渐变小时，加热电流会按比例相应地降低，这就是所谓比例调节规律。因此需在此基础上加上积分调节规律。当过渡时间将近结束时，尽管偏差信号极小，但因其在前期有偏差信号的积累，故仍会产生一个足够大的加热电流，保持体系与环境间的热平衡。如在比例、积分调节的基础上再加上微分调节规律，那么在过渡时间一开始，就能输出一个较比例调节大得多的电流，使体系温度迅速回升，缩短过渡时间，这种加热电流具有按微分指数曲线降低的规律，随着时间的增长，加热电流会逐渐降低，控制过程随即从微分调节过渡到比例、积分调节规律。加上微分调节后，能有效地控制热惰性大的体系。

目前国内已有不少类型的控温仪器生产，但在实验室中也可根据需要购买必要的仪表和元件自己组装。

3.7.2 压力的测量

压力是用来描述体系状态的一个重要参数，许多物理化学性质，例如沸点、熔点、蒸气压几乎都与压力有关。在化学热力学和化学动力学研究中，压力也是一个很重要的参数。因此，正确掌握压力的定义、表示方法及测量方法至关重要。

3.7.2.1 压力的定义和表示方法

压力是指均匀垂直作用于物体单位面积上的力，即压强。在国际单位制（SI）中，压力的单位是帕斯卡（Pa），即牛顿每平方米（N/m^2）。过去常用的一些单位与其关系如下所述。

① 标准大气压（atm）。标准大气压过去也被称为物理大气压，1atm＝101325Pa。

② 毫米汞柱（mmHg）。毫米汞柱作为压力单位的定义为：在汞的标准密度为13.5951g/cm^3和标准重力加速度为950.665cm/s^2下，1mm高的汞柱对底面的垂直压力。所以，1mmHg＝0.133322kPa。

③ 工程大气压（kgf/cm^2）。指作用于1cm^2的面积上有1kgf的力，它虽是非法定单位，但在工程技术上曾被广泛应用，1kgf/cm^2＝9.80665$\times10^4$Pa。

④ 巴（bar）。巴是在气象学上广泛应用的压力单位，它与Pa的关系为：1bar＝10^5Pa。

3.7.2.2 液柱式压力计

液柱式压力计是化学实验中用得最多的压力计，具有测量准确度较高、使用方便、构造简单、能测量微小压力差、价格低廉、制作容易等优点；缺点是测量范围不大、示值与工作液密度有关，即与液体的纯度、种类、温度及重力加速度等有关，且结构不牢固、耐压程度较差。

常用的液柱式压力计有U形压力计、单管式压力计、斜管式压力计，其结构不同，测量原理相同。化学实验中用得最多的液柱式压力是U形压力计。用它可测量两种气体压力差、气体的表压、气体的绝对压力和气体的真空度。

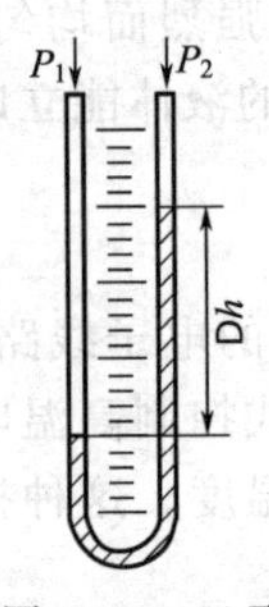

图 3.20 U形压力计

U形液柱压力计由两端开口的垂直U形玻璃管及垂直放置的刻度标尺构成，管内下半部盛有适量工作液体作为指示液。

如图 3.20 所示，U形管的两支管分别连接于两个测压口，气体的密度远小于工作液的密度，因此，由液面差 Δh 及工作液的密度 d 可以得出下列式子：

$$P_1 = P_2 + \Delta h d g$$

或

$$\Delta h = (P_1 - P_2)/(dg)$$

从公式看，选用的充液密度越小，Δh 越大，测量灵敏度越高。由于U形压力计两边玻璃管的内径并不完全相等，因此在确定 Δh 值时不可用一边的液柱高度乘2，以免引进读数误差。

因为U形压力计是直读式仪表，所以都采用玻璃管。为避免毛细现象过于严重地影响测量精度，玻璃管内径不要小于10mm，标尺分度一般为1mm。

U形压力计的读数需进行校正，其主要的误差是由环境温度变化所造成的。在通常要求不很精确的情况下，只需在充液密度改变时，对压力计读数进行温度校正，即校正至273.2K时的值。

$$\Delta h_0 = \Delta h_t \rho_t / \rho_0$$

充液为汞时，ρ_t/ρ_0 的值如表 3.8 所示。

表 3.8 汞 ρ_t/ρ_0 值

T/K	273.2	273.8	283.2	288.2	293.2	298.2	303.2	308.2	313.2
ρ_t/ρ_0	1.000	0.9991	0.9982	0.9973	0.9964	0.9955	0.9946	0.9937	0.9928

3.7.2.3 弹性式压力计

弹性式压力计具有价格便宜、读数方便迅速、测压范围广、结构简单牢固，但准确度较差的特点，在工业生产和实验室中应用广泛。

弹性式压力计是利用各种金属弹性元件受压后产生弹性变形的原理而制成的。图 3.21 为弹簧管压力表示意图。图中1为一根截面呈椭圆形的弧形金属弹簧管，管的一端固定在底座6上，并与外部测压接头7相通；管的另一端是封闭的，可以在很小的范围内自由移动，并与连杆3连接，连杆依次与扇形齿轮4和带有读数指针2的小齿轮8相连。

图 3.21 弹簧管压力表

1—金属弹簧管；2—指针；3—连杆；4—扇形齿轮；5—齿轮；6—底座；7—测压接头；8—小齿轮；9—外壳

当弹簧管内的压力等于管外的大气压时，表上指针指在零位读数上；当弹簧管内的气体或液体压力大于管外的大气压时，则弹簧管受压，使管内椭圆形截面扩张而趋向于圆形，从而使弧形管伸张而带动连杆，由于这一变形很小，所以用扇形齿轮和小齿轮加以放大，以便使指针在表面上能有足够的幅度，指出相应的压力读数，这个读数就是被测量气体的表压。

有的弹簧管压力表将零位读数刻在表面中间，可用来测量表压，也可以测量真空度，称为弹簧管压力真空表。如果被测量气体的压力低于大气压，可用弹簧管真空表，它的构造与弹簧管压力表相同。当弹簧管内的流体压力低于管外大气压时，弹簧管向内弯曲，表面上指针从零位读数向相反方向转动，真空表的表面读数通常以毫米汞柱表示，刻度常为0～760，所指出的读数为气体的真空度。

安装压力表时，需注意选用合适型号及规格，在压力表与系统之间常可安装隔离装置或圆形弯管及阀门，以保护压力表。

3.7.2.4 气压计的使用与读数校正

测量大气压强的仪器称为气压计。化学实验中最常用的是福廷式气压计和固定杯式气压计。

（1）福廷式气压计。

福廷式气压计是一种真空汞压力计，以汞柱来平衡大气压力，然后以汞柱的高度表示。

如图 3.22 所示，福廷式气压计主要结构是一根一端封闭的长 90cm 的玻璃管，管中盛有汞，倒插在下部汞槽 A 内，玻璃管中汞面的上部是真空。汞槽底部为一羚羊皮袋 B，附有一螺旋 C 可以调节其中汞面的高度。另外它还附有一象牙针 I，它的尖端是黄铜标尺 F 刻度的零点，此黄铜标尺上附有一游标尺，这样读数的精密度可达 0.1mm 或 0.05mm。

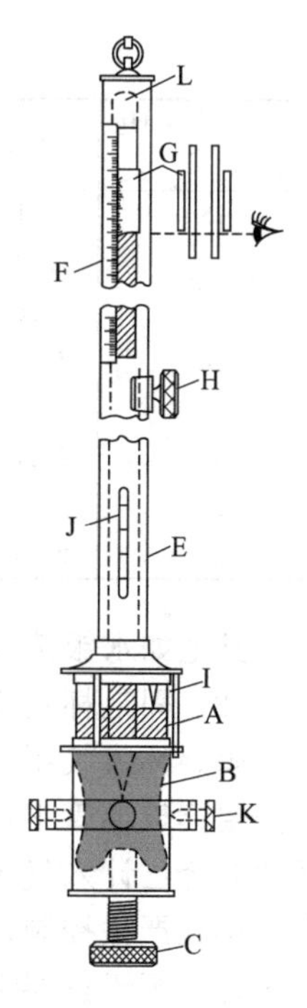

图 3.22 福廷式气压计

① 操作方法。

先旋转底部螺旋 C，使水银面与象牙尖端恰好接触，稍等几秒钟，待象牙尖与水银的接触情形无变动时，开始下一步。

旋转调节游标螺旋 H 使 G 比水银面稍高，然后慢慢落下，直到游标底边与游标后边金属片的底边同时和水银柱凸面顶端相切（注意：在读数时眼睛的位置应与水银面在同一平面上），按照游标下缘零线所对标尺上的刻度，读出气压计的整数部分，小数部分由游标决定，从游标上找出一根与标尺上某一刻度相吻合的刻度线，它的刻度就是最后一位小数的读数。记录 4 位有效数字。同时记下气压计的温度以及气压计的仪器误差，然后再进行其他的校正。

② 气压计的校正

通常测量大气压的条件与标准大气压规定的条件不符，故由气压计测得的数值须经过仪器误差、温度、海拔高度、纬度等的校正后，才能得到正确的数值。

气压计出厂时都附有仪器误差的校正卡，各次观察值应按校正卡片上的校正值进行校正。

a. 读数的校正。

在 0℃、纬度 45°的海平面上 76cm 高的水银柱定义为一个大气压。温度改变，水银密度改变，会影响读数。同时管本身的热胀冷缩也要影响刻度。由于水银柱的膨胀系数值较铜管的胀缩系数值大，所以温度高于 0℃时，气压值应减去温度的校正值；反之要加上温度的校正值。

气压计的温度校正值可以用下式表示：

$$p_0=\frac{1+\beta t}{1+\omega t}p=p-p\,\frac{\omega t-\beta t}{1+\omega t}$$

式中，p 为气压计读数；p_0 为将读数校正到 0℃后的数值；t 为气压计的温度，℃；$\omega=0.0001818$，为水银在 0～35℃之间的平均膨胀系数；$\beta=0.0000184$，为黄铜的线膨胀系数。

根据此式计算得到的 $p\,\frac{\omega t-\beta t}{1+\omega t}$值列于表 3.9（若室温低于 15℃或高于 30℃，则应按照公式计算得出修正值）。

b. 重力校正。

重力加速度随着海拔高度 H 和纬度 i 而改变，即压力计的读数受 H 和 i 的影响，经温度校正后的数值再乘以 $1-2.6\times10^{-3}\cos(2i)-3.1\times10^{-7}H$。

表 3.9 $p\dfrac{\omega t-\beta t}{1+\omega t}$计算值

p/mmHg t/℃	740	750	760	770	780	p/mmHg t/℃	740	750	760	770	780
15	1.81	1.83	1.86	1.88	1.91	23	2.77	2.81	2.84	2.88	2.92
16	1.93	1.96	1.98	2.01	2.03	24	2.89	2.93	2.97	3.01	3.05
17	2.05	2.08	2.10	2.13	2.16	25	3.01	3.05	3.09	3.13	3.17
18	2.17	2.20	2.23	2.26	2.29	26	3.13	3.17	3.21	3.26	3.30
19	2.29	2.32	2.35	2.38	2.41	27	3.25	3.29	3.34	3.38	3.42
20	2.41	2.44	2.47	2.51	2.54	28	3.37	3.41	3.46	3.51	3.56
21	2.53	2.56	2.60	2.63	2.67	29	3.49	3.54	3.58	3.63	3.68
22	2.65	2.69	2.72	2.76	2.79	30	3.61	3.66	3.71	3.75	3.80

其他如水银蒸气压的校正、毛细管效应的校正等，因引起的误差较小，一般可不考虑。

(2) 固定杯式气压计。

固定杯式气压计和福廷式气压计大同小异，水银装在体积固定的杯中，读气压数值时，只需要读玻璃管中水银柱的高低位置，而不要调节杯中的水银面。当气压变动时，杯内水银面的升降已计入气压计的标度，由铜管上刻度的长度来补偿。气压计所用的玻璃管和水银杯内径均经严格控制，并与铜管上的刻度标尺配合，故所得气压读数的精确度并不低于福廷式气压计。至于仪器误差、温度、海拔高度、纬度等的校正，则与福廷式气压计相同。

使用时先旋转调节游标螺旋，使游标尺下边缘水平地与水银柱凸顶相切，调节时游标尺最好由上而下降到水银柱面。读数时眼睛应和水银柱凸顶同一高度。从游标尺下边缘即可读出水银柱的高度。调节游标前可用手指轻轻弹击气压计上端，以减小毛细管效应和吸附所引起的误差。

3.7.3 真空技术

真空是指压力低于一个大气压的气态空间，真空状态下气体的稀薄程度常以压强值表示，习惯上称作真空度。现行的国际单位制中，真空度的单位和压强的单位统一为 Pa。

在化学实验中，凡是涉及气体的物理化学性质、气相反应动力学、气固吸附以及表面化学的研究，为了排除空气和其他气体的干扰，通常都需要在一个密闭的容器内进行，并且首先将干扰气体抽去，创造一个具有某种真空度的实验环境，然后将被研究的气体通入，才能进行有关研究。因此真空的获得和测量是化学实验技术的一个重要方面，学会真空体系的设计安装和操作是一项重要的基本技能。

化学实验中，通常按真空的获得和测量方法的不同，将真空划分为以下几个区域：粗真空为 10^2～1kPa；低真空为 10^3～10^{-1} Pa；高真空为 10^{-1}～10^{-6} Pa；超高真空为 10^{-6}～10^{-10} Pa；极高真空为 10^{-10} Pa。

3.7.3.1 真空的产生

为了获得真空，就必须设法将气体分子从容器中抽出，凡是能从容器中抽出气体、使气体压力降低的装置，都可称为真空泵。一般实验室用得最多的是水泵、机械泵和扩散泵。

(1) 水泵。水泵也叫水流泵、水冲泵，构造如图 3.23。水经过收缩的喷口以高速喷出，使喷口处形成低压，产生抽吸作用，由体系进入的气体分子不断被高速喷出的水流带走。水泵能达到的真空度受水的本身蒸气压的限制，20℃时极限真空约为 10^3 Pa。

(2) 机械泵。常用的机械泵为旋片式油泵。图 3.24 所示是这类泵的工作原理图，气体从真空体系吸入泵的入口，随偏心轮旋转的旋片使气体压缩，而从出口排出，转子的不断转动使这些过程不断重复，因而达到抽气的目的。这种泵的效率主要取决于旋片与定子之间的

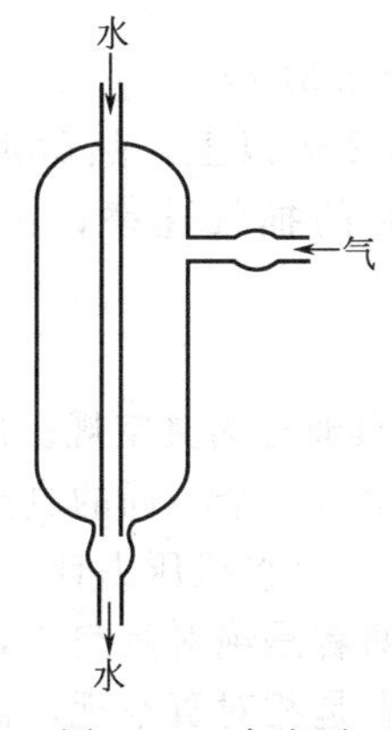

图 3.23　水流泵

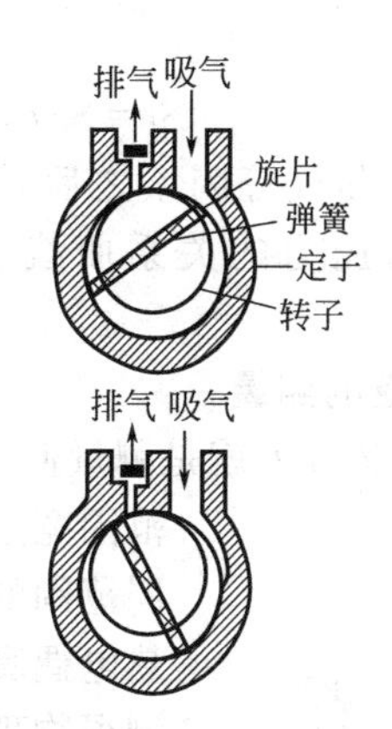

图 3.24　旋片式真空泵工作原理

严密程度。整个单元都浸在油中，以油作为封闭液和润滑剂。实际使用的油泵是由上述两个单元串联而成，这样效率更高，使泵能达到较大的真空度（约 10^{-1}Pa）。

使用机械泵必须注意：油泵不能用来直接抽出可凝性的蒸气，如水蒸气、挥发性液体或腐蚀性液体，应在体系和泵的进气管之间串接吸收塔或冷阱。例如用氯化钙或五氧化二磷吸收水分，用石蜡油或吸收油吸收烃蒸气，用活性炭或硅胶吸收其他蒸气，泵的进气管前要接一个三通活塞，在机械泵停止运行之前，应先通过三通活塞使泵的进气口与大气相通，以防泵油倒吸污染试验体系。

（3）扩散泵。扩散泵的工作原理如图 3.25 所示。

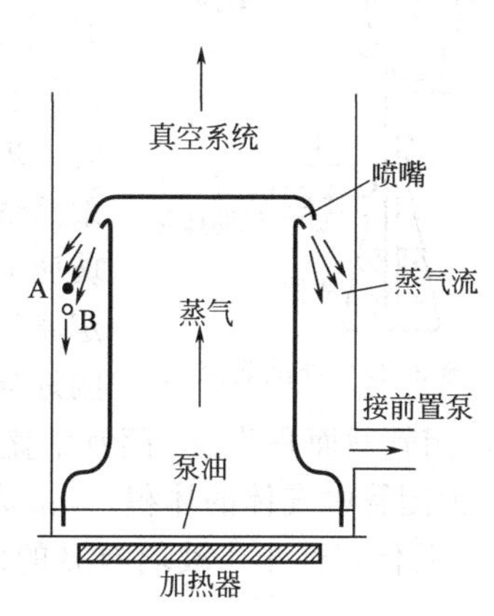

图 3.25　扩散泵工作原理

从沸腾槽来的硅油蒸气通过喷嘴，按一定角度以很高的速度向下冲击，从真空系统扩散而来的气体或蒸气分子 B 不断受到高速油蒸气分子 A 的冲击，使之富集在下部区域，再被机械泵从这里抽走，而油分子则被冷凝流回沸腾槽。为了提高真空度，可以串接几级喷嘴，实验室通常使用三级油扩散泵。

油扩散泵较汞扩散泵具有下列优点：①无毒；②硅油的蒸气压较低（室温下小于 10^{-5} Pa)，高于此压力使用时可不用冷阱；③油相对分子质量大，能使气体分子得到有效地加速，故抽气速率高。其缺点是在高温下有空气存在时硅油易分解和油分子可能玷污真空系统，故使用时必须在前置泵已抽到 1Pa 才能加热，要求严格时需要装置冷阱以防油分子反扩散而玷污真空系统。实验室常用油扩散泵的抽气速率是 40～60L/s(入口压力 10^{-2}Pa)。图 3.26 所示是常用小型三级玻璃油扩散泵。

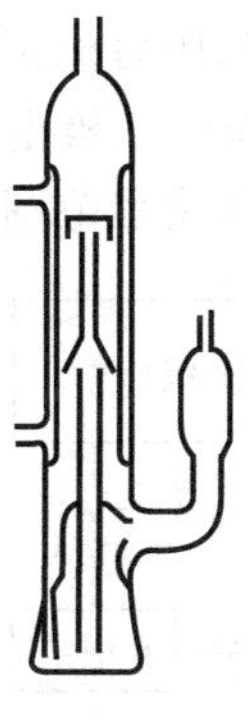

图 3.26　三级玻璃油扩散泵

在真空实验中，气体的流量常用一定温度下的体积和压力的乘积来计量，它的量纲是：[压力]×[体积]/[时间]。在选择扩散泵的前置泵时，必须注意流量的配合。其关系应是：

$$p_f S_f = p_d S_d$$

式中，p_f 为前置泵入口压力；S_f 为前置泵抽气速率；p_d 为扩散泵入口压力；S_d 为扩散泵抽气速率。

例如，扩散泵入口压力为 10^{-2}Pa，其抽气速率为 300L/s，扩散泵排气口最大压力是 10Pa，这也就是机械泵的入口压力，则机械泵的抽气速率至少应为：

$$S_f = S_d p_d / p_f = (300 \times 10^{-2}/10)\mathrm{L/s} = 0.3\mathrm{L/s}$$

在考虑到漏气等因素之后，机械泵能力需超过计算值2倍以上，然后再从各种机械泵抽速与入口压力的关系曲线上找出入口压力为10Pa时的抽气速率，由此来选择机械泵。

3.7.3.2　真空的测量

真空测量实际上就是测量低压下气体的压力，所用的量具通称为真空规。由于真空度的范围宽达十几个数量级，因此总是用若干个不同的真空规来测量不同范围的真空度。常用的真空规有U形水银压力计、麦氏真空规、热电偶真空规和电离真空规等。前两者是绝对真空规，即可从直接测得物理量计算出气体压力，后两者是相对真空规，需要用绝对真空规校准以后才能指示相应气压值。

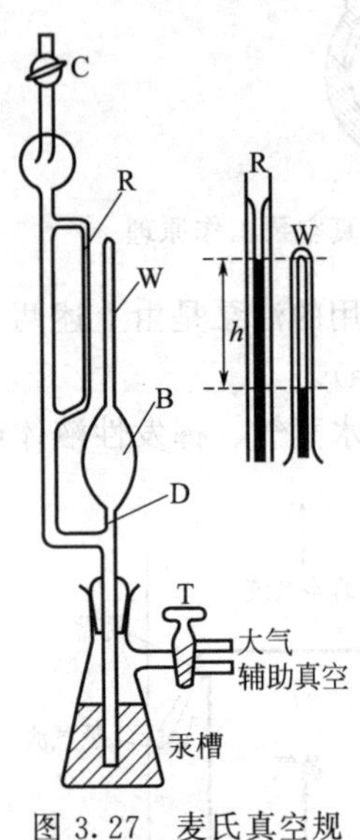

图3.27　麦氏真空规

(1) 麦氏真空规。一般用硬质玻璃做成，其结构如图3.27所示。使用时先打开通真空系统的旋塞C，于是真空规中压力逐渐降低，与此同时小心将三通旋塞T开向辅助真空，不让汞槽中的汞上升，待稳定后，才可开始测量压力。这时将三通T缓缓通向大气(可接一毛细管以使进气缓慢)，使汞槽中汞缓缓上升，当到达D时，玻璃泡B中的气体（即待测的低压气体）即和真空系统隔断。汞面继续上升，B中气体就受到压缩，其压力逐渐增大。如果知道玻璃泡B的体积和最后压在闭管W中的气体体积，就可按波义耳定律计算待测气体的压力。为了简化计算，测量时使开管R的汞面刚好与闭管顶端齐平，设待测气体压力为p，玻璃泡B的体积为V，闭管截面积为a，闭管中盛有气体部分的高度h，也就是闭管与开管汞柱的高度差h_{Hg}。ah为闭管中气体的体积，p_{Hg}为闭管中气体的压力，即h_{Hg}产生的压力（因闭管W为毛细管，其体积远小于玻璃泡B的体积，故可忽略）。则按波义耳定律可得：

$$pV = ahp_{Hg}$$

或

$$p = ahp_{Hg}/V$$

式中，a，V均为常数，故可从上式算出压力。

麦氏真空规不能测定真空系统内蒸气的压力（因蒸气受压缩时要凝聚），进行测量时反应较慢，要花费较长时间，而且只能间歇操作，不能连续测定。另外，它与高真空连接处须装冷阱，否则汞蒸气会影响真空。麦氏规的测量范围是$10 \sim 10^{-4}$Pa。

(2) 热偶真空规和电离真空规。热偶真空规是利用低压时气体的导热能力与压力成正比的关系制成的真空测量仪，其量程范围为$10 \sim 10^{-1}$Pa。电离真空规是一只特殊的三极电离真空管，在特定的条件下根据正离子与压力的关系，达到测量真空度的目的，其量程范围为$10^{-1} \sim 10^{-6}$Pa。通常是将这两种真空规复合配套组成复合真空计，已成为商品仪器。

3.7.3.3　真空系统的操作

(1) 真空泵的使用。图3.28所示是常用的真空泵与真空系统的连接方式。这里机械泵既是真空系统的初抽泵，也是扩散泵的前置泵。初抽时活塞A和C关闭，B打开，直到压力达10^{-1}Pa时开A和C，关B，两泵同时工作达高真空。

真空系统
B
A
机械泵
C
扩散泵

图3.28　泵的连接

机械泵在停止工作前应先使进口接通大气，否则会发生真空泵油倒抽入真空系统的事故。启动扩散泵前要先用前置泵将扩散泵抽至初级真空，接通冷却水，逐步加热沸腾槽，直至油沸腾并正常回流为止。停止扩散泵工作时先关加热电源，至不再回流后关闭冷却水进口，再关扩散泵进出口旋塞。最后停止机械泵工作。油扩散泵中应防止空气进入（特别是在温度较高时），以免油被氧化。

（2）冷阱。冷阱是在气体通道中设置的一种冷却式陷阱，使气体经过时被捕集的装置。通常在扩散泵和机械泵之间要加冷阱，以免有机物、水汽等进入机械泵。在扩散泵和待抽真空部分之间，一般也要装冷阱，以防油蒸气沾污测量对象，同时捕集气体。常用冷阱结构如图 3.29，具体尺寸视所连接的管道尺寸而定，一般要求冷阱的管道不能太细，以免冷凝物堵塞管道或影响抽气速率，也不能太短，以免降低捕集效率。冷阱外面套杜瓦瓶，常用冷却剂为液氮、干冰等。

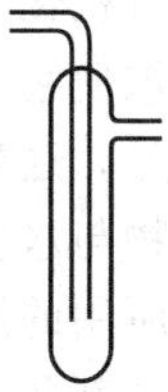

图 3.29 冷阱

（3）管道和真空活塞。管道和真空活塞都是玻璃真空体系上连接各部件用的。管道的尺寸对抽气速率影响很大，所以管道应尽可能粗而短，尤其在靠近扩散泵处更应如此。选择真空活塞应注意它的孔芯大小要和管道尺寸相配合。对高真空来说，用空心旋塞较好，它质量轻、温度变化引起的漏气的可能性小。

（4）真空涂覆材料。真空涂覆材料包括真空酯、真空泥和真空蜡等。真空酯用在磨口接头和真空活塞上，国产真空酯按使用温度不同，分为 1 号、2 号和 3 号真空酯。真空泥用来修补小沙孔或小缝隙。真空蜡用来胶合难以融合的接头。

（5）检漏。检漏是安装真空系统的一项很麻烦但又很重要的工作，真空系统只要不漏气就算做完了一半的工作。

系统中存在气体或蒸气，可能是从外界漏入或系统内部的物质所产生的。检漏主要是针对前一种来源，为杜绝后一种气体来源，需仔细做好系统的清洗工作，对吸附在系统内壁的气体或蒸气，需采用加热除气的办法来脱去。

对小型玻璃真空系统来说，使用高频火花真空检漏器检查漏气最为方便。由仪器产生的高频高压电，经放电簧放出高频火花。使用时将放电簧移近任何金属物体，调节仪器使产生不少于三条火花，长度不短于 20mm。火花正常后，可将放电簧对准真空系统的玻璃壁。此时如真空度很高（低于 0.1Pa）或很差（大于 10^3 Pa），则紫色火花不能穿越玻璃壁进入真空部分；若真空度中等时（几百帕到 0.1Pa），则紫色火花能穿过玻璃壁进入真空内部并产生辉光；当玻璃真空系统上有很小的沙眼漏孔时，由于大气穿过漏洞处的电导率比玻璃高得多，因此当放电簧移近漏洞时，会产生明亮的光点指向漏洞所在。

在启动真空泵之前，应转动一下旋塞，看是否正常。天气较冷时，需用热吹风使旋塞上的真空酯软化使之转动灵活。启动机械真空泵数分钟后，可将系统抽至 10～1Pa。这时用火花检漏器检查系统可以看到红色辉光放电。然后关闭机械泵与系统连接的旋塞，5min 后再用火花检漏器检查，其放电现象应与前相同，否则表明系统漏气。漏气多发生在玻璃接合处、弯头或旋塞处。为了迅速找出漏气所在，常采用分段检查的方式进行，即关闭某些旋塞，把系统分为几个部分，分别检查，确定某一部分漏气后，再仔细检查漏洞所在。火花检漏器的放电簧不能在某一地点停留过久，以免损伤玻璃。玻璃系统的铁夹附近或金属真空系统不能用火花检漏器检漏。

查出的个别小砂孔可用真空泥涂封，较大漏洞则须重新熔接。

系统能维持初级真空后，便可启动扩散泵，待泵内介质回流正常，可用火花检漏器重新检查系统，当看到玻璃管壁呈淡蓝色荧光，而系统内没有辉光放电时，表明真空度已优于 0.1Pa，这时可用热偶规和电离规测定系统压力。如果达不到这一要求，表明系统还有微小漏气处。此时同样可用火花检漏器分段检查漏气所在。

（6）真空系统的操作。在开启或关闭活塞时，应两手进行操作，一手握活塞套，一手缓缓旋转内塞，做到开、关活塞时不产生力矩，防止玻璃体系受力而扭裂。

对真空体系抽气或充气时，应通过活塞的调节，使抽气或充气缓缓进行，切忌体系压力过分剧烈变化，因为体系压力突变会导致U形水银压力计内的水银冲出或吸入体系。

3.8 干燥技术

有机化合物在进行波谱分析或定性、定量化学分析之前以及固体有机物在测定熔点前，都必须使它完全干燥，否则将会影响结果的准确性。液体有机物在蒸馏前通常要先干燥以除去水分，这样可以使液体沸点以前的馏分（前馏分）大大减少；有时也是为了破坏某些液体有机物与水生成的共沸混合物。另外，很多有机化学反应需要在“绝对”无水条件下进行，不但所用的原料及溶剂要干燥，而且还要防止空气中的潮气侵入反应容器。因此在化学实验中，试剂和产品的干燥具有十分重要的意义。

3.8.1 干燥剂

3.8.1.1 干燥剂的分类

实验室中常用的干燥剂分为两大类：第一类干燥剂与水的结合是可逆的；第二类干燥剂与水作用后生成新的化合物，反应是不可逆的。例如：

第一类 $CaCl_2+6H_2O \rightleftharpoons CaCl_2 \cdot 6H_2O$

第二类 $2Na+2H_2O \longrightarrow 2NaOH+H_2\uparrow$

分别介绍如下所述。

(1) 与水可逆结合的干燥剂。此类干燥剂的特点是吸水能力大，但干燥效能比第二类差。所谓吸水能力是指干燥剂吸水量的多少，而干燥效能是指液体被干燥的程度。因为这类干燥剂吸水后形成水合物，而所有水合物都具有一定的水蒸气压，故这类干燥剂不能彻底地除去水分。选用这类干燥剂时，必须考虑其吸水能力和干燥效能这两种因素。例如，无水硫酸钠可形成$Na_2SO_4 \cdot 10H_2O$，即1g的Na_2SO_4能吸收约1.3g的H_2O，它的吸水量大，但其水合物的水蒸气压也比较大（20℃时为3.706kPa），故干燥效能差。相反，无水硫酸钙只能形成$CaSO_4 \cdot 1/2H_2O$，吸水量小，但所生成的水合物的水蒸气只有0.53Pa，因而干燥效能强。所以应根据除水的具体要求选择合适的干燥剂。通常这类干燥剂形成水合物需要一定的平衡时间，故投加干燥剂后，需放置一段时间才能达到预期的脱水效果。

已吸水的干燥剂受热后又会脱水，其蒸气压随温度的升高而增大，所以已干燥的液体在蒸馏之前必须将干燥剂滤去。下面介绍几种常用的干燥剂。

① 无水氯化钙。价廉易得，干燥效能强且吸水能力大（30℃以下，吸水生成$CaCl_2 \cdot 6H_2O$）。但吸水速度慢，所以使用时必须有充分的干燥时间，因为工业生产的无水氯化钙含有少量游离的$Ca(OH)_2$和$Ca(OH)Cl$，故不宜作为酸类或酸性液体的干燥剂。同时，氯化钙易与醇、酚、胺及某些醛、酮、酯结合，生成分子化合物，如$CaCl_2 \cdot 4C_2H_5OH$、$CaCl_2 \cdot 2CH_3NH_2$、$CaCl_2 \cdot (CH_3)_2CO$等，因此，也不适于作上述化合物的干燥剂。

② 无水硫酸钠。有高度的吸水能力（在32℃以下吸水生成$Na_2SO_4 \cdot 10H_2O$），但干燥效能差，干燥作用慢。硫酸钠呈中性，对各种有机物均不发生化学变化，是一种适用范围比较广的干燥剂。

③ 无水硫酸镁。吸水量很大（在48℃以下吸水生成$MgSO_4 \cdot 7H_2O$），干燥作用快，干燥效能强。硫酸镁呈中性，所以适用于许多不能用无水氯化钙进行干燥的化合物。

④ 氢氧化钠（钾）。仅适用于干燥碱性化合物。氢氧化钾较氢氧化钠为优，但因价格较贵，故通常多用氢氧化钠。

⑤ 分子筛。目前应用最广的是沸石分子筛，如A型分子筛，由于这种分子筛的结构形

成许多口径均匀的微孔，凡比这些孔径小的分子便可以进入孔道中，因而具有高选择性的吸附能力。几种 A 型分子筛的吸附性能见表 3.10。例如，常用 3A 分子筛来吸附乙醚、乙醇、丙酮等有机溶剂中残留的微量水分或用于吸附反应过程中形成的水。但应注意，分子筛只宜用于除去微量的水分，若水分较多时应先用其他干燥剂除水。使用分子筛时介质的 pH 值应控制在 5～12 之间。

表 3.10　几种 A 型分子筛的吸附性能

分子筛类型	孔径/Å	能被吸收的物质
3A	3.2～3.3	H_2O、H_2、N_2、O_2
4A	4.2～4.7	CH_3OH、C_2H_5OH、CH_3CN、CH_3NH_2、CH_3Cl、CH_3Br、CO_2、CS_2、CO、NH_3、CH_4、C_2H_6 及能被 3A 吸附的物质
5A	4.0～5.5	C_3～C_{14}的正构烷烃、CH_3F、C_2H_5Cl、C_2H_5Br、$(CH_3)_2NH$、CH_2Cl_2 以及能被 3A、4A 吸附的物质

此外，还有无水硫酸钙、无水硫酸钾、无水高氯酸镁 $Mg(ClO_4)_2$、活性氧化铝和硅胶等也可作为干燥剂使用。

选用这类干燥剂对液态有机物进行干燥时，通常使用锥形瓶做容器。将适量的干燥剂投入盛有液体有机物的锥形瓶中，瓶口用塞子塞紧。由于这类干燥剂的脱水过程是可逆的，所以投放干燥剂后必须放置一段时间（至少 0.5h 以上）并不时加以振荡。有时为了加速建立平衡，可以在水浴上适当加热。但要记住，当温度升高时会降低其干燥效能。掌握好干燥剂的用量是很重要的。用量不足，不能达到预期的干燥效果；用量太多，则由于干燥剂的吸附而使液体损失太大。操作时一般可先投入少量干燥剂到液体中进行振摇，如发现干燥剂附着在瓶壁或互相黏结，说明干燥剂不够，应继续添加；如投入干燥剂后出现水相（一般为干燥剂的饱和水溶液），必须用吸管将水吸出，再添加新的干燥剂。有时干燥前的液体呈浑浊，经干燥后变为澄清，这种现象可以简单地作为大部分水分已除去的标志。但是澄清的液体并不一定说明它已不含水分，因为还与水在该物质中的溶解度有关。

液体经干燥后，应该滤去干燥剂，然后才进行蒸馏。

（2）与水起化学反应的干燥剂。此类干燥剂的特点是干燥效能高，但吸水能力不大。通常是在用第一类干燥剂干燥后，再用这类干燥剂来除去残留的少量水分，而且只在指定要彻底干燥的情况下才使用这类干燥剂，较常用的有金属钠、镁、氢化钙和五氧化二磷。五氧化二磷可用于干燥烷烃、卤代烷、芳香卤化物、醚和腈，但不适于干燥醇、酮、有机酸和有机碱类化合物。金属钠常用于干燥惰性有机溶剂，但不能作为醇（制无水甲醇、无水乙醇除外）、酸、酯、卤代烃、酮、醛及某些胺类的干燥剂。

表 3.11 及表 3.12 分别列举了各类有机化合物常用的干燥剂及一些干燥剂的干燥效能。

表 3.11　各类液态有机化合物常用的干燥剂

有机化合物	适用的干燥剂
烷烃、芳香烃、醚	$CaCl_2$、$CaSO_4$、P_2O_5、Na、CaH_2
醇	$MgSO_4$、K_2CO_3、Na_2SO_4、$CaSO_4$、CaO、Mg
醛	$MgSO_4$、Na_2SO_4、$CaSO_4$
酮	K_2CO_3、$MgSO_4$、Na_2SO_4、$CaSO_4$
羧酸	$MgSO_4$、Na_2SO_4
卤代烷	$CaCl_2$、$MgSO_4$、Na_2SO_4、P_2O_5
有机碱类	NaOH、KOH、CaO、K_2CO_3

表 3.12 一些常用干燥剂的干燥效率

干燥剂	空气中残余的水分/(mg/L)	干燥剂	空气中残余的水分/(mg/L)
P_2O_5	2×10^{-5}	硅胶	0.03
KOH(熔融)	0.002	NaOH(熔融)	0.16
CaO	0.003	H_2SO_4(95%)	0.3
分子筛(5A)	0.0039	$CaCl_2$(无水)	0.36
Al_2O_3	0.005	NaOH(棒状)	0.8
$CaSO_4$	0.005	$CaCl_2$(工业,无水)	1.25
H_2SO_4(100%)	0.008	$CuSO_4$(无水)	2.8
KOH(棒状)	0.014	Na_2SO_4	12

3.8.1.2 干燥剂的选择

选择干燥剂应考虑下列条件：首先，干燥剂必须与被干燥的有机物不发生化学反应，并且易与干燥后的有机物完全分离；其次，使用干燥剂要考虑干燥剂的吸水容量和干燥效能。吸水容量是指单位质量干燥剂所吸收的水量，吸水容量愈大，即干燥剂吸收水分愈多。干燥效能指达到平衡时液体被干燥的程度，对于形成水合物的无机盐干燥剂，常用吸水后结晶水的蒸气压表示（参见表 3.13）。

表 3.13 常用干燥剂的水蒸气压（20℃）

干燥剂	p(水)		干燥剂	p(水)	
	/mmHg	/kPa		/mmHg	/kPa
P_2O_5	0.00002	0.2×10^{5}	NaOH(熔融过)	0.15	0.02
KOH(熔融过)	0.002	0.2×10^{-3}	CaO	0.2	0.027
$CaSO_4$(无水)	0.004	0.5×10^{-3}	$CaCl_2$	0.2	0.027
H_2SO_4(浓)	0.005	0.7×10^{-3}	$CuSO_4$	1.3	0.173
硅胶	0.006	0.8×10^{-3}	Na_2SO_4	1.92(25℃)	0.255

例如，硫酸钠能形成 10 个结晶水的水合物，其吸水容量为 1.25，25℃时水蒸气压为 1.92mmHg(256Pa)。氯化钙最多能形成 6 个结晶水的水合物，吸水容量为 0.97，25℃时的水蒸气压为 0.20mmHg(27Pa)。两者相比较，硫酸钠吸水量较大，干燥效能弱；氯化钙吸水量较小但干燥效能强。所以，应将干燥剂的吸水容量和干燥效能进行综合考虑。有时对含水较多的体系，常先用吸水容量大的干燥剂干燥，然后再使用干燥效能强的干燥剂。

影响干燥剂干燥效能的因素很多，如温度、干燥剂用量、干燥剂颗粒大小、干燥剂与液体或气体接触时间等。以无水硫酸镁干燥含水液体有机化合物为例，由于体系不同，硫酸镁可生成不同水合物且具有不同的水蒸气压，见表 3.14。由表看出，25℃时无水硫酸镁能达到最低水蒸气压为 1mmHg(0.133kPa)，它是硫酸镁一水合物与无水硫酸镁的平衡压力，与两者的相对量没有关系，无论加入多少无水硫酸镁想除去全部水分是不可能的。加入干燥剂过多，会使液体产品吸附受损失；加入量不足，则不能达到一水合物，反而会形成多水合物，其蒸气压力大于 1mmHg（0.133 kPa）。这就是为什么干燥剂要加适量，且在使用干燥剂前必须尽可能将水分离除净的缘故。另外，干燥剂成为水合物需要有一个平衡过程，因此，液体有机物进行干燥时需放置一定时间。

表 3.14 硫酸镁的不同结晶水合物的水蒸气压

平衡式	p(水)		平衡式	p(水)	
	/mmHg	/kPa		/mmHg	/kPa
无水 $MgSO_4+H_2O \rightleftharpoons MgSO_4\cdot H_2O$	1	0.13	$MgSO_4\cdot 4H_2O+H_2O \rightleftharpoons MgSO_4\cdot 5H_2O$	9	1.2
$MgSO_4\cdot H_2O+H_2O \rightleftharpoons MgSO_4\cdot 2H_2O$	2	0.27	$MgSO_4\cdot 5H_2O+H_2O \rightleftharpoons MgSO_4\cdot 6H_2O$	10	1.33
$MgSO_4\cdot 2H_2O+2H_2O \rightleftharpoons MgSO_4\cdot 4H_2O$	5	0.67	$MgSO_4\cdot 6H_2O+H_2O \rightleftharpoons MgSO_4\cdot 7H_2O$	11.5	1.5

从氯化钙水合物的蒸气压与温度的关系（见表 3.15）看出，温度低，水蒸气压小，干燥效能高。温度升高，尽管可加速干燥剂水合，但另一方面由于水蒸气压也随之增加，干燥剂效能减弱，因此，在液体有机物进行蒸馏之前必须滤除干燥剂。

表 3.15　氯化钙水合物的蒸气压与温度的关系

t/℃	p(水)	
	/mmHg	/kPa
29.2	5.67	0.75
38.4	7.88	1.05
45.3	11.77	1.57

一般来说，第二类干燥剂干燥效能较第一类高，但吸水容量较小。所以，通常先用第一类干燥剂除去大部分水分后，再用第二类干燥剂除去残留的微量水。只有在需要绝对无水的反应条件时，才使用第二类干燥剂。

此外，选择干燥剂还要考虑干燥速率和价格，可参考表 3.16。

表 3.16　常用干燥剂简介

干燥剂	性质	与水作用产物	适用范围	非适用范围	备　注
$CaCl_2$	中性	$CaCl_2 \cdot H_2O$ $CaCl_2 \cdot 2H_2O$ $CaCl_2 \cdot 6H_2O$ (30℃以上失水)	烃、卤代烃、烯、酮、醚、硝基化合物、中性气体、氯化氢(保干器)	醇、胺、氨、酚、酯、酸、酰胺及某些醛酮	吸水量大、作用快，效力不高，是良好的初步干燥剂，廉价，含有碱性杂质氢氧化钙
Na_2SO_4	中性	$Na_2SO_4 \cdot 7H_2O$ $Na_2SO_4 \cdot 10H_2O$ (33℃以上失水)	酯、醇、醛、酮、酸、腈、酚、酰胺、卤代烃、硝基化合物等及不能用氯化钙干燥的化合物		吸水量大，作用慢，效力低，是良好的初步干燥剂
$MgSO_4$	中性	$MgSO_4 \cdot H_2O$ $MgSO_4 \cdot 7H_2O$ (48℃以上失水)	酯、醇、醛、酮、酸、腈、酚、酰胺、卤代烃、硝基化合物等及不能用氯化钙干燥的化合物		较硫酸钠作用快、效力高
$CaSO_4$	中性	$CaSO_4 \cdot \frac{1}{2}H_2O$ 加热 2～3h 失水	烷、芳香烃、醚、醇、醛、酮		吸水量小，作用快，效力高，可先用吸水量大的干燥剂作初步干燥后再用
K_2CO_3	碱性	$K_2CO_3 \cdot \frac{3}{2}H_2O$ $K_2CO_3 \cdot 2H_2O$	醇、酮、酯、胺、杂环等碱性化合物	酸、酚及其他酸性化合物	
H_2SO_4	(强)酸性	$H_3^+ OHSO_4^-$	脂肪烃、烷基卤化物	烯、醚、醇及弱碱性化合物	脱水效力高
KOH NaOH	(强)碱性		胺、杂环等碱性化合物	醇、酯、醛、酮、酸、酚、酸性化合物	快速有效
金属钠	(强)碱性	$H_2 + NaOH$	醚、三级胺、烃中痕量水分	碱土金属或对碱敏感物、氯化烃(有爆炸危险)、醇	效力高、作用慢，需经初步干燥后才可用，干燥后需蒸馏
P_2O_5	酸性	HPO_3 $H_4P_2O_7$ H_3PO_4	醚、烃、卤代烃、腈中痕量水分，酸溶液、二硫化碳(干燥枪、保干器)	醇、酸、胺、酮、碱性化合物、氯化氢、氟化氢	吸水效力高，干燥后需蒸馏
CaH_2	碱性	$H_2 + Ca(OH)_2$	碱性、中性、弱酸性化合物	对碱敏感的化合物	效力高，作用慢，先经初步干燥后再用，干燥后需蒸馏
CaO BaO	碱性	$Ca(OH)_2$ $Ba(OH)_2$	低级醇类、胺		效力高，作用慢，干燥后需蒸馏
分子筛① (3Å,4Å)	中性	物理吸附	各类有机物、不饱和烃气体(保干器)		快速高效，经初步干燥后再用
硅胶			(保干器)	氟化氢	

① 3Å、4Å 为分子筛的孔径大小。

3.8.1.3 干燥剂的用量

以无水氯化钙干燥乙醚为例，室温下，水在乙醚中溶解度为1%～1.5%，现有100mL乙醚，估计其中含水量约1.00g。假定无水氯化钙在干燥过程中全部转变为六水合物，其吸水容量为0.97（即1.00g无水氯化钙可以吸收0.97g水），这就是说，按理论推算用1g氯化钙可将100mL乙醚中的水除净。但实际用量却远大于1g。其原因是在用乙醚从水溶液中萃取分离某有机物时，乙醚层中水相不能完全分离干净；无水氯化钙在干燥过程中转变为六水合物需要较长时间，短时间往往不能达到无水氯化钙应有的干燥容量。鉴于以上主要因素，要干燥100mL含水乙醚，往往要用7～10g无水氯化钙。

确定干燥剂的使用量可查阅溶解度手册。根据溶解度进行估算，一般有机物结构中含有亲水基时，干燥剂应过量。这种办法仅仅提供理论参考，由于实际反应因素复杂，最重要的还是在实验中不断积累经验。

在实际操作中，一般干燥剂的用量为每10mL液体约需0.5～1g。但由于液体产品中水分含量不同，干燥剂质量不同，颗粒大小不同，干燥温度不同，因此不能一概而论。一般应分批加入干燥剂，每次加入后要振荡，并仔细观察，如果干燥剂全部粘在一起，说明用量不够，需再加入一些干燥剂，直到出现无吸水的、松动的干燥剂颗粒。放置一段时间后，观察被干燥的溶液是否透明。干燥时间应根据液体量、含水情况而定，一般约需30～40min，甚至更长。干燥过程中应多摇动几次，以便提高干燥效率。多数干燥剂的水合物在高温时会失水，降低干燥效能，故在蒸馏前必须把干燥剂过滤除去。块状干燥剂（如氯化钙）使用时要破碎成粒状，颗粒大小似黄豆粒。若研成粉末，干燥效果虽好，但过滤困难，难以与产品分离，影响纯度和产量。

经干燥，液体透明，并不能说明该液体已不含水分，透明与否和水在该化合物中的溶解度有关。例如20℃乙醚中，可溶解1.19%的水；乙酸乙酯中可溶解2.98%的水，只要含水量不超过溶解度，含水的液体总是透明的。在这样的液体中，加干燥剂的量必然要大于常规量。某些干燥剂如金属钠、石灰、五氧化二磷等，由于它们和水生成比较稳定的产物，有时可不必过滤而直接蒸馏。

有些溶剂的干燥不必加干燥剂，利用其和水可形成共沸混合物的特点，直接进行蒸馏把水除去。例如工业上制无水乙醇，就是利用乙醇、水和苯三者形成共沸混合物的特点，于95%乙醇中加入适量苯进行共沸蒸馏。前馏分为三元共沸混合物；当把水蒸完后，即为乙醇和苯的二元共沸混合物；无苯后，沸点升高即为无水乙醇。但该乙醇中带有微量苯，不宜用作光谱溶剂。

3.8.2 干燥方法

干燥方法分为物理方法和化学方法两种，属于物理方法的有：加热、真空干燥、冷冻、分馏、共沸蒸馏及吸附等。近年来还常用离子交换树脂和分子筛等方法来进行改造。离子交换树脂是一种不溶于水、酸、碱和有机溶剂的高分子聚合物。分子筛是含水硅铝酸盐的晶体。

化学方法是利用前面所述干燥剂与水的作用去水：与水可逆地结合生成水合物，如硫酸、氯化钙、硫酸钠、硫酸镁、硫酸钙等；或者与水反应生成新的化合物，如金属钠、五氧化二磷等。

使用干燥剂时应注意以下几点。

① 干燥剂与水的反应为可逆反应时，反应达到平衡需要一定时间。因此，加入干燥剂后，一般最少要2h或更长的时间后才能收到较好的干燥效果。因反应可逆，不能将水完全除尽，故干燥剂的加入量要适当，一般为溶液体积的5%左右。当温度升高时，这种可逆反

应的平衡向脱水方向移动，所以在蒸馏前必须将干燥剂滤除，否则被除去的水将返回到液体中。另外，若把盐倒（或留）在蒸馏瓶底，受热时会发生迸溅。

② 干燥剂与水发生不可逆反应时，使用这类干燥剂在蒸馏前不必滤除。

③ 干燥剂只适用于干燥少量水分。若水的含量大，干燥效果不好。为此，萃取时应尽量将水层除净，这样干燥效果好，且产物损失少。

3.8.2.1　固体的干燥

固体或重结晶得到的晶体有机物常带有一定量的水分或有机溶剂，应根据这些固体物质的特性选择适当的方法进行干燥。下面介绍几种常用的干燥手段。

(1) 空气晾干。对于遇热容易分解或附有易挥发溶剂（如乙醚、石油醚、丙酮等）的固体物质，可薄薄地铺在蒸发皿中，上面盖以一张干净的滤纸，避免被灰尘污染，在室温下放置晾干。这种干燥方法简单，但费时较长，且干燥不彻底。

(2) 加热干燥。一些对热稳定、熔点较高且受热时无明显升华现象的物质，可放在烘箱中烘干。加热的温度应低于该物质的熔点（一般应低 10℃以上）。加热干燥时，要经常翻动固体，防止分解及变色。

(3) 红外线干燥。红外线干燥箱或红外线灯是实验室中常用的干燥工具。红外线的特点是穿透性很强，能使水分或溶剂从固体内部的各个部分蒸发，因此干燥速度较快。但此方法对光敏感的物质不适用。

(4) 干燥器干燥。对于容易吸湿或在较高的温度下干燥时发生分解或变色的固体物质，可置于干燥器中进行干燥。常用的干燥器有下述三种。

① 普通干燥器。如图 3.30(a)，底部放置干燥剂如硅胶、无水氯化钙、氢氧化钠或浓硫酸、五氧化二磷等，中间隔一多孔瓷板，待干燥的物质放在瓷板上，干燥器盖与缸身的磨口处涂有一层凡士林。普通干燥器一般用于干燥无机物和易吸潮的药品，但干燥样品时所费时间较长且干燥效率不高。

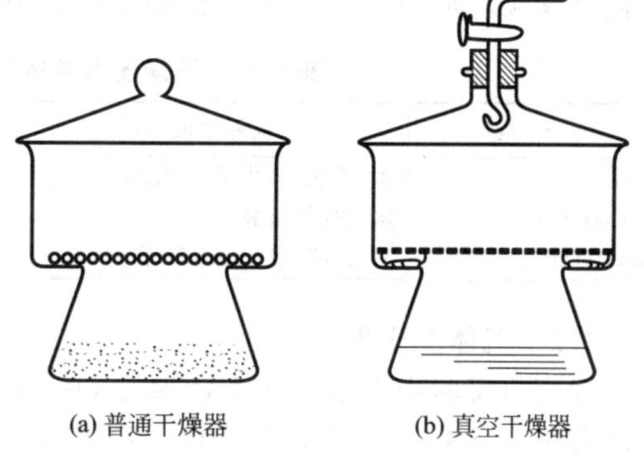

图 3.30　干燥器

② 真空干燥器。如图 3.30(b)，干燥器顶部装有带活塞的玻璃出气管，由此处抽气后可使干燥器内压力降低并趋于真空，因而可以提高干燥效率。应该注意的是，这种干燥器在使用前一定要经过试压，试压时用防爆布或网罩盖住干燥器，然后抽真空，关上活塞后放置过夜。为安全起见，每次抽真空时最好加防护罩，防止万一炸碎时玻璃碎片飞溅伤人。每次解除干燥器内真空时，开启活塞放入空气的速度不宜过快，以免吹散被干燥的样品（最好预先在样品上盖上一张干净的滤纸）。

③ 真空恒温干燥器。对于一些在烘箱或一般干燥器中干燥都不能满足要求的样品，可用真空恒温干燥器（图 3.31）干燥，其优点是干燥效率高，能除去晶体中的结晶水或结晶醇。但这种干燥器只适用于少量样品的干燥。经过纯化准备进行分析鉴定（元素定量、波谱鉴定等）的样品，均需在真空恒温干燥器中真空干燥 2h 以上，彻底除去样品中可能存在的有机溶剂、结晶水或结晶醇。图 3.32 是两种简易微量干燥装置，适用于对少量样品进行一般的干燥。

如图 3.31 所示，使用真空恒温干燥器时，将盛有固体样品的小瓷盘推入有夹层的干燥室 3 中，接上盛有干燥剂（五氧化二磷）的曲颈瓶 2，在烧瓶 A 中装进沸点与所需恒温温度相当的溶剂及回流冷凝管，连接真空泵抽至尽可能高的真空度后，关闭活塞 1，加热烧瓶 A

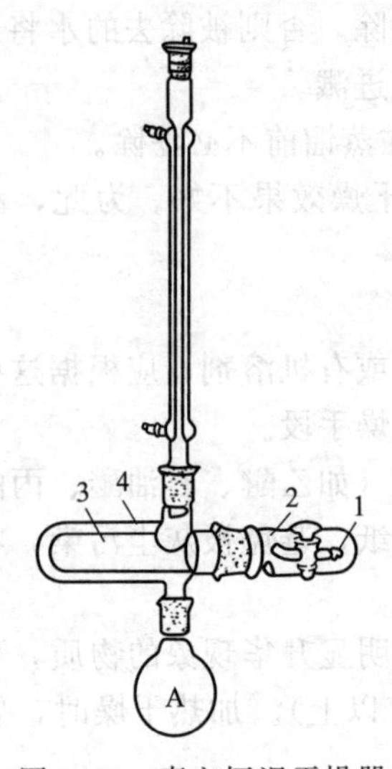

图3.31　真空恒温干燥器

1—活塞；2—曲颈瓶；3—干燥室；4—夹层

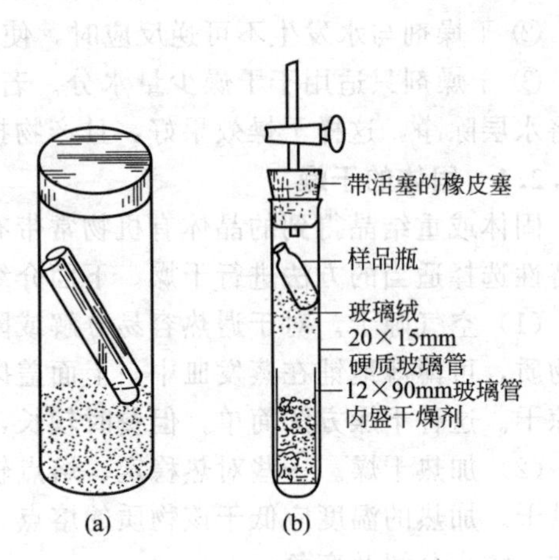

图3.32　简易微量干燥器

至回流，溶剂蒸气在夹层4中加热样品干燥室3，从而达到恒温真空干燥的目的。在整个干燥过程中，每隔一定时间后应再行抽气，保持干燥室的真空度。

干燥器中所使用的干燥剂应根据需要进行选择。被选用的干燥剂应不与被干燥的物质发生化学反应。常用的干燥剂及相应能除去的杂质见表3.17。

表3.17　干燥器内常用的干燥剂及相应能除去的杂质

干 燥 剂	能除去的杂质	干 燥 剂	能除去的杂质
CaO	水、乙酸、氯化氢、溴化氢	P_2O_3	水、醇
$CaCl_2$(无水)	水、醇(低级醇)	石蜡片	醇、醚、石油醚、苯、甲苯、氯仿、四氯化碳
NaOH(粒状)	水、乙酸、氯化氯、酚、醇	硅胶	水

3.8.2.2　气体的干燥

在有机实验中常用的气体有N_2、O_2、H_2、Cl_2、NH_3和CO_2等，有时要求气体中含很少或几乎不含CO_2、H_2O等，因此就需要对上述气体进行干燥。

干燥气体常用仪器有干燥管、干燥塔、U形管、各种洗气瓶（用来盛液体干燥剂）等。干燥气体常用的干燥剂列于表3.18中。

表3.18　用于气体干燥的常用干燥剂

干 燥 剂	可 干 燥 的 气 体
CaO、碱石灰、NaOH、KOH	NH_3
无水$CaCl_2$	CO_2、H_2、N_2、O_2、CO、SO_2、HCl、低级烷烃、醚、烯烃、卤代烃
P_2O_5	CO_2、H_2、N_2、O_2、SO_2、烷烃、乙烯
浓H_2SO_4	CO_2、H_2、N_2、HCl、Cl_2、烷烃
$CaBr_2$、$ZnBr_2$(无水)	HBr

用固体干燥剂干燥气体时在干燥塔内进行。为了避免在干燥过程中干燥剂结块，对形状不稳定的干燥剂（如五氧化二磷）要混上支撑物料（石棉纤维、玻璃毛、沸石）。

化学惰性气体一般在洗瓶中用浓硫酸干燥。对此，应当连上安全瓶和使用洗瓶安全装置。孔板洗瓶比简单的洗瓶为好。

低沸点气体的干燥采用冷阱使水和其他可凝结的杂质冻凝下来。该法有很好的干燥效率。为了进行冷冻，可采用干冰/甲醇或液态空气。

为了与大气中的湿气隔绝，可在开口的装置上安放有氯化钙、碱石灰或其他适当干燥剂的干燥管。

3.8.2.3　液体的干燥

（1）干燥剂脱水。

① 干燥剂的选择。液体有机化合物的干燥，通常是将干燥剂与之直接接触，因而干燥剂的选择必须遵循以下原则：与被干燥的有机物不发生化学反应或催化作用；不能溶解在有机物中；吸水容量大、干燥效能强、干燥速度快。

所谓吸水容量是指单位质量的干燥剂所能吸收的水量。干燥效能是指干燥剂与水达到平衡时液体被干燥的程度。为了使干燥效果更好，通常先选用吸水量较大的干燥剂除去大部分水分，然后再用干燥效能强的干燥剂除去微量水分。

对于某类物质应当选用何种干燥剂可查看表 3.13。

对于未知溶液的干燥，通常用化学惰性的干燥剂如硫酸镁和硫酸钠。金属钠以钠丝的形式使用，借助压钠机把钠压入相应的液体中。钠块在放入压钠机以前要除去外壳（必须戴上护目镜）。用完后，必须先用乙醇彻底清洗压钠机，然后再用水冲洗。

必须注意，已吸水的干燥剂受热时会脱水，其蒸气压随温度的升高而增加。因此，对于干燥的液体在蒸馏前，务必将干燥剂除去，不可与被干燥的液体一并倒入蒸馏瓶中。

② 实验操作。加入干燥剂前必须尽可能除净有机物的水分，不应有任何可见水层或水珠。将该有机物置于干燥的锥形瓶中，加入适量的固体干燥剂，用塞子塞紧，旋摇片刻，静置约 2～3h 以上至澄清为止。一般物质的干燥需 0.5～1h 即可。

（2）共沸干燥。利用共沸混合物的形成，可将混合物中的某一组分蒸馏出来。共沸干燥就是将一种既能与水形成共沸混合物，又尽可能（在冷却时）与水不互溶的物质（如苯等）加入待干燥的液体中，然后在带有除水器的回流装置中加热至沸腾，水与苯形成共沸混合物被蒸出（共沸温度为 69℃），蒸气冷却后流出的水滴沉淀于分水器刻度管底部而被放出。

常用的带水剂有：苯、甲苯、二甲苯、三氯甲烷、四氯化碳等。对于分离要求不是很严格的分水操作，也可在加入带水剂后，用蒸馏的方法，弃去浑浊的馏出液，直至馏出液澄清为止。

3.9　化学分析的基本操作

3.9.1　分析天平及其使用

3.9.1.1　分析天平的种类和结构

分析天平是定量分析中主要的仪器之一，常用分析天平可分为阻尼电光分析天平和电子分析天平两大类。在阻尼电光分析天平中，目前常用的为半机械加码的等臂天平。按精度，天平可分为 10 级，一级天平精度最好、十级最差。在常量分析实验中常使用最大载荷为 100～200g、感量为 0.0001g 的三级、四级天平，微量分析时则可选用最大载荷为 20～30g 的一级至三级天平。

（1）电光分析天平。电光分析天平是依据杠杆原理设计的，尽管其种类繁多，但其结构却大体相同，都有底板、立柱、横梁、玛瑙刀、刀承、悬挂系统和读数系统等必备部件，还有制动器、阻尼器、机械加码装置等附属部件等。

现以等臂双盘半机械加码电光天平为例介绍电光分析天平的一般构造，图 3.33 为 TG328B 型电光天平的正面图。

光学读数装置的光路如图 3.34 所示。光源发出的光线经聚光后，照射到天平指针下端

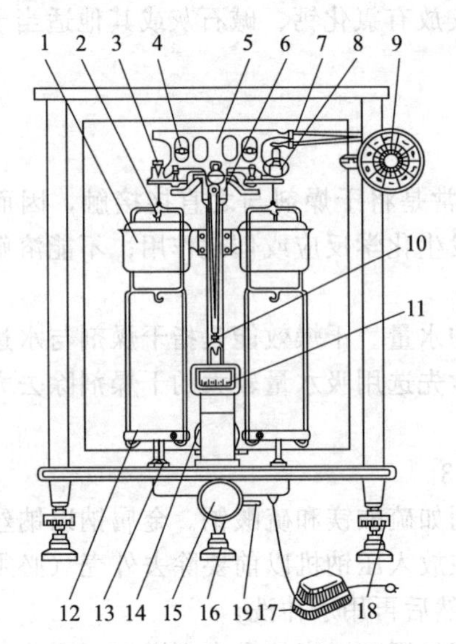

图 3.33 TG328B 型电光天平的正面图

1—空气阻尼器；2—挂钩；3—吊耳；4—零点调节螺丝；5—横梁；6—天平柱；7—圈码钩；8—圈码；9—加圈码旋钮；10—指针；11—投影屏；12—称盘；13—盘托；14—光源；15—旋钮；16—底垫；17—变压器；18—调水平螺丝；19—调零杆

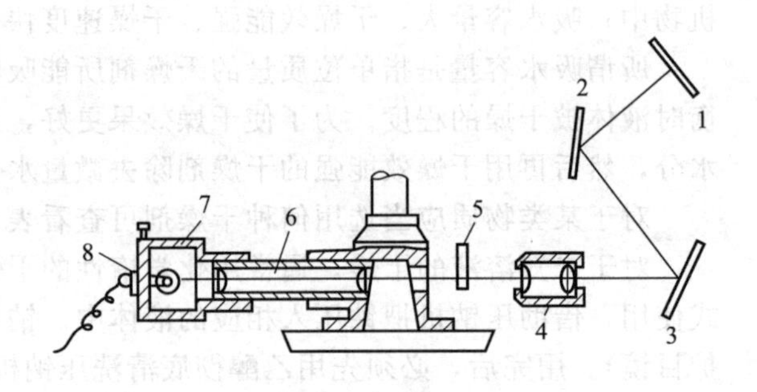

图 3.34 光学读数装置示意

1—投影屏；2,3—反射镜；4—物镜筒；5—微分标尺；6—聚光管；7—照明筒；8—灯头座

的刻度标尺上，再经过放大，由反射镜反射到投影屏上，由于指针的偏移程度被放大在投影屏上，所以能准确读出 10mg 以下的质量。

(2) 电子天平。电子天平是新一代的天平，它利用电子装置进行电磁力补偿的调节，使物体在重力场中实现力的平衡，或通过电磁力矩的调节使物体在重力场中实现力矩的平衡。通过设定的程序，可实现自动调零、自动校正、自动去皮、自动显示称量结果，或将称量结果经接口直接输出、打印等。

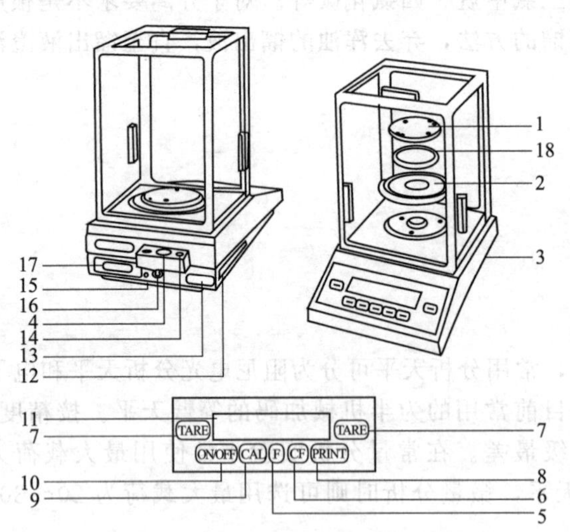

图 3.35 Sartourius BS210S 电子天平的结构

1—称盘；2—屏蔽环；3—地脚螺栓；4—水平仪；5—功能键 F；6—CF 键；7—除皮键 TARE；8—打印键（数据输出）；9—调校键 CAL；10—接通/关断键 I/O；11—显示器；12—带有计量参数的计量检定合格标签；13—带有 CE 标记的型号牌；14—防盗装置；15—菜单-去联锁开关；16—电源接口；17—数据接口；18—底盘

电子天平的主要形式有顶部承载式（又称上皿式）和底部承载式（又称下皿式）两种。

图 3.35 是 Sartourius BS210S 电子天平的结构。

电子天平的优点在于它在加入载荷后能迅速地平衡，并自动显示所称物体的质量，单次样品的称量时间大大缩短，其独具的“去皮”功能使其称量更为简便、快速。

3.9.1.2 称量的一般程序和方法

(1) 电光天平。

① 电光天平的称量程序。

a. 取下天平罩，叠好后平放在实验台面上或教师指定的位置处。

b. 检查天平的各个部件是否都处于

正常位置，圈码是否挂好、圈码指数盘是否指在了“0”的位置、两盘是否空着等。用小毛刷将天平盘清扫一下。

c. 面对天平端坐，记录本放在胸前的台面上，存放和接受称量物的器皿放在天平箱左侧，砝码盒放在右侧。

d. 检查天平是否处于水平位置。若气泡式水准器的气泡不在圆圈的中心（或铅垂式水准器的两个尖端未对准）时，应站立，目视水准器，用手旋转天平底板下面的两个垫脚螺丝，以调节天平两侧的高度直至达到水平为止。

e. 调节天平的零点。关闭所有天平门，轻轻打开天平，看微分标尺的零线是否与投影屏上的标线相重合。如果相差不大，可调节天平箱下面的调节杆使其重合；如果相差较大，可关闭天平后细心调节天平横梁上的平衡调节螺丝，再打开天平查看，直至重合。

f. 将要称量的物体在台秤上或用较低精度的电子天平进行粗称。而后将样品放入左盘，关好天平门，在右盘中放上与预称质量相同（近）的砝码，缓慢地开动升降旋钮，观察投影屏上标尺移动的方向。标尺投影总是向重盘方向移动。如果标尺向负方向移动，则表示砝码比物体重，应立即关好升降旋钮，减少砝码后再称量。如果标尺向正方向移动，则可能有两种情况。第一种情况是标尺稳定后，与刻线重合的地方在 10mg 以内，即可读数。第二种情况是标尺向正方向迅速移动，则表示砝码太轻，应立即关好升降旋钮，增加砝码后再称量。为加快称量的速度，选取圈码应遵循“由大到小，中间截取，逐级试验”的原则。

g. 当光屏上的标尺投影稳定后，就可以从标尺上读出 10mg 以下的质量。称量的物品质量为右盘上砝码质量加圈码质量和标尺质量之和。读完数后，记下所称物品的质量（注意有效数字），立即关上升降旋钮。

h. 称量结束后将天平复零，关闭天平，确定无任何物品留在天平的托盘上，检查一遍横梁是否托起，将砝码放回砝码盒，关上天平门，将圈码的旋钮旋回“0”，关闭电源，罩好天平。

② 电光天平的称量方法。在分析化学实验中，称取试样经常用到的方法有：指定质量称样法、递减称样法及直接称样法。

a. 指定质量称样法。当需要用直接法配制指定浓度的标准溶液时，常常用指定质量称样法来称取基准物质。此法只能用来称取不易吸湿的且不与空气中各种组分发生作用的、性质稳定的粉末状物质，不适用于块状物质的称量。

具体操作方法如下：用金属镊子将清洁干燥的小表面皿放到左盘上，称取其质量。再向右盘增加约等于所称试样质量的砝码，然后用药匙向左盘上表面皿内逐渐加入试样，直到所加试样质量与所指定的质量数值相等。

加入试样或基准物时，以左手持盛有试样的药匙，伸向表面皿中心部位上方约 2～3cm 处，用左手拇指、中指及掌心拿稳药匙，以食指轻弹药匙柄，让药匙里的试样以非常缓慢的速度抖入表面皿（如图 3.36 所示）。待微分标尺正好移动到所需的刻度时，立即停止抖入试样。若不慎多加了试样，关闭升降枢，用药匙取出多余的试样，直到合乎要求为止。

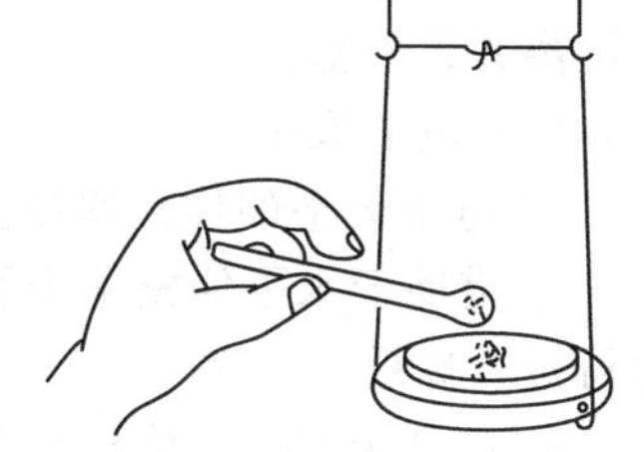

图 3.36　指定质量称样法加样的操作方法

b. 直接法。此法用于称取不易吸水、在空气中性质稳定的试样或试剂，如金属、矿石、合金等。用这种方法称量时，先称器皿如表面皿的质量，然后根据所需样品的质量，放好砝码，再用药匙将样品逐渐加到表面皿上，一次称取一定质量的试样，然后将试样全部转移到接受容器中。

c. 减量法。减量（差减）称样法称取试样的量是由两次称量之差求得，此法用于称取易吸水、氧化、与 CO_2 反应的物质，分析化学实验中用到的基准物和待测固体试样大都采用此法称量。称量样品时，将试样装入称量瓶中，在天平上称出质量，设为 m_1，然后取出称量瓶，如图 3.37 所示。将称量瓶在容器上方倾斜，用称量瓶盖轻敲瓶口上部，使试样慢慢落入容器中。当倾出的试样已接近所需的质量时，慢慢地将瓶竖起，同时用称量瓶盖轻敲瓶口，使瓶口的试样落入容器或称量瓶内，如图 3.38 所示，然后盖好瓶盖。将称量瓶放回天平盘上进行称量，设称得质量为 m_2。此时所倾出的试样质量即为 m_1-m_2。如此继续进行，可称取多份试样。

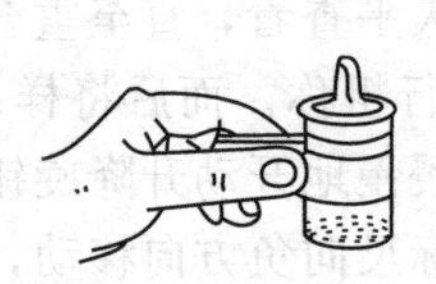

图 3.37 称量瓶的携取

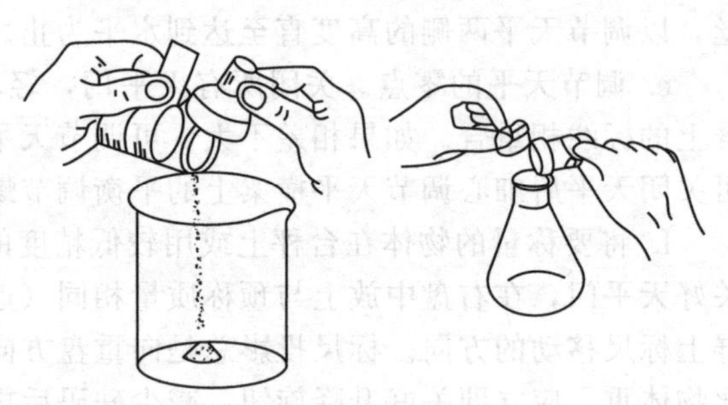

图 3.38 将试样从称量瓶转移入接收器皿的操作

③ 电光天平的使用规则。

a. 在天平盘上放置或取下物品、砝码时，都必须先把天平梁托起，否则容易使刀口损坏。

b. 旋转旋钮应细心缓慢，开始加砝码时，先估计被称量物质量，选加适当的砝码，然后微微开启天平，如指针标尺已摆出投影屏以外，应立即托住天平梁，从大到小更换砝码，再进行称量。在称量时，必须把天平门关好。

c. 称量的物品应尽可能放在天平盘的中央，使用自动加码装置时应一挡一挡慢慢地转动，以免圈码相碰或跳落。

d. 热的物品不能放在天平盘上称量，因为天平盘附近空气受热膨胀，上升的气流将使称量的结果不准确。天平梁也会因膨胀影响臂长而产生误差，因此，热的物品应放在干燥器内冷却至室温后，再进行称量。

e. 具有腐蚀性蒸气或吸湿性的物品，必须放在密闭容器内称量。

f. 分析天平的砝码都有准确的质量，取放砝码时必须用镊子，不得用手直接拿，以免弄脏砝码使质量不准。砝码都应该放在砝码盒中指定位置上，称量结果可先根据砝码盒中空位求出，然后再和盘上的砝码重新核对一遍。

g. 称量完毕后，应检查天平梁是否托起、砝码是否复原、边门是否关好，罩好天平罩，方可离开天平室。

(2) 电子天平。

① 电子天平的称量程序。

a. 借助于水平仪校正天平，然后打开电源，预热，待天平显示屏出现稳定的 0.0000g 即可进行称量。

b. 打开天平门，将样品瓶（或称量纸）放入天平的称量盘中，关上天平门，待读数稳定后记录显示数据。如需进行“去皮”称量，则按下“TARE”键，使显示为 0。

c. 按相应的称样方法进行称量。

d. 称量全部结束后关闭电源。

② 电子天平的称样方法。

除与上面所介绍的电光天平使用方法相同点外，电子天平还可直接进行增量法或减量法称量。

a. 增量法。将干燥的小容器（如小烧杯）轻轻放在经预热并已稳定的电子天平称量盘上，关上天平门，待显示平衡后按“TARE”键扣除容器质量并显示零点。然后打开天平门，往容器中缓缓加入试样，直至显示屏显示出所需的质量数，停止加样并关上天平门，此时显示的数据便是实际所称的质量。

b. 减量法。将上法中干燥小容器改为称量瓶即可进行减量法称量，但最后显示的数字是负值。

③ 电子天平的注意事项。

a. 由于电子天平自重较轻，使用中容易因碰撞而发生位移，进而可能造成水平改变，故使用过程中动作要轻。

b. 电子天平还有一些其他的功能键，有些是供维修人员调校用的，一般不要使用这些功能键。

c. 在将辅助设备（打印机、计算机等）与数据接口连接或切断之前，电子天平必须断电。

d. 如被称试样或容器上的静电影响称量（读数不稳定），则应用防静电称盘代替一般称盘。

e. 需按使用说明书要求进行通电预热一定时间后进行称量。

3.9.2　标准物质和标准溶液配制

3.9.2.1　标准物质的定义

按照国际标准化组织（ISO）的定义，标准物质或标准参考物质是一个或多个特征量值已被准确地确定了的物质。

化学分析中的标准物质又称基准物质，是纯度准确确定的物质，通常用于配制标准溶液、标定用于滴定分析的滴定剂的浓度。

3.9.2.2　基准物质所应具备的条件

① 具有足够的纯度，即含量≥99.9%，其杂质的含量应少到滴定分析所允许的误差限度以下（一般可用基准试剂或优级纯试剂）。

② 物质的组成与化学式应完全符合。若含结晶水，其含量也应与化学式相符。

③ 性能稳定。

3.9.2.3　标准溶液的配制

标准溶液的配制与标定是化学分析重要的基础内容，更是分析化学实验最基本的操作技能之一。标准溶液的准确配制及其浓度的准确标定，与分析测试工作质量的优劣有直接的关系，因此，必须掌握标准溶液的配制及标定的基本原理与方法，并严格按规范要求执行。

（1）标准溶液的配制通常采用以下两种方法。

① 直接法。用分析天平准确称取一定量的基准物质，溶于适量的水中，定量转移到容量瓶中，用水定容，根据称取试剂的质量和容量瓶的体积，计算溶液的浓度，所得已知准确浓度的试液即为标准溶液。

② 间接法。由于只有少数试剂符合基准试剂的要求，因此大多数试剂不适合直接配制标准溶液，而要通过间接的方法，即标定法。首先按大致所需浓度配制溶液，然后利用基准试剂或已知准确浓度的另一标准溶液与配制溶液的反应确定其准确浓度。

（2）配制标准溶液时需要注意以下几点。

① 要选用符合实验要求的纯水。

② 基准物质使用前要按规定的方法进行处理。

③ 实验精度要求不是很高时，可以用优级纯或者分析纯试剂代替相应的基准试剂。

④ 当溶液可用多种标准物质与指示剂进行标定时，原则上应使标定条件与样品测定条件相似，以避免系统误差。

⑤ 标准溶液应密封保存，有些还需避光。

⑥ 储存备用的标准溶液，由于蒸发会有水珠凝于瓶壁，使用前应将溶液摇匀。

⑦ 标准溶液的浓度并非总是一个定值，应按具体情况进行再标定等处理。

3.9.2.4　几种标准溶液的配制与标定

中华人民共和国国家标准 GB 601—88 规定了化学分析各标准溶液的配制和标定的细节，现简要叙述如下。

(1) 酸碱滴定标准溶液的配制和标定。

① NaOH 标准溶液。

a. 配制。称取分析纯 NaOH，溶于水，储存在聚乙烯容器中。低浓度 NaOH 溶液用煮沸过的水配制以减少 CO_2 的影响。配制浓度与用量见表 3.19 所列。

表 3.19　NaOH 溶液的配制

配制浓度/(mol/L)	每升溶液 NaOH 质量/g	配制浓度/(mol/L)	每升溶液 NaOH 质量/g
1	40	0.05	2
0.5	20	0.02	0.8
0.1	4		

b. 标定。用邻苯二甲酸氢钾作基准物质，酚酞为指示剂，用配制的 NaOH 溶液滴定至微红色，并保持 30s 不退色为终点。

标定浓度为 0.1mol/L 的 NaOH 溶液时，邻苯二甲酸氢钾的称量在 0.4～0.6g 之间，称准至 0.0001g。

$$c_{NaOH}=\frac{m}{V_{NaOH}\times 204.2}\ (mol/L)$$

式中，m 为邻苯二甲酸氢钾的质量 g；V_{NaOH} 为滴定中所消耗的 NaOH 标准溶液的体积，mL。

c. 注意事项。

ⓐ 由于 NaOH 溶解时放出大量的热，应将用于配制溶液的烧杯置于冷水浴中，以免因烧杯破裂而引发浓碱伤人。

ⓑ NaOH 标准溶液侵蚀玻璃，应用塑料瓶储存。短时期盛放可用玻璃瓶，一般应使用橡皮塞，且存放过程要密封，避免与空气接触。

② HCl 标准溶液。

a. 配制。用量筒或量杯量取浓 HCl，加入到一定量的水中并稀释到一定的体积。配制溶液的浓度和浓 HCl 用量见表 3.20 所列。

表 3.20　HCl 溶液的配制

配制浓度/(mol/L)	每升溶液量取的浓 HCl/mL	配制浓度/(mol/L)	每升溶液量取的浓 HCl/mL
1	90	0.1	9
0.5	45	0.05	4.5

注：1. 所配制 HCl 溶液的体积为 1000mL。

2. 配制所使用的浓 HCl 的浓度为 36%～38%。

b. 标定。用 Na_2CO_3 作基准物质，称量准确至 0.0001g。

用连续减量法称取三份在 270～300℃干燥至恒重的无水 Na_2CO_3（重量范围根据 HCl 溶液的浓度确定，应使其消耗的 HCl 溶液体积在 20～30mL 之间），分别置于三个 250mL 的锥形瓶中，加 20～30mL 纯水使之溶解后，加入 0.2%甲基橙指示剂 2 滴，用待标定的

HCl 溶液滴定至黄色恰变为橙色，即为终点，记录所消耗的 HCl 溶液的体积，并计算 HCl 溶液的浓度。

$$c_{HCl}=\frac{2m_{Na_2CO_3}}{0.1060V_{HCl}}$$

式中，$m_{Na_2CO_3}$ 为 Na_2CO_3 的质量，g；V_{HCl} 为滴定过程中所消耗的 HCl 溶液的体积，mL。

c. 注意事项

ⓐ 滴定过程中生成的 H_2CO_3 转变为 CO_2 的速度比较慢，因此很容易形成 H_2CO_3 的过饱和溶液，使终点提前出现，因此在滴定终点附近应剧烈的摇动溶液。

ⓑ 用甲基橙作指示剂，终点颜色为橙色。因甲基橙为双色指示剂，其加入量不能过量，否则终点颜色不易判断。

（2）氧化还原标准溶液的配制和标定

① $KMnO_4$ 标准溶液的配制和标定。

a. 配制（0.02mol/L）。称取 $KMnO_4$ 固体约 1.6g 溶于 500mL 新煮沸冷却了的纯水中，摇匀，放置暗处 7～10 天（或在水浴中煮沸 1～2h），用砂芯漏斗（3 号或 4 号）过滤，储存于棕色试剂瓶中，放置暗处保存。

b. 标定。准确称取已烘干过的 $Na_2C_2O_4$（A. R.）三份，其重量相当于 25～30mL 0.02mol/L 的 $KMnO_4$，分别置于 250mL 锥形瓶中，加水约 10mL 后使其溶解，再加 30mL 1mol/L 的 H_2SO_4，并加热至 75～85℃，立即用待标定的 $KMnO_4$ 溶液滴定（不能沿瓶壁滴定）至溶液呈微红色 30s 内不退色为终点。根据 $Na_2C_2O_4$ 质量和消耗 $KMnO_4$ 溶液的体积计算 $KMnO_4$ 的浓度。

$$c_{KMnO_4}=\frac{\frac{2}{5}m_{Na_2C_2O_4}\times 1000}{M_{Na_2C_2O_4}V_{Na_2C_2O_4}}$$

c. 注意事项。

ⓐ $KMnO_4$ 溶液标定反应应注意控制“三度一点”，即速度、温度、酸度、终点。

ⓑ $KMnO_4$ 溶液颜色较深，读数时应以液面的最高线为准。

② $Na_2S_2O_3$ 标准溶液的配制及标定。

a. 配制（0.01mol/L）。在台秤上称取 12.5g 的 $Na_2S_2O_3\cdot 5H_2O$ 于烧杯中，加入少量的纯水将其溶解，加 0.1g 的 Na_2CO_3，然后加水稀释至 500mL，摇匀。放置暗处 7～14 天后标定。

b. 标定。$Na_2S_2O_3$ 溶液常使用 $K_2Cr_2O_7$ 基准物质进行标定。准确称取已干燥的 $K_2Cr_2O_7$（A. R.）0.12～0.13g，置于 250mL 的碘量瓶中，加入 10～20mL 水使之溶解，加入 20mL 的 10%的 KI 溶液和 5mL 6mol/L 的 HCl，混匀后，盖好瓶塞（或用 250mL 锥形瓶，盖上小的表面皿）放置暗处 5min。立即用 50mL 水稀释，用 $Na_2S_2O_3$ 溶液滴定至浅黄绿色，加入 1%淀粉 1mL，继续用 $Na_2S_2O_3$ 溶液滴定至蓝色突变为绿色，即为终点。记录 $Na_2S_2O_3$ 溶液所消耗的体积，并计算其浓度。

$$c_{Na_2S_2O_3}=\frac{6m_{K_2Cr_2O_7}\times 1000}{M_{K_2Cr_2O_7}V_{Na_2S_2O_3}}$$

式中，$m_{K_2Cr_2O_7}$ 为 $K_2Cr_2O_7$ 的质量；$M_{K_2Cr_2O_7}$ 为 $K_2Cr_2O_7$ 的摩尔质量；$V_{Na_2S_2O_3}$ 为滴定中所消耗的 $Na_2S_2O_3$ 的体积。

c. 注意事项。

ⓐ $K_2Cr_2O_7$ 与 KI 反应较慢，通常需要提高酸度和加入过量的 KI 来加快反应的速度。

ⓑ 滴定开始时宜慢摇快滴，以防止 I_2 被氧化，但接近终点时应慢滴，并用力摇荡，使

I_2 脱附。

③ $K_2Cr_2O_7$ 标准溶液的配制。

用基准级的 $K_2Cr_2O_7$ 可以直接配制 $K_2Cr_2O_7$ 标准溶液。

称取一定量的基准物质 $K_2Cr_2O_7$ 于烧杯中，加入一定量的水加以溶解，将溶液定量转移至容量瓶中，并用纯水稀释至刻度，根据所称 $K_2Cr_2O_7$ 的质量级所稀释的体积，即可计算出 $K_2Cr_2O_7$ 标准溶液的浓度。

(3) 配位滴定标准溶液的配制与标定

EDTA 标准溶液的配制与标定

a. 配制（0.02mol/L）。在台秤上称取 EDTA 二钠盐 3.8g，溶于 100mL 温水中，稀释至 500mL，摇匀。(如果溶液需保存，最好用聚乙烯塑料瓶储存)。

b. 标定。通常采用 $CaCO_3$ 基准物质标定，方法为：准确称取 120℃干燥过的 $CaCO_3$ 基准物质（0.5～0.6g）于 250mL 烧杯中，盖好表面皿，加少量水润湿，再加入 3～4mL 6 mol/L 的 HCl(滴加) 至完全溶解，用纯水将溅到表面皿和容器内壁上的溶液淋入杯中，待冷却后定量转移至 250mL 容量瓶中，稀释至刻度，摇匀。

用移液管移取 25.00mL 标准 $CaCO_3$ 溶液，置于 250mL 锥形瓶中，加入约 25mL 纯水，2mL 镁溶液，10mL 10%的 NaOH 溶液及米粒大小的钙指示剂，摇匀后，用 EDTA 溶液滴定至溶液由红色恰好变为蓝色，即为终点。记录所消耗的 EDTA 溶液的体积，计算 EDTA 标准溶液的浓度。

$$c_{EDTA}=\frac{m_{CaCO_3}\times 100}{M_{CaCO_3}V_{EDTA}}$$

式中，m_{CaCO_3} 为 $CaCO_3$ 的质量；M_{CaCO_3} 为 $CaCO_3$ 的摩尔质量；V_{EDTA} 为滴定中所消耗的 EDTA 的体积。

c. 注意事项。接近终点时反应速度较慢，因此，滴定的速度也应缓慢，并充分摇荡。

3.9.3 滴定分析的基本操作

滴定分析又称容量分析。滴定分析中，规范地使用容量器皿及准确地测量溶液的体积，是保证分析结果准确的重要因素。现分别介绍滴定分析常用器皿（滴定管、容量瓶、移液管等）的基本操作方法。

3.9.3.1 滴定管

滴定管是一根具有均匀刻度的玻璃管，在滴定分析中用以盛装滴定剂及测量滴定中所用标准溶液的体积。

(1) 形状及分类。滴定管下端有活塞以便控制滴定速度，按盛装溶液性质不同，分为酸式滴定管和碱式滴定管。酸式滴定管用于盛装酸液，其下端具有玻璃活塞。碱式滴定管用于盛装碱液，其下端具有胶管玻璃珠活塞。

目前已普遍采用聚四氟乙烯材质活塞的滴定管，既适用于盛装酸液也适用于盛装碱液。

滴定管有各种不同的规格，如 5mL、10mL、25mL、50mL、100mL 等，可根据不同的要求选用。

(2) 滴定管的使用操作。

① 涂油试漏。常规的玻璃活塞酸式滴定管，在使用前需进行活塞涂油，目的之一是防止溶液自活塞漏出，之二是活塞能转动自如，便于调节转动角度以控制溶液滴出量。涂油时将已洗净的滴定管活塞拔出，用滤纸将活塞和活塞套擦干，在活塞的粗端和活塞套的细端分别涂一薄层凡士林，将活塞插入活塞套内，来回转动数次，直到从外面观察时呈透明即可。涂油完毕后，在活塞的末端套一橡皮圈以防止使用时将活塞顶出。然后在滴定管内装入蒸馏

水，置滴定架上直立2min观察有无水滴漏下。然后将活塞转动180°再观察一次，直至不漏水为止（如图3.39、图3.40）。

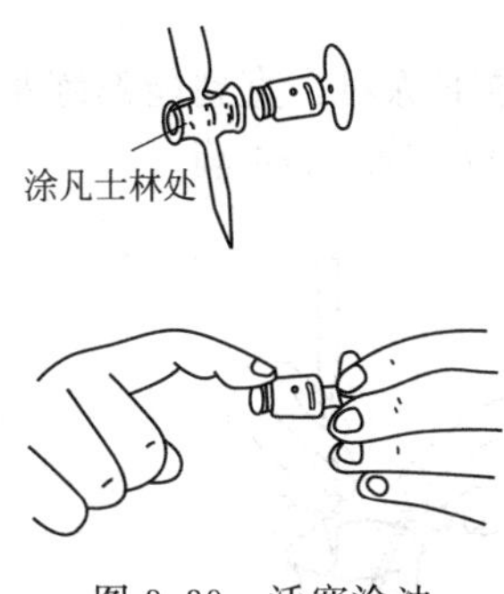

图3.39　活塞涂油

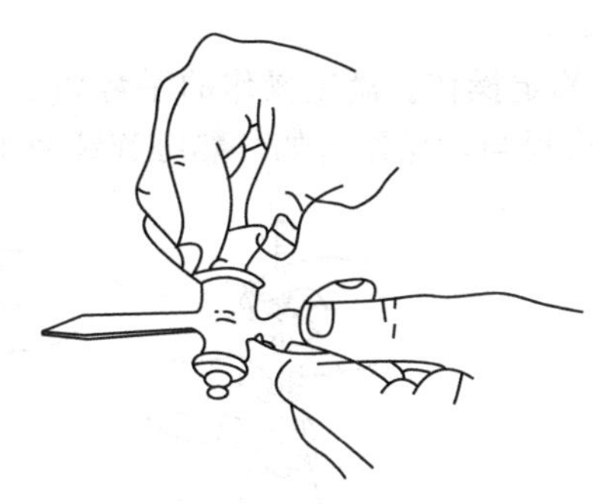
图3.40　插入活塞

② 洗涤、装液、排气。

a. 洗涤。无明显油污的滴定管，可直接用自来水冲洗，再用滴定管刷刷洗；若有油污则可倒入温热至40～50℃的5%铬酸洗液10mL，将管子横过来并保持一较小的角度，两手平端滴定管转动直至洗液布满全管。碱式滴定管则应先将橡皮管卸下，把橡皮滴头套在滴定管底部，然后再倒入洗液进行洗涤。污染严重的滴定管，可直接倒入铬酸洗液浸泡几小时。注意：用过的洗液仍倒入原来的储存瓶中，可继续使用，直至变绿失效，千万不可直接倒入水池！滴定管中附着的洗液用自来水冲洗干净，最后用少量蒸馏水润洗至少三遍。洗净的滴定管内壁应能被水均匀润湿而无条纹，并不挂水珠。

b. 装液。为了保证装入滴定管内溶液的浓度不被稀释，要用该溶液洗涤滴定管三次，每次用约1/4滴定管。洗法是：注入溶液后，将滴定管横过来，慢慢转动，使溶液流遍全管，然后将溶液自下放出。洗好后即可装入溶液，装液时应直接从试剂瓶倒入滴定管，不要再经过漏斗烧杯等容器，以免影响溶液的组成和浓度。

c. 排气。将标准溶液充满滴定管后，应检查管下部是否有气泡。若有气泡，应将其排出。如为酸式滴定管，可将滴定管倾斜一定的角度，迅速转动活塞，使溶液急速流下将气泡带出；如为碱式滴定管，则可将滴定管向上弯曲，并在稍高于玻璃珠所在处用两手指挤压，使溶液从尖嘴口喷出，将气泡带出（如图3.41）。

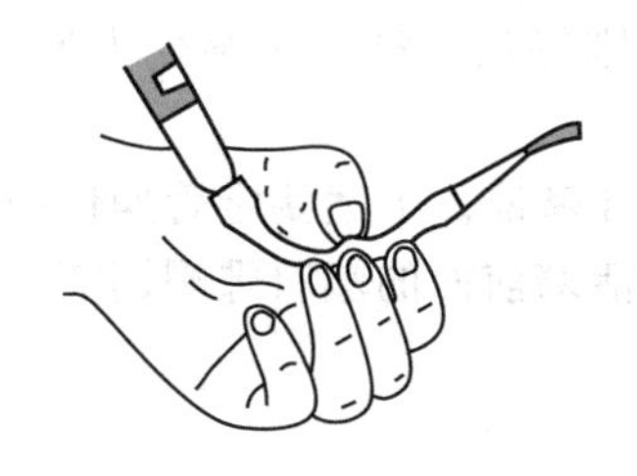
图3.41　碱式滴定管赶出气泡

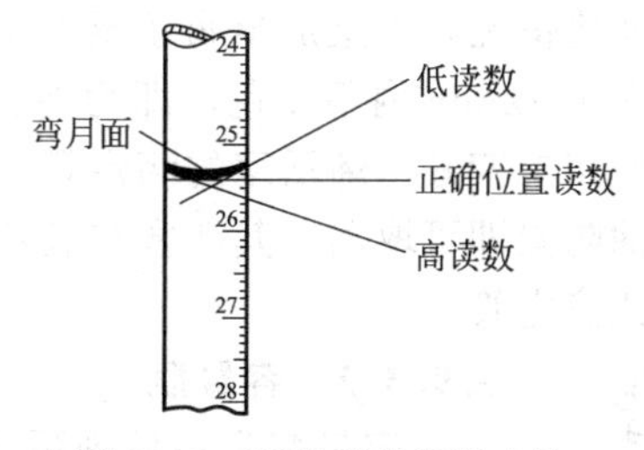

图3.42　滴定管的读数方法

③ 滴定管读数。由于滴定管读数不准确而引起的误差，是滴定分析误差的主要来源，因此，在滴定前应进行读数练习。滴定管读数前，应将管下端悬挂的液珠除去。读数时遵守读数的三字方针，即：“直、平、切”。

“直”即将滴定管从滴定管架上取下，用右手大拇指和食指捏住滴定管上无刻度处，使滴定管保持自然垂直的状态。

“平”即读数时眼睛的视线与溶液弯月面下缘最低点应在同一水平线上（如图3.42）。对有色溶液（如$KMnO_4$溶液、I_2溶液）弯月面不够清晰的，读数时视线应与液面两侧的最高点水平。

“切”即所读数值为溶液弯月面下缘切线（有色溶液为液面两侧的最高点连线）所对应的刻度。

④ 滴定操作。滴定操作的手势如图3.43。在教师指导下练习，直到能熟练掌握，做到：两手配合得当，操作自如，熟练连续滴加乃至滴加一滴、1/2滴、1/4滴。

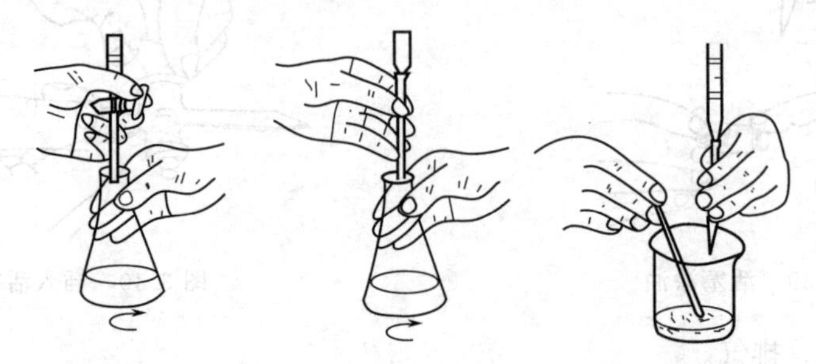

(a) 酸式滴定管的操作　(b) 碱式滴定管的操作　(c) 使用烧杯滴定时的操作

图3.43　滴定的操作方法

滴定操作过程应注意以下几个问题。

a. 摇动锥形瓶时要向同一个方向旋转，使溶液既均匀又不会溅出，且没有水的撞击声。

b. 滴定管不能离开瓶口过高，应在瓶颈的1/2处，也不能接触瓶颈，即在未滴定时，锥形瓶可以方便地移开。

c. 滴定过程中，左手不能离开活塞任操作液自流。

d. 只加半滴的操作：小心放出（酸式滴定管）或挤出（碱式滴定管）操作液半滴，提起锥形瓶令其内壁轻轻与滴定管嘴接触，使挂在滴定管嘴的半滴操作液沾在锥形瓶内壁，再用洗瓶将其洗下。

e. 注意观察滴落点附近溶液颜色的变化。滴定开始时速度可以稍快（$KMnO_4$ 的氧化还原滴定除外，这是一个自催化反应，开始的速度应较慢，待一滴 $KMnO_4$ 溶液滴下，$KMnO_4$ 的红色散尽以后，再滴第二滴，随着反应的进行，催化剂 Mn^{2+} 的生成，反应速度加快，滴定速度也可同时加快，反应后期，反应物减少，反应速度较慢，滴定速度也应较慢，直到反应结束），但应是“滴加”而不是流成“水线”。临近终点时滴一滴，摇几下，观察颜色变化情况，直至加半滴乃至1/4滴，溶液的颜色刚好从一种颜色突变为另一种颜色，并一般在1～2min内不变色，即为终点。

若使用聚四氟乙烯活塞的滴定管，适用于盛装酸液和碱液。上述滴定管操作中酸式滴定管的涂油防漏即可取消。其活塞与滴定管的密合程度靠活塞前面的塑料螺帽调节，其操作方法如酸式滴定管。

3.9.3.2　容量瓶

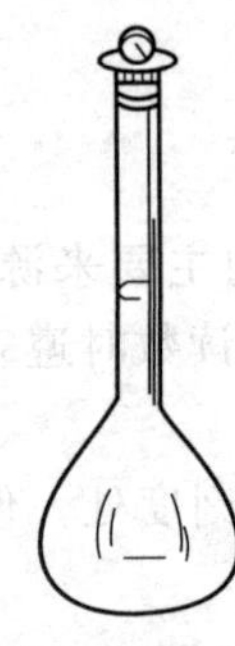

图3.44　容量瓶

容量瓶是一种细颈梨形的平底瓶（如图3.44），带有磨口塞或塑料塞。颈上有标线，表示在所指温度下当液体充满至标线时，液体体积恰好与瓶上所注明的体积相等。

(1) 容量瓶的用途与规格。容量瓶一般用来配制标准溶液，也用于溶液的稀释。按体积的大小容量瓶有各种规格（5mL、10mL、25mL、50mL、100mL、500mL、1000mL、2000mL）。

(2) 容量瓶的使用操作。容量瓶使用之前，应检查塞子与瓶是否配套。将容量瓶盛水后塞好，左手按紧瓶塞，右手托起瓶底使瓶倒立，如不漏水，再将瓶子正过来，瓶塞旋转180°，重复操作一次，如不漏水方可使用。瓶塞应用细绳系于瓶颈，不可随便放置以免沾污或错乱。

配制溶液时，先将准确称取的物质在小烧杯中溶解，按图 3.45 操作。

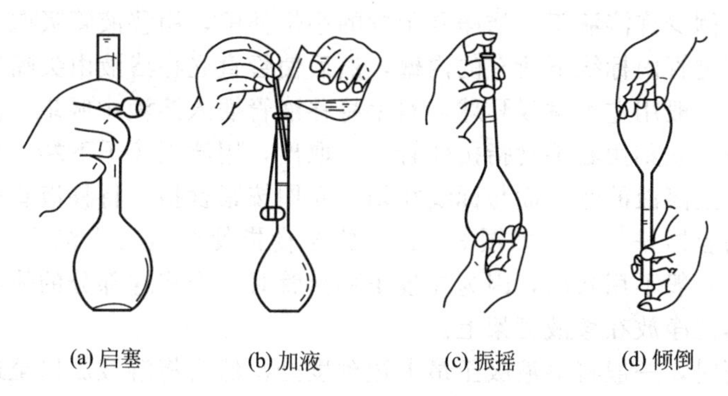
(a) 启塞　(b) 加液　(c) 振摇　(d) 倾倒

图 3.45　容量瓶的操作

将溶液沿玻璃棒注入容量瓶，溶液转移后，应将烧杯沿玻璃棒微微上提，同时使烧杯直立，避免沾在杯口的液滴流到杯外，再将玻璃棒放回烧杯，用洗瓶吹洗烧杯内壁和玻璃棒，洗水全部转移至容量瓶，反复此操作 4～5 次以保证转移完全。以上操作称“定量转移”。定量转移后，加入稀释剂（如水），当加水至约大半瓶时，先将瓶摇动（不能倒立）使溶液初步均匀，接着继续加入水至离刻度线 0.5cm 处，用小滴管逐滴加入蒸馏水至液面与标线相切，盖好瓶塞，用食指压住瓶塞，其余四指握住瓶颈，另一只手（五只手指）将容量瓶托住并反复倒置、摇荡，使溶液完全均匀，此操作称“定容”。

注意：容量瓶不能久储溶液，尤其是碱性溶液，它会腐蚀瓶塞使容量瓶无法打开。所以配好溶液后，应将溶液倒入清洁干净的试剂瓶（该试剂瓶应预先干燥或用少量该溶液淌洗 2～3次）中储存，另外，容量瓶不能用火直接加热及烘烤，使用完毕后，应立即用水冲洗干净。如长期不用，磨口处应洗净擦干，并用纸片将磨口与瓶颈隔开。

3.9.3.3　移液管

移液管用于准确移取一定体积的溶液。通常有两种形状，一种移液管中间有膨大部分，称为胖肚移液管（胖肚吸管），常用的有 5mL、10mL、25mL、50mL 等几种；另一种是直形的，管上有分刻度，称为移液管（刻度吸管）。常用的有 1mL、2mL、5mL、10mL 等多种（如图 3.46）。

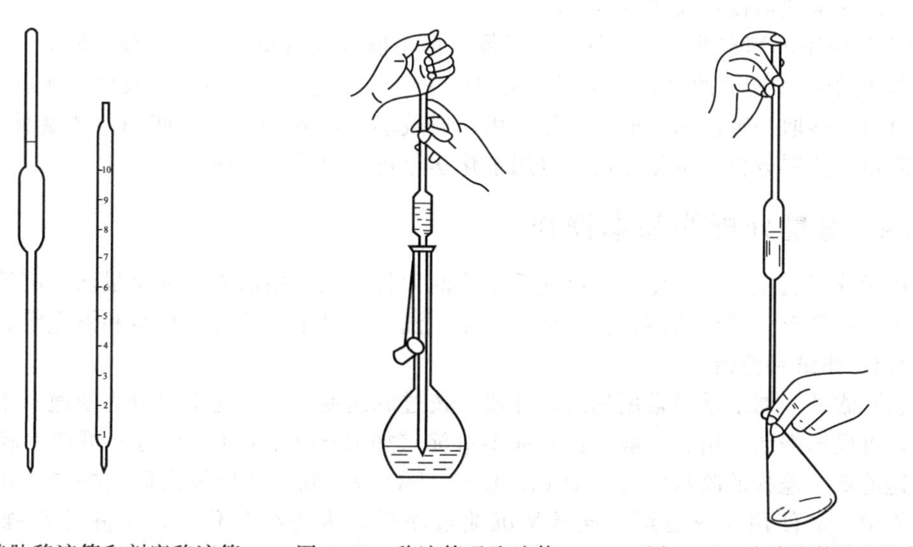

图 3.46　胖肚移液管和刻度移液管　　图 3.47　移液管吸取液体　　图 3.48　从移液管放出液体

移液管使用前应洗至整个内壁和下部的外壁不挂水珠。污染严重的可放入高形玻璃筒或大量筒中用洗液浸泡。使用时，洗净的移液管要用被吸取的溶液洗涤三次，以除去管中残留的水分。为此，可倒少许溶液于一洁净并干燥的小烧杯中，用移液管吸取少量溶液，将管放平转动，使溶液流过管内标线下所有的内壁，然后使管直立将溶液由尖嘴口放出。

吸取溶液时，一般用左手拿吸耳球，右手将移液管插入溶液中吸取（如图 3.47）。当溶液吸至标线以上时，立刻用右手食指按住管口，取出，用滤纸擦干下端，然后稍松食指，使液面平稳下降，直至溶液的弯月面与标线相切，立即按紧食指，将移液管垂直放入接受溶液的容器中，管尖与容器壁接触（如图 3.48），放松食指使溶液自由流出。流完后再等 15s，残留于管尖的液体一般不用吹出，因为在校正移液管时，未将这部分的体积计算在内。移液管使用后，应立即洗净放在移液管架上。

使用刻度吸管时，一般将溶液吸至最上边刻度处，然后将溶液放出至适当刻度，两刻度之差即为放出溶液的体积。

3.9.3.4 滴定分析量具的校正

滴定分析的可靠性依赖于体积的量度，而体积量度的可靠性则取决于刻度是否准确。一般合格的容量仪器可以满足分析工作上的要求，但也有些仪器未能达到要求，对于要求较高的研究工作应对容量仪器进行校正。校正时，或者是对原来刻度的实际体积求出具体的校正值，或者是重新找到真实体积重新刻度。有些情况例如移液管与容量瓶，它们一般都是相互配套使用，所以不需求其绝对校正值而只要求知道它们之间的相对校正关系进行相对校正。

滴定分析实验中最常进行的校正为移液管与容量瓶的相对校正，移液管与容量瓶出厂前虽已经校正，但滴定过程中配合使用时仍需进行相对校正，以免两者的校正有系统误差存在。

（1）移液管与容量瓶的相对校正。相对校正的依据是 25.00mL 移液管量取液体的体积应为 250.00mL 容量瓶量液体体积的 1/10，检查是否正确。操作为用 25.00mL 移液管移取 10 次的水于 250.00mL 容量瓶中，观察水的弯月面是否与容量瓶标线符合，如果不符合，可以另做一标记，使用时以此标记为标线。经校正后，用这支移液管移取一管溶液即是该容量瓶中溶液体积的 1/10。

（2）容量仪器校正操作注意事项。

① 被校正的滴定管和移液管必须干燥（但不能放入烘箱干燥，应自然晾干）。

② 用于校正所需的水，其温度必须与校正时的环境温度一致，不发生变化。

目前，移取一定体积的液体，除使用普通玻璃移液管外，还可使用“微量移液管”，其主要应用于仪器分析、生化分析，也用于化学分析的取样和加液。

3.9.4 重量分析的基本操作

重量分析法主要有气化法和沉淀重量法两大类，最常用的为沉淀重量法。沉淀重量法的基本操作主要有：试样的溶解、沉淀；过滤、洗涤、烘干、灼烧、称量和恒重等。

3.9.4.1 滤纸和滤器

（1）滤纸。滤纸是最常用的过滤介质，按过滤速度不同，滤纸可分为快速、中速和慢速三种，可根据需要选用。一般，微粒晶型沉淀（如 $BaSO_4$、CaC_2O_4 等）可选用较小和紧密的慢速滤纸，蓬松的胶状沉淀（如 $Fe_2O_3 \cdot nH_2O$ 等）则应选用较大而疏松的快速滤纸。定量分析中，常使用无灰滤纸。通常将沉淀过滤后，将滤纸灰化，以消除滤纸强的吸水性影响。

（2）滤器。在使用滤纸时，常需要和适合的滤器配合使用。常用的滤器有普通的玻璃漏斗、布氏漏斗和玻璃坩埚漏斗（如图 3.49）等，其中玻璃坩埚漏斗无需使用滤纸，而是将沉淀或需分离的物质直接过滤在烧结玻璃片上，再在一定温度下烘至恒重即可。根据烧结玻璃片的孔径大小玻璃坩埚漏斗有不同的规格，一般牌号数字越大，孔径越小。

图 3.49　玻璃滤器

3.9.4.2　沉淀

(1) 沉淀剂的加入。加入沉淀剂的浓度、加入量、温度及速度应根据沉淀类型而定。如果是一次加入的，则应沿烧杯内壁或沿玻璃棒加到溶液中，以免溶液溅出。加入沉淀剂时通常是左手用滴管逐滴加入，右手用玻璃棒轻轻搅拌溶液，使沉淀剂不至于局部过浓。

(2) 沉淀的过滤与洗涤。首先根据沉淀的性质选择滤器，若采用玻璃漏斗或布氏漏斗，操作需经以下步骤。

① 滤纸的折叠与安放。滤纸的折叠一般是将滤纸对折，然后再对折（暂不要折固定）成 1/4 圆，放入清洁干燥的漏斗中，如滤纸边缘与漏斗不十分密合，可稍稍改变折叠角度，直至与漏斗密合，再轻按使滤纸第二次的折边折固定，取出成圆锥体的滤纸，把三层厚的外层撕下一角，以便使滤纸紧贴漏斗壁（如图 3.50），撕下的纸角保留备用。

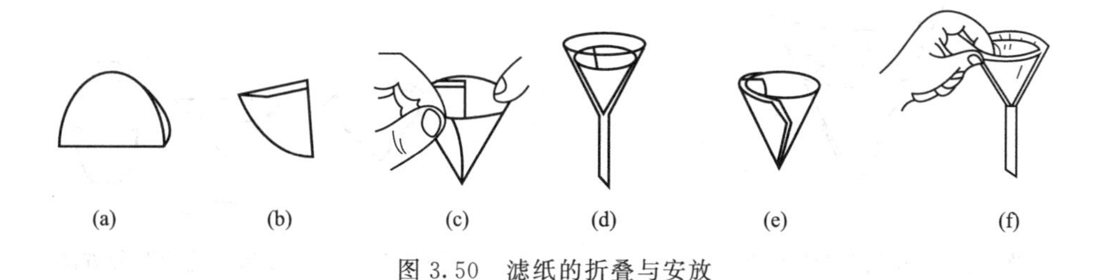

图 3.50　滤纸的折叠与安放

若用布氏漏斗，则要选择与漏斗直径相适合的滤纸，而不需折叠。

把折好的滤纸放入漏斗，三层的一边对应漏斗出口短的一边。用食指按紧，用洗瓶吹入水流将滤纸润湿，轻轻按压滤纸边缘使锥体上部与漏斗密合，但下部留有缝隙，加水至滤纸边缘，此时空隙应全部被水充满，形成水柱，放在漏斗架上备用。

② 沉淀的过滤与洗涤。沉淀的过滤与洗涤一般采用倾注法，即待沉淀沉降后将上层清液沿玻璃棒倾入漏斗内。进而流入接在漏斗下的另一容器内。操作过程中尽可能地让沉淀留在烧杯内，然后加入少量洗涤液（如蒸馏水）洗涤沉淀，充分搅拌沉淀，再按上述操作倾去洗涤液，如此重复三遍以上，即可洗净沉淀。

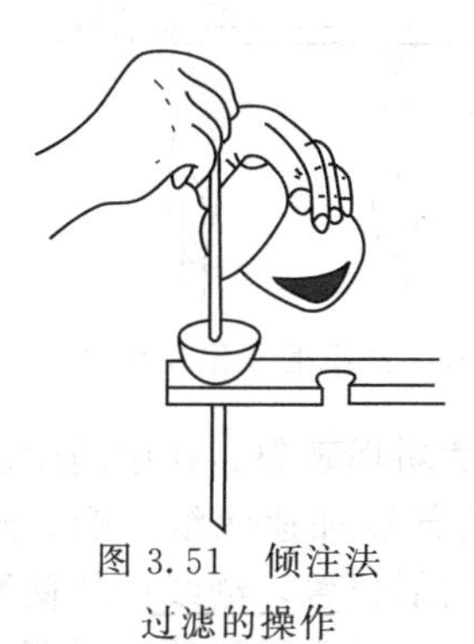

图 3.51　倾注法过滤的操作

操作时，左手拿盛沉淀的烧杯移至漏斗上方，右手将玻璃棒从烧杯中慢慢取出并在烧杯内壁靠一下，使悬在玻璃棒下端的液滴流入烧杯。然后将其垂直立于漏斗之上并紧靠杯嘴，玻璃棒下端对着三层滤纸一边，尽可能靠近但不可接触滤纸。慢慢将烧杯倾斜，使上层清液沿玻璃棒缓缓注入漏斗中。倾入的溶液液面至滤纸边缘约 0.5cm 处，应暂停倾注，以免沉淀因毛细作用越出滤纸边缘，造成损失。当停止倾注时，将烧杯嘴沿玻璃棒慢慢向上提起，使烧杯直立，再将玻璃棒放回烧杯中以免杯嘴处的液滴流失。注意玻璃棒勿靠在杯嘴处，以免烧杯嘴上的少量沉淀黏附在玻璃棒上。倾注法过滤操作如图 3.51 所示。

3.9.4.3　沉淀的转移

经多次倾注洗涤后，再加入少量洗涤液于烧杯中，搅起沉淀，按倾注法过滤的操作方法

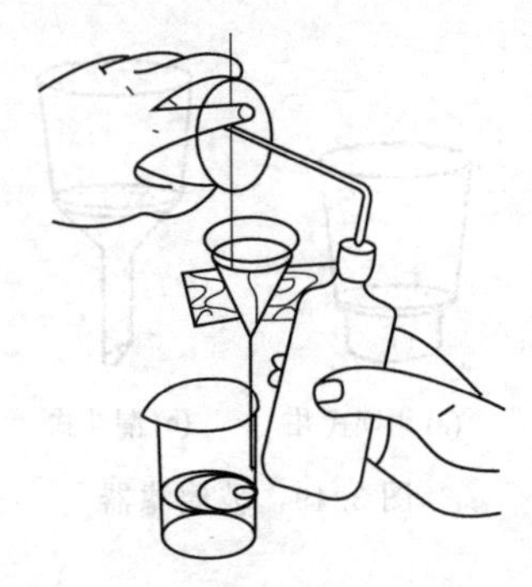
图3.52　冲洗转移沉淀的操作

操作，使沉淀连洗涤液沿玻璃棒转移入漏斗的滤纸上。沾在烧杯壁的沉淀可按图3.52的操作用洗瓶吹洗并移入漏斗中。最后，用在准备滤纸时所撕下的滤纸角擦净杯嘴、玻璃棒，纸角一并置入漏斗。

沉淀全部转移后，继续用洗涤液洗涤沉淀，并使用适当检验方法检验沉淀是否洗涤干净。

3.9.4.4　沉淀的包裹

对无定形沉淀，可用玻璃棒将滤纸四周边缘向内折，把圆锥体的敞口封上（如图3.53）。再用玻璃棒将滤纸包轻轻转动，以便擦净翻斗内壁可能沾有的沉淀，然后将滤纸包取出，倒转过来，尖头向上，安放在坩埚中。

对于晶形沉淀，则可按图3.54的方法包裹后放入坩埚中。

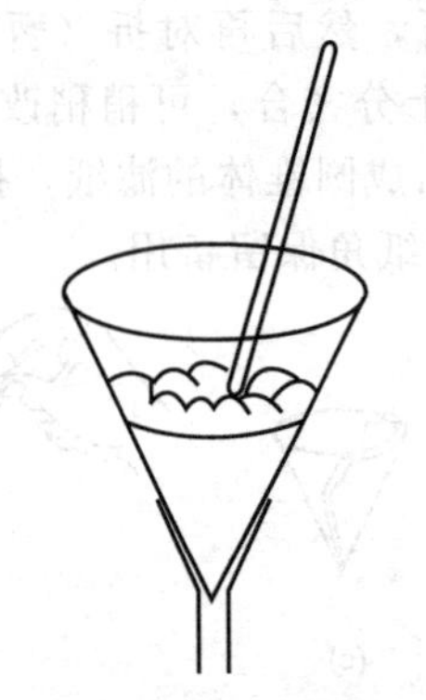
图3.53　胶状沉淀的包裹方法

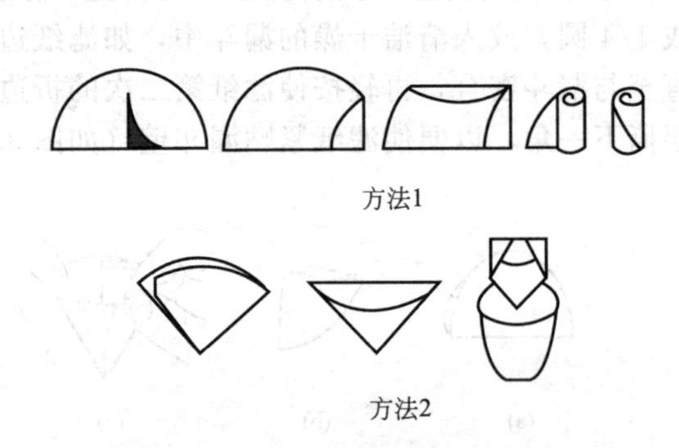

图3.54　包裹晶形沉淀的两种方法

3.9.4.5　沉淀的烘干和灼烧

把包裹好的沉淀放在已恒重的坩埚中，这时滤纸的三层部分应处在上面。将坩埚斜放在泥三角上（如图3.55）。然后再把坩埚盖半掩地倚于坩埚口（如图3.56）。以便利用反射焰将滤纸碳化。

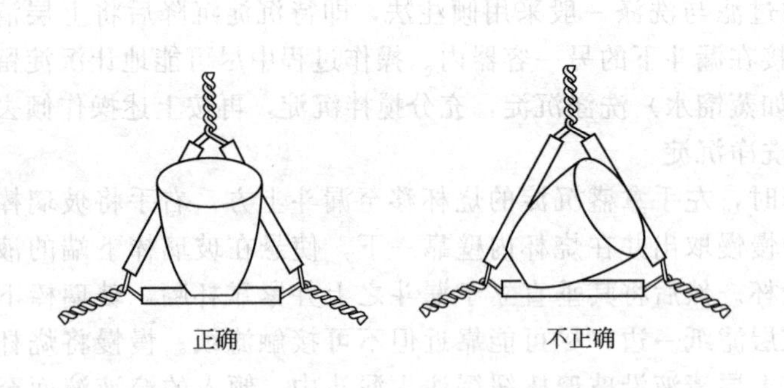

图3.55　瓷坩埚在泥三角上的放置法

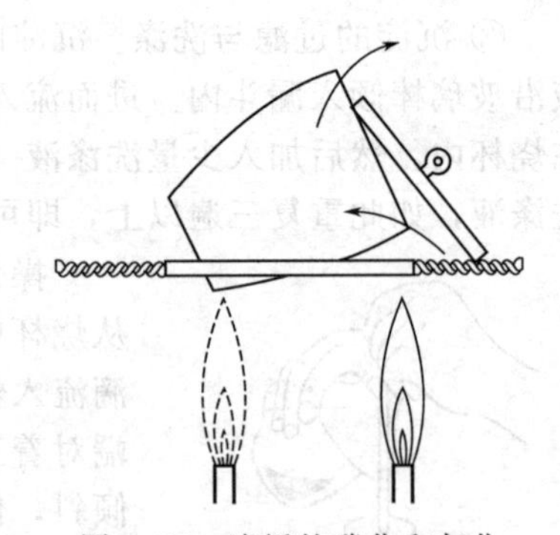
图3.56　滤纸的碳化和灰化

过程中要适当调节火焰温度，当滤纸未干时，温度不宜过高以免坩埚破裂。在中间阶段将火焰放在坩埚盖中心下方，如图3.56，以便热空气反射入坩埚内部以加速滤纸干燥，随后将火焰移至坩埚底部，提高火焰温度使滤纸焦化，最后适当转动坩埚位置，继续加热使滤纸灰化，灰化完全时沉淀应不带黑色。沉淀灼烧完全后，经放至室温，转入干燥器，平衡约30min后再称重，直至恒重。灼烧沉淀的过程也可以在高温电热马弗炉中完成。此时，一般先将沉淀包的滤纸碳化（加热至黑烟冒尽），再置入高温电热马弗炉中灰化。采用何种灼烧技术可视实验室的装备决定，但其原则不变，即若用滤纸过滤，则必须先将滤纸碳化后再加热至无黑色微粒，才将其送入高温炉（也可采用微波炉）灼烧至恒重；而若用玻璃砂芯漏斗进行过滤，则应待沉淀中的溶液抽干，把沾在外壁的水擦干后，再放入电热干燥箱干燥至恒重。

3.9.4.6　沉淀的称量

称量方法与称量空坩埚的方法基本相同，但应尽快完成称量，特别是对灼烧后吸湿性很强的沉淀更应如此。带沉淀的坩埚，其连续两次称量的结果之差在 0.3mg 以内的即可认为它已达恒重。

3.10　化学实验绿色化发展

在人们广泛开展实验室“三废”处理的探索过程中，逐步形成了清洁实验的概念，通过对实验“三废”的集中处理和综合利用，实现对贵金属和试剂的回收以及“三废”的达标排放。随着人们环境保护意识的提高，科学实验（包括实验教学）的环境保护问题越来越被人们重视，可以说，化学实验的绿色化是大势所趋，正不断得到发展。

3.10.1　化学实验绿色化内容

化学实验绿色化建立在绿色化学的内容基础上，首先在实验方案设计和选择上要使化学反应具有原子经济性，最大限度地将实验过程中使用的所有原材料转化为最终产品，不能等废物产生后再进行废物和环境治理；应用和建立催化反应实验技术代替化学计量反应方法进行选择性反应；尽量少用各种辅助实验技术，如化学合成实验中保护和脱保护等化学衍生技术；尽可能避免使用各种辅助物质，如溶剂、洗涤剂等；使用和设计合成对人和环境安全的物质，不使用有毒的化学试剂，注意避免使用期间和化学反应过程中所发生的化学试剂挥发、爆炸和燃烧等现象；化学实验要使用可再生原材料，所合成的产品应具有可降解为无害物质的特性。实验规模方面实施微型化化学实验，即化学试剂用量少可大大减少实验后所需要处理的化学废物。

3.10.2　化学实验绿色化技术

现有的绿色化学实验内容的发展状况还不能替代通常的化学反应实验，目前的化学实验内容应着重选择和考虑具有环境经济行为的反应，特别是降低有毒有污染试剂的使用量，减少废物排放和处理量。微型化学实验是重要的发展方向，微型化学实验的化学试剂用量通常选择在 1g 量级以下，由于化学试剂用量为常规实验用量的几分之一至几十分之一，对微型化学实验的基本操作、技术和仪器设施都有一定的规范和要求。一般合成实验的称量允许误差为 1%左右，对固体化学试剂的称量需使用 0.001g 或 0.0001g 的电子分析天平；对于液体化学试剂，常用微量移液管或微量注射器计量液体的体积，计量规格有 10mL、5mL、2mL、1mL、0.5mL，计量误差约 5%。微型化学实验除了称量上的要求外，在蒸馏、过滤、洗涤、重结晶、萃取等基本操作技术上，与常规实验有一定的区别。

随着实验方法的不断发展，许多满足微型化学实验的方法和技术在不断建立以满足实验教学需求。化学反应的原子经济性实验方法在相继建立，环加成反应、重排反应等许多反应的原子利用率能达到 100%。微波、光、声、过渡金属和沸石分子筛等环境友好催化剂催化、固相合成、无溶剂合成、离子液体和超临界液体等绿色溶剂、生物和仿生催化等合成技术和一些原子经济性方法，已经在化学实验教学中逐步得到应用。

3.10.3 化学实验绿色化发展前景

绿色化学体现了化学发展的环境经济性，具有可持续发展的重要性，1995年美国宣布建立“绿色化学挑战计划”并设立“总统绿色化学挑战奖”，于每年颁发。目前绿色化学的发展面临三大挑战，一是研究开发替代原料，减少日益枯竭原料的使用，使用可再生资源，如利用CO_2制造化学品来保全石油开采量。二是研究开发替代溶剂，由于现有的有机溶剂污染严重，继而超临界流体和离子液体的研发是发展方向，如较适宜的超临界流体CO_2的应用表现出优异特性。三是研究开发新型催化剂，设计具有有选择性和分子识别特性的催化剂，特别是生物酶催化剂在化学合成实验中的运用。所以绿色化学实验技术将成为21世纪化学实验研究的通行证。

参考文献

1 复旦大学等编．物理化学实验．北京：人民教育出版社，1979
2 [德]H. 贝克尔等著．有机化学实验基础．四川大学有机化学室译．北京：高等教育出版社，1984
3 北京大学化学系物理化学教研室．物理化学实验．北京：北京大学出版社，1985
4 许遵乐，刘汉标．有机化学实验．广州：中山大学出版社，1988
5 兰州大学，复旦大学有机教研室编．有机化学实验．北京：高等教育出版社，1999
6 奚关根，赵长宪，高建宝．有机化学实验．上海：华东理工大学出版社，1999
7 崔献英，柯燕雄，单绍纯著．物理化学实验．合肥：中国科技大学出版社，2000
8 武汉大学化学与环境科学学院．物理化学实验．武汉：武汉大学出版社，2000
9 北京大学有机化学研究所编，有机化学实验．北京：北京大学出版社，2002
10 陈大勇，高永煜编．物理化学实验．上海：华东理工大学出版社，2002
11 四川大学化工学院．物理化学实验．成都：四川大学出版社，2004
12 金丽萍，邬时清，陈大勇编．物理化学实验．上海：华东理工大学出版社，2005
13 孙尔康，徐维清，邱金恒编．物理化学实验．南京：南京大学出版社，2005
14 南京理工大学无机化学教研室编．无机化学实验．南京：南京理工大学，2000
15 李铭岫．无机化学实验．北京：北京理工大学出版社，2002
16 袁书玉．无机化学实验．北京：清华大学出版社，1996
17 徐莉英．无机及分析化学实验．上海：上海交通大学出版社，2004
18 侯振雨．无机及分析化学实验．北京：化学工业出版社，2004
19 陈秉倪，朱志良等．普通无机化学实验（第二版）．上海：同济大学出版社，2000
20 史启祯，肖新亮．无机化学与化学分析实验．北京：高等教育出版社，1995

第4章　常用化学文献和网络资源

在信息时代，查阅文献资料，尤其是从网络上检索获取信息，和我们每个人的学习生活密切相关，可以说是必需的生存能力之一。学习文献检索方法，对于掌握获取知识的方法、培养我们的自主学习能力和启迪科学创新精神极为重要。因此，了解化学文献和网络资源及其检索方法是我们进入化学实验室之前必备的基础知识之一。

化学文献是人类从事与化学相关领域的科学实验、生产实践等的记录和总结，是人类化学知识的宝库和重要资源。传统上的文献主要指印刷的期刊、图书、专利、报告、会议记录、学位论文、政府报告、标准文献、产品数据和文摘索引等。随着科技发展，尤其是计算机和网络的普及，文献数量呈爆炸式增长，数字化、多媒体等，类型复杂；网络化、在线出版等，形式多样，可以说我们生活在数字化世界，信息千变万化，文献浩如烟海。

为了便于学习，本章主要结合国内图书馆目前馆藏图书和已订购的电子数据库资源，简单介绍常用的化学文献和网络资源及其初步的检索方法。限于篇幅，除美国化学文摘光盘版（CA on CD）外，其他大型工具书不作详细介绍。

4.1　工具书简介

《化学化工工具书指南》一书详细介绍了各类工具书524种，且对《美国化学文摘》、《CRC化学和物理手册》、《盖墨林无机和金属有机化学手册》、《贝尔斯坦有机化学手册》、《乌尔曼工业化学百科全书》等作了重点介绍，并有翔实的例子说明检索方法、应用范围等。我们选取其中一些书目供大家参考，具体内容请读者查阅《化学化工工具书指南》。

4.1.1　化学化工综合性工具书

(1)《美国化学文摘》，Chemical Abstracts，简称“CA”，是世界最大的化学文摘库，也是目前世界上应用最广、最为重要的化学、化工及相关学科的检索工具。

CA创刊于1907年，由美国化学协会化学文摘社（CAS of ACS，Chemical Abstracts Service of American Chemical Society）编辑出版，被誉为“打开世界化学化工文献的钥匙”。CA除了印刷版，还有联机数据库、网络版和光盘版。Scifinder Scholar是CA最强大的网络检索工具。CA报道的内容几乎涉及了化学家感兴趣的所有领域，除包括无机化学、有机化学、分析化学、物理化学、高分子化学外，还包括冶金学、地球化学、药物学、毒物学、环境化学、生物学以及物理学等诸多学科领域。

CA特点如下所述。①收藏信息量大。CA年报道量最大，物质信息也最为丰富。②收录范围广。期刊收录多达9000余种，另外还包括来自47个国家和3个国际性专利组织的专利说明书、评论、技术报告、专题论文、会议录、讨论会文集等，涉及世界200多个国家和地区60多种文字的文献。到目前为止，CA已收文献量占全世界化工化学总文献量的98%。③索引完备、检索途径多。CA的检索途径非常多，共有十多种索引内容，用户可根据手头线索，利用这些索引查到所需资料。④报道迅速。自1975年第83卷起，CA的全部文摘和索引采用计算机编排，报道时差从11个月缩短到3个月，美国国内的期刊及多数英文书刊在CA中当月就能报道。网络版Scifinder更使用户可以查询到当天的最新记录。CA的联机数据库可为读者提供机检手段进行检索，大大提高了检索效率。CA网络版——Scifinder，CAS的这一获奖的研究工具，让你轻点鼠标就可进入全世界最大的化学信息数据库CAPLUS®。有了Scifinder，你可以从世界各地的数百万的专利和科研文章中获取最新的技术和信息。

(2)《中国化学化工文摘》，中国化工信息中心，月刊，1982-。

(3)《简明化学化工词典》，Concise Chemical & Technical Dictionary，H. Bennett；Chemical Publishing Co. 4th enlarged ed. 1986。

(4)《乌尔曼工业化学百科全书》，Ullmann's Encyclopedia of Industrial Chemistry；W. Gerhartz；VCH；5th completely rev. ed.；1985-。

(5)《默克索引》，The Merck Index(An Encylclopedia of Chemicals，Drugs and Biologicals)；S. Budavari；Merck；11th ed.；1989. 有光盘版和网络版。

(6)《化合物命名词典》，王宝瑄编著，上海辞书出版社，1992.12。

(7)《兰氏化学手册》，Lange's Handbook of Chemistry. J. A. Dean. McGraw-Hill，15th ed. 1999。

(8)《化学反应大全》，Encyclopedia of Chemical Reaction，C. A. Jacobson，1946-。

4.1.2 无机化学工具书

(1)《盖墨林无机和有机金属化学手册》，Gmelin Handbook of Inorganic and Organometallic Chemistry，8th edition，Springer-Verlag，1924-，有网络版，通过Crossfire Beilstein/Gmelin检索。

Beilstein和Gmelin为当今世界上最庞大和享有盛誉的化合物数值与事实数据库。Beilstein/Gmelin Crossfire数据库以电子方式提供包含可供检索的化学结构和化学反应、相关的化学和物理性质，以及详细的药理学和生态学数据在内的最全面的信息资源。目前这两套数据库约有超过七百万种有机化合物、一百万种无机和有机金属化合物、一万四千种玻璃和陶瓷、三千两百种矿物和五万五千种合金。收录的资料有分子的结构、物理化学性质、制备方法、生物活性、化学反应和参考文献来源，最早的文献可回溯到1771年。其中收录的性质数值资料达三千万条，化学反应超过五百万种。数据库提供多途径检索的方式，可用化合物的全结构或部分结构进行检索，也可以文字或数值进行分子性质检索，功能强大。

Gmelin Institute收集有机金属与无机化合物的资料，而Beilstein Institute收集有机化合物的资料。许多图书馆都订有印刷本贝尔斯坦有机化学手册（Beilstein Handbuch der Organische Chemie）及盖墨林无机与有机金属化学手册（Gmelin Handbook of Inorganic and Organometallic Chemistry），这两部工具书有一百多年的出版历史，是化学、化工领域最重要的参考工具。1951年开始出版的第五次修订版的Beilstein，除了囊括过去的资料外，还自原始期刊摘录数值事实资料，到目前为止已出版近500册，每年还以14～18册的速度增加。盖墨林目前是第八版，已出版700余册，每年还以10～20册的速度增加。

(2)《无机和理论化学总论》，Comprehensive Treatises on Inorganic and Theoretical Chemistry. J. W. Mellor. Longmans. 1922～1937。

(3)《无机化学大全》，Encyclopedia of Inorganic Chemistry. R. B. King. John Wiley，1994。

(4)《无机化学全书》，柴田雄次，丸善株式会社，出版于20世纪40～70年代。

(5)《重要无机化学反应》，陈寿椿，上海科学技术出版社，1982。

4.1.3 有机化学工具书

（1）《贝尔斯坦有机化学手册》，Beilstein' s Handbuch Organischen Chemie，1881-，已经有网络版，通过 Crossfire Belstein/Gmelin 检索。

（2）《有机化合物光谱资料和物理常数汇集》，Atlas of Spectral Data and Physical Constants for Organic Compounds. J. G. Grasselli. CRC Press. 2nd ed，1975。

（3）《有机化学大全》，Comprehensive Organic Chemistry. The Synthesis and Reactions of Organic Compounds. Derek Barton，W. D. Ollis. Pergamon Press. 1979。

（4）《有机合成大全》，Comprehesive Organic Synthesis. Selectivity，Strategy & Efficiency in Modern Organic Chemistry. Barry M Trost. Pergamon Press. 1991。

（5）《有机合成》，Organic Syntheses，Wiley，1921-，对应的《有机合成》网络版：http://www.orgsyn.org/免费检索。

（6）《有机反应》，Organic Reaction，W. G. Dauben，Wiley，1942-。

（7）《有机合成试剂》，Reagents for Organic Synthesis. fieser，N. & fieser L. F.，Wiley，1967-。

（8）《有机化学方法》，Methoden der Organischen Chemie（Houben-Weyl），E. Meller，ed.，Georg Thomas Verlag，Stuttgart，4th，1952-。

（9）《有机化学合成方法》，Synthetic Methods of Organic Chemistry，W. Theiheimer. Interscience，1948-。

（10）《实用有机化学手册》，李述文，上海科学技术出版社，1981。

（11）《有机化学实验常用数据手册》，吕俊民，大连工学院出版社，1987。

4.1.4 物理化学工具书

（1）《CRC 化学和物理手册》，CRC Handbook of Chemistry and Physics，CRC Press Inc.，英文版，1913 年出第 1 版，由 R. C. Weast 主编，以后逐年修订出版，内容不断更新，2006 年已出第 87 版，现由 David R. Lide 主编。该书内容丰富，查阅方便，不仅提供了化学和物理方面的重要数据，还提供了大量科学研究和实验室工作所需要的知识，是应用最广的一本手册。

（2）《IUPAC 化学数据集》IUPAC Chemical Data Series，Pergamon Press。

（3）《物理化学简明手册》，印永嘉主编，高等教育出版社，1988。

（4）《朗多尔特-博恩施泰因》，Landolt-Boernstein，（LB），1950-。

4.1.5 分析化学工具书

（1）《分析化学大全》，Treatises on Analytical Chemistry，I. M. Kolthoff，P. J. Elving，Wiley，2nd ed.，1978。

（2）《分析化学词典》，Dictionary of Analytical Chemistry，R. Kumar，S. Anand，Annol Publication，1990。

（3）《分析工作者必备》，Analytical Taschenbuch，H. Kimitz，R. Bock，Spring-Verlag，1980～1983。

（4）《CRC 有机化合物光谱图表集和物理常数表》，CRC Atlas of Spectral Data and Physical Contents for Organic Compounds，J. G. Grasselli，CRC Press，2nd ed.，1975。

（5）《Aldrich 红外光谱图集》，The Aldrich Library of Infrared Spectra，J. C. Pouchert，Aldrich，1970。

(6)《Aldrich 核磁共振光谱图集》，The Aldrich Library of NMR Spectra，J. C. Pouchert，Aldrich，2nd ed.，1983。

(7)《Wiley/NBS 质谱数据大全》，The Wiley/NBS Registry of Mass Spectral Data，F. W. Melaffertv，D. B. Stauffer，Wliey，1989。

(8)《简明分析化学手册》，常文保，李志安编，北京大学出版社，1981. 10。

4.1.6 CA on CD 光盘数据库

CA on CD 光盘数据库的文摘内容对应于纸质印刷版《化学文摘》，本节介绍 CA on CD 化学文摘光盘数据库的使用方法。

假设在你的计算机上已经安装客户端程序，点击开始→ 程序→ CA on CD，CA on CD 即可进入数据库检索。

4.1.6.1 检索途径和方法

以 CA on CD 2001 为例说明使用方法。

CA on CD 提供 4 种基本检索途径（图 4.1）如下所述。

① 索引浏览式检索（Index Browse）。

② 词条检索（Word Search）。

③ 化学物质等级名称检索（Substance Hierarchy）。

④ 分子式检索（Formula Hierarchy）。

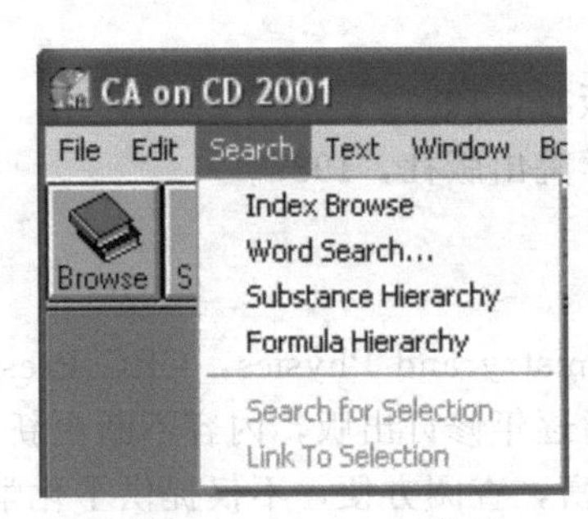

图 4.1 CA on CD 提供 4 种基本检索途径

(1) 索引浏览式检索（Index Browse）(如图 4.1 和图 4.2 所示）。

① 在检索菜单窗口，用鼠标点击 Browse 命令或在 Search 命令菜单中选择 Browse 命令，即可进入索引浏览格式检索。

② 窗口中 Index 字段的缺省值为 Word。用户可点击索引框中的箭头拉开索引菜单，选择所需索引字段。索引字段有 Word（自由词，包括出现在文献题目、文摘、关键词表、普通主题等中所有可检索词汇）、CAS RN（CAS 登记号）、Author（作者及发明者姓名）、General Subject（普通主题）、Patent Number（专利号）、Formula（分子式）、Compound（化合物名称）、CAN（CA 文摘号）、Organization（组织机构、团体作者、专利局）、Journal（刊物名称）、Language（原始文献的语种）、Year（文摘出版年份）、Document Type（文献类型）、CA Section（CA 分类）、Update（文献更新时间或书本式《CA》的卷、期号）。

③ 输入检索词的前几个字符或用鼠标键滚动屏幕，将光标定位于所选检索词处。

④ 点击 Search 键或回车，开始检索。

在索引浏览窗口，可用 Edit/Copy 和 Edit/Paste 联合，将选定的索引条目转移到词条检索窗口来进行检索。

(2) 词条检索（Word Search)(如图 4.2 所示）。

检索：以 Glucose 为例

用逻辑组配方式将检索词、词组、数据、专利号等结合起来进行检索。

① 点击 Search 键或在 Search 命令菜单中选择 Word Search 命令。

② 在屏幕中部的检索词输入方框中输入检索词“Glucose”(词间可用逻辑组配)。

③ 在右边字段设定方框中选定相应检索词的字段。缺省值为“Word”，左边选项方框中选择词间的关系组配符。此处缺省值“and”。

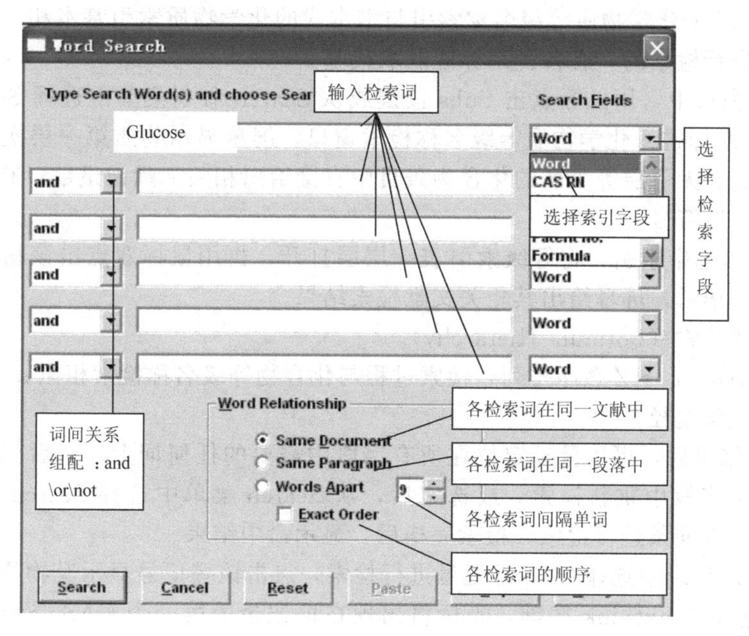

图 4.2　词条检索

④ 设定各检索词在文献记录中的位置关系（同一文献，同一字段或间隔单词数等）。

⑤ 用鼠标点击 Search 键，开始检索。检索完毕后，屏幕出现检索结果，显示检中的文献题目（图 4.3）。

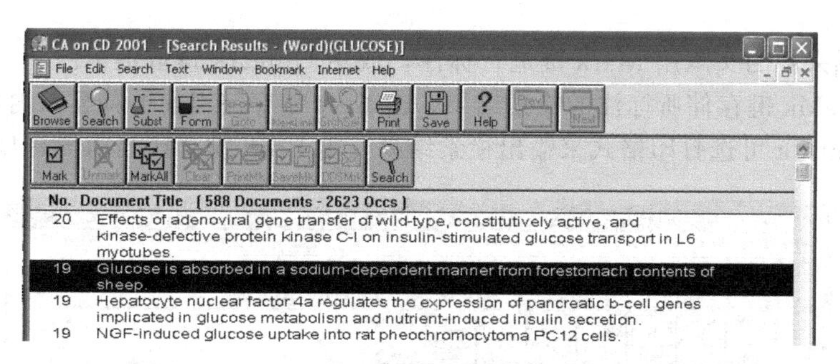

图 4.3　检索结果

⑥ 注意：对检索词的输入，系统允许使用代字符“?”及截词符“ * ”。每一个“?”代表一个字符，如：Base? 代表检索词可为 Bases 或 Based，“ * ”符号表示单词前方一致。另外，还可以输入 or 组配符连接而成的简单检索式，如：strength or toughness。

(3) 化学物质等级名称检索（Substance Hierarchy)(如图 4.4 所示)。

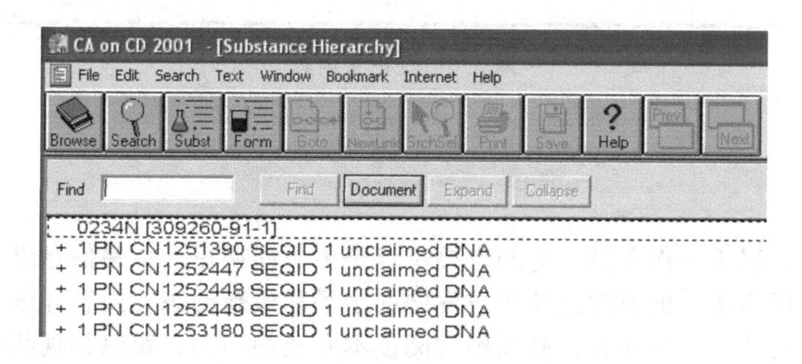

图 4.4　化学物质等级名称检索

"CA on CD"的化学物质等级名称索引与书本式的化学物质索引基本相同，是按化学物质的母体名称进行检索的，有各种副标题及取代基。

① 在检索窗口中，用鼠标点击 Subs 按键或从 Search 命令菜单中选择 Substance Hierarchy 命令，系统即进入化学物质等级名称检索窗口，屏幕显示物质第一层次名即母体化合物名称索引正文。无下层等级名的化合物条目中直接给出相关文献记录数；有下层名称的物质前则出现"+"符号。

② 用户双击选中索引，将等级索引表一层层打开，再用鼠标双点击该物质条目即可进行检索。检索完毕后，屏幕给出其相关文献检索结果。

(4) 分子式检索 (Formula Hierarchy)。

分子式索引由 A→Z 顺序排列，检索过程与化合物等级名称检索相似。

(5) 其他检索途径。

① 在显示结果后，可用鼠标定位在所有字段中需要的任何词上，然后双击，系统会对所选词在所属的字段中重新检索。或选定后，从 Search 菜单中选择 Search for election 命令，系统即对所选词条进行检索，检索完毕后，显示命中结果。

② 如果想从记录中选择 CAS 登记号进行检索，点击该登记号显示其物质记录，或在记录显示窗口，点击 NextLink 按键，光标将出现在该记录的第一个 CAS 登记号处，再点击 NextLink 键，光标将移到下一个 CAS 登记号，用 GotoLink 来显示其物质记录，可在物质记录中点击 CA 索引名称查询该物质名称的文献。

4.1.6.2 检索结果显示

① 双击选中的文献题目（如图 4.3 的 19 号文献），可得到全记录内容（如图 4.5 所示）。

② 可对感兴趣的文献用 Mark 键进行标注，或用 Unmark 键取消标注。

③ 击 SaveMk 键存储所标注的检索结果，击 Save 键存储当前屏幕显示内容。

④ 击 PrintMk 可选打印格式来输出检索结果，击 Print 键打印当前屏幕显示内容。

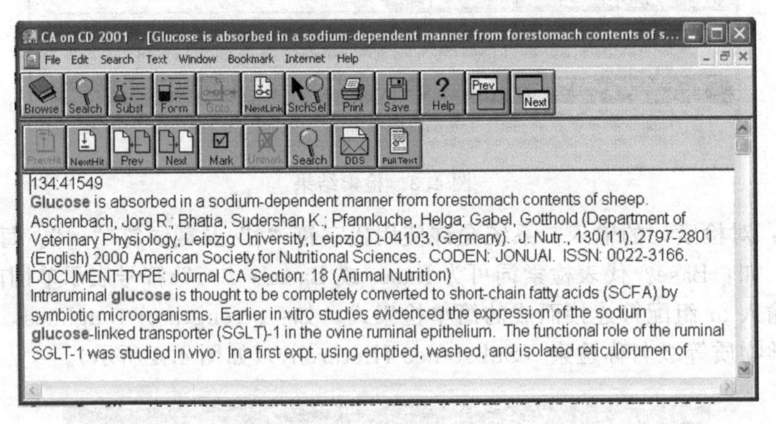

图 4.5 全记录内容

4.2 期刊

期刊即杂志，属于一次文献。它的主要特点是出版周期短、传递信息迅速，尤其是目前大多数期刊都有网络版，能及时反映科技发展的水平和最新动态，内容详细，具有重要参考价值。因此对于科技工作者而言，必须经常阅读本专业的期刊，跟踪其现状和发展动向，避免重复劳动。

国内期刊数量到 2007 年 5 月 21 日为止已经增长到 9468 种，“数字化”正在叩响世界期刊业发展的大门。全世界许多杂志都正在向数字化方向提供内容、技术和服务，一些期刊公司也正在组织适应网络的新型企业架构。美国国际数据集团（IDG）董事长帕特里克麦戈文说，集团目前收入的 35%来自于网络在线服务，到 2010 年，预计其收入的 50%将来自于网络在线服务。

“数字化”正不断影响到我们的教学、科研和生活方式，也影响到人们阅读期刊的方式。目前读者已经可以方便地从网上浏览“数字化”期刊，这里参考美国化学文摘的核心期刊表和其他参考文献，介绍一些重要的化学化工专业期刊，同时也给出了对应的网址。

4.2.1 化学化工综合性期刊

（1）化学学报，中国化学会编辑，是我国创刊最早（1933-）的化学学术期刊，在国内外读者中享有较高的声誉。http://sioc-journal.cn/hxxb/cn/gywm_zzjs.asp

（2）化学通报，中国化学会编辑，中国化学会、中国科学院化学所联合主办，以大专以上化学化工工作者为主要读者对象，以反映国内外化学及交叉学科的进展，介绍新的知识和技术，报道最新科技成果为报道宗旨，为我国现代化建设服务。主要栏目：进展评述、知识介绍、研究快报、获奖介绍、化学史、信息服务。http://www.hxtb.org/

（3）高等学校化学学报，中华人民共和国教育部委托吉林大学和南开大学主办，报道化学学科及其交叉学科、新兴学科等领域中新开展的基础研究、应用研究和开发研究中取得的最新研究成果。坚持以新、快、高为办刊特色，载文学科覆盖面广，信息量大，学术水平高，创新性强。http://gdxxhxxb.periodicals.net.cn/default.html

（4）应用化学，报道化学学科有应用前景的基础研究、边缘学科和结合生产实际的创造性科研成果，在科学研究和应用之间起桥梁作用。http://yyhx.periodicals.net.cn/default.html

（5）美国化学会会志（Journal of the American Chemical Society），1879 年创刊，初系半月刊，从 1967 年（第 89 卷）起改为双月刊。是世界各国摘引最广的刊物之一。主要发表化学领域各方面的原始论文与研究简讯，包括普通化学、物理化学、无机与有机化学、生物化学及高分子化学等方面的内容。http://pubs.acs.org/journals/jacsat/index.html

（6）化学（Chemistry），1927 年创刊，原名称“Chemistry Leaflet”1944 年（第十八卷）改为现名。月刊。美国化学会出版，主要刊载化学进展方面的短文与消息。

（7）化学评论（Chemical Reviews），1944-，双月刊，美国化学会出版社。主要刊载化学领域方面的评论性文章，以及关于普通化学、物理化学、无机与有机化学及高分子化学等理论方面最近研究成果的综述。http://pubs.acs.org/journals/chreay/index.html

（8）化学会评论（Chemistry Society Reviews），1972-，季刊，英国化学会出版，主要刊载化学理论与技术问题，以及化学进展方面的研究论述。http://www.rsc.org/Publishing/Journals/cs/index.asp

（9）化学会志 Dalton 汇刊（Journal of the Chemical Society，Dalton Transactions），1972-，半月刊，英国化学会出版。其前身为“J. of the Chemical Society (of London)”(1849～1865）及“J. of the Chemical Society—A Inorganic，Physical and Theoretical”(1966～1971）。主要刊载无机化合物的结构与反应问题，以及物理化学技术再无机与有机金属化合物研究上的应用，包括无机反应与平衡的动力学与历程及无机化合物光谱学与结晶学

研究等。http://www.rsc.org/is/journals/current/dalton/dappub.htm

(10) 纯粹与应用化学 (Pure & Applied Chemistry), 1960-, 不定期, 为《国际纯粹与应用化学联合会机关刊物》, Pergamon 出版。主要刊载再该会及其分支机构各种会议上提出的报告、论文与特邀讲演, 也包括该会所属命名、符号及标准分析程序等。http://www.iupac.org/publications/pac/index.html

(11) 化学学报 (Chemische Berichte), 1868-, 月刊。联邦德国化学家学会, Verlag Chemie 出版。主要发表化学各领域原始学术报告, 偏重于物理化学、有机化学、无机化学等方面研究。均附有英文摘要。http://www3.interscience.wiley.com/cgi-bin/jhome/112230158

(12) 化学纪事 (Annals de Chemie)(法文), 1914-, 主要刊载有机与无机化学、物理化学、分析化学及生物化学等方面的研究论文。http://www.elsevier.com/locate/anncsm

(13) 印度化学会会志 (Journal of the Indian Chemical Society), 1924-, 月刊, 印度化学会刊。主要刊载印度化学家关于有机化学与无机化学、生物化学、物理化学与分析化学、工业化学、化学工程等各方面原始研究论文。http://journalseek.net/cgi-bin/journalseek/journalsearch.cgi? field=issn&query=0019-4522

(14) 应用化学 (附化学与技术新闻)(Angewandte Chemie, mit Nachrichten aus Chemie und Technik), 1888-, 半月刊。联邦德国化学家协会编辑。专门刊载理论与应用化学, 包括有机、无机与生物化学的发展, 化学分析与试验研究, 以及核子反应与化学工艺学等方面的论述。副刊化学与技术新闻, 刊载化学与化工方面的消息、学会动态、新书新刊介绍等。http://www3.interscience.wiley.com/cgi-bin/jhome/40002873

(15) 应用化学 (Angewandte Chemie)(英文版), 1962-, 月刊。联邦德国化学家协会编辑。此刊文章译自上面的德文版。http://www3.interscience.wiley.com/cgi-bin/jhome/26737

4.2.2 无机化学期刊

(1) 无机化学学报, 中国化学会主办。涉及固体无机化学、配位化学、无机材料化学、催化等, 着重研究新的和已知化合物的合成、热力学、动力学性质、谱学、结构和成键等。http://wjhxxb.periodicals.net.cn/default.html

(2) 无机化学 (Inorganic Chemistry), 1962-, 初为双月刊, 后改月刊, 美国化学会出版社。http://pubs.acs.org/journals/inocaj/index.html

4.2.3 有机化学期刊

(1) 有机化学, 本刊是由中国化学会主办、中国科学院上海有机化学研究所承办, 集中反映有机化学界的最新科研成果、研究动态以及发展趋势的学术性刊物, 主要刊登有机化学领域基础研究和应用基础研究的原始性研究成果。http://yjhx.periodicals.net.cn/default.html

(2) 有机化学杂志 (The Journal of Organic Chemistry), 1936-, 初为月刊, 1971 年改双周刊, 美国化学会出版。http://pubs.acs.org/journals/joceah/index.html

(3) 四面体 (Tetrahedron, The International Journal of Organic Chemistry)(英、法、德文), 1957 年, 初为月刊, 1968 年改为半月刊。封面为一小刊名"迅速发表有机化学方面深刻评论与原始研究通讯的国际性杂志", Pergamon 出版。主要发表有机化学各方面最新实验与理论研究论文, 着重于有机反应、天然产物、反应机理等。http://www.sciencedirect.com/science/journal/00404020

4.2.4　物理化学期刊

（1）物理化学学报，报道物理化学领域基础和应用研究论文，面向化学专业高年级大学生、研究生和从事物理化学领域研究的科研人员。以促进学术交流和发展为己任，力图为物理化学领域的工作者提供一个交流的精神园地。http：// wlhxxb. periodicals. net. cn/default. html

（2）物理化学杂志（The Journal of Physical Chemistry）（美），1896-，原为月刊，1970 年（74 卷）起，改双周刊。美国化学会出版。http：// pubs. acs. org/journals/jpcbfk/index. html

（3）催化杂志（Journal of Catalysis）（美），1962-，原系双月刊-月刊，1975 年（36 卷）起，改为每年出 13 期。Academic 出版。http：// www. sciencedirect. com/science/journal/00219517

（4）国际量子化学杂志（International Journal of Quantum Chemistry）（英、法、德文）（美），1969-。http：// www. interscience. wiley. com/jpages/0020-7608/

4.2.5　分析化学期刊

（1）分析化学，中国化学会和中国科学院长春应用化学研究所共同主办。主要报道我国分析化学创新性研究成果，反映国内外分析化学学科前沿和进展。本刊旨在为冶金、地质、化工、材料、农业、食品、药物、环境等领域从事研究测试的科技人员及高等院校相关专业的广大师生提供最新的分析化学的理论、方法和研究进展，促进学术交流和科技进步，为国家的经济建设服务。http：// fxhx. periodicals. net. cn/default. html

（2）分析化学（Analytical Chemistry）（美），1929 年创刊，原称“Industrial and Engieening Chemistry，Analytical Edition”，从 1947 年（第十九卷）起改为现名。月刊。美国化学会出版。主要刊载分析化学理论与应用方面研究论文、札记与简讯，涉及化学分析、物理与机械试验、有色金属等。另有新仪表、新器械与其他实验设备以及新化学品、新产品等新闻报道。每年 4 月、8 月有增刊：4 月份出《分析化学评论》特辑，8 月份出《实验室指南》。http：// pubs. acs. org/journals/ancham/index. html

（3）微量化学杂志（Microchemical Journal）（美），1957 年创刊。季刊。Academic 出版。主要发表涉及无机、有机、生化、临床与物理化学等不同部门中、小标度操作的研究性文章。论题包括制备、分离、提纯、检测、测定、痕量检测及各种类型的仪器应用等，另有书评专栏。http：// www. elsevier. com/locate/microc

（4）化验师（The Analyst）（美），1877 年创刊。月刊。小刊名为《化学会分析杂志》，是涉及分析化学一切分支的国际性刊物。http：// www. rsc. org/Publishing/Journals/an/

4.3　Internet 上的化学化工资源

Internet 上可提供的化学化工资料不计其数，要进行检索，首先要了解有哪些主题及服务形式以及它们的网址，这些内容可由网上的资源指南或虚拟图书馆（World Wide Web Virtual Library）中获得，它们不仅分布广泛、数量巨大且具有高度动态变化的特点，要充分利用 Internet 化学化工资源对初学者是不是一件容易的事情，即便对于有一定经验的教师和科研工作者也具有挑战性。本节作者结合自己的教学与科研工作体会，向读者推荐一本书、介绍一个专业门户网站并列举几个自己常用的免费化学化工网站，特别是对于化合物的物性数据、图谱检索、合成方法和安全技术等与基础化学实验密切相关的网站，并简单介绍其检索方法，但大型商用和收费的网络数据库例如：美国化学文摘、贝尔斯坦（Beilstein）有机化学手册和 Gmelin 无机化学手册等则不在此介绍。要真正掌握在网上检索化学化工文献的技巧，主要靠自己经常上网实践，并结合自身特点和兴趣不断积累经验。

4.3.1　一本书

建议有条件的读者阅读《Internet 上的化学化工资源》一书，它可以快速引导你进入网上化学化工世界。本书由李晓霞和郭力编著，2000 年由科学出版社出版，为《计算机化学化工丛书》之一。该书面向对 Internet 化学化工资源感兴趣的广大读者，除介绍获取 Internet 化学化工资源的通用方法搜索引擎，重点介绍专门帮助获取 Internet 化学化工资源的资源导航系统以及近来出现的集中提供综合性化学化工信息服务的虚拟社区。作为本书的主要内容，系统介绍了 Internet 上与化学化工有关的数据库、软件、期刊、图书、会议信息、讨论组和新闻组、新闻、专利、公司及网上贸易、学会及组织、教育等资源。该书共分为 14 章，其详细目录等信息可在网上查询。

4.3.2　一个专业门户网站

由于网络信息的动态变化特性，我们不可能也没有时间和精力每天跟踪资源更新和变化，较好的办法是借助于专业的门户网站。例如：化学学科信息门户，它是中国科学院知识创新工程科技基础设施建设专项“国家科学数字图书馆项目”的子项目，化学学科信息门户建设的目标是面向化学学科，建立并可靠运行 Internet 化学专业信息资源和信息服务的门户网站，提供权威和可靠的化学信息导航，整合文献信息资源系统及其检索利用，并逐步支持开放式集成定制。

化学学科信息门户的建设基础是中国科学院过程工程所建立的 Internet 化学化工资源导航系统 ChIN。主页上有“动态及其相关信息”、“日常工具”、“机构信息”、“信息资源知识”、“其他资源搜寻”、“专题”、“学科分类”和“链接 ChIN 站点”等分类检索栏目（如图 4.6 所示）。（http://chin.csdl.ac.cn/SPT-Home.php）

图 4.6　化学信息门户 ChIN 首页

例如：“学科分类”栏目链接到无机化学、有机化学、分析化学和物理化学“四大化学”和其他专业学科的网站（如图 4.7 所示）。

截至 2007 年 6 月 24 日该站收集链接的各类资源总数为 28610 类，分为 27 个大类，各

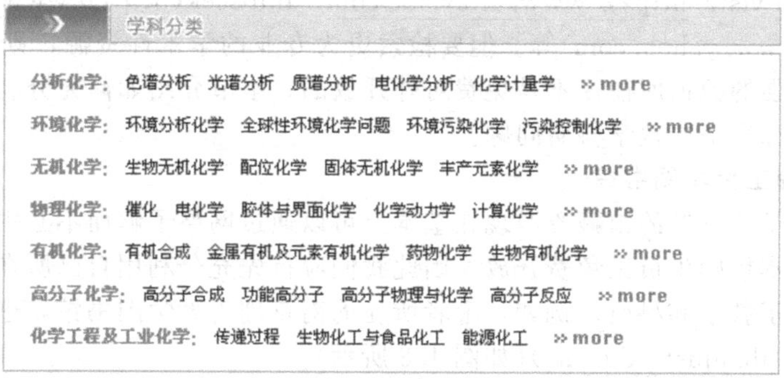

学科分类

分析化学：色谱分析　光谱分析　质谱分析　电化学分析　化学计量学　» more
环境化学：环境分析化学　全球性环境化学问题　环境污染化学　污染控制化学　» more
无机化学：生物无机化学　配位化学　固体无机化学　丰产元素化学　» more
物理化学：催化　电化学　胶体与界面化学　化学动力学　计算化学　» more
有机化学：有机合成　金属有机及元素有机化学　药物化学　生物有机化学　» more
高分子化学：高分子合成　功能高分子　高分子物理与化学　高分子反应　» more
化学工程及工业化学：传递过程　生物化工与食品化工　能源化工　» more

图 4.7 “学科分类”栏目

类资源所含资源数见括号内数字：

化学相关的教学资源（2284）
中国化学化工资源及在线服务（180）
化学相关产品目录及电子商务（301）
针对一个具体问题的文献查询方法（453）
杂集（234）
人物、专家通讯录（1320）
招聘、求职信息（30）
化学软件（1172）
化学相关的讨论组/论坛、新闻组（325）
专利信息（251）
化学期刊与杂志（3899）
化学相关的公司（2770）
化学相关的学会、组织与机构（2696）
化学相关的实验室和研究小组（2782）
化学化工新闻（525）
化学化工文章精选（426）
其他资源链接精选（1292）
化学数据库（2340）
用户留言（153）
编辑评论（1）
化学相关的图书（910）
如何查找物性数据（139）
其他化学资源导航站点精选（910）
主要参考工具（1530）
化学化工会议信息（1206）
化学化工图书馆（109）
主要的信息提供者（372）

其中化学网站总数达 37993 个，按学科分为 7 大类，10207 条资源：

物理化学（5515）
高分子化学（2803）
无机化学（2376）
分析化学（2452）
化学工程及工业化学（8880）
环境化学（918）
有机化学（6642）

此外比较著名的化学化工资源导航系统还有：中国国家科学数字图书馆化学门户（http://chemport.ipe.ac.cn/），美国印第安纳大学化学信息综合网站（http//www.Indiana.edu.cheminfo/），英国皇家化学会官方网站（http://www.themsoc.org），美国化工网（http://www.chemindustry.com/），化学之门（http://www.chemonline.net/ChemEngine/），中国化工搜索（http://chemdoc.chem.cn/）。

4.3.3 几个免费的化学网站

最为著名的综合性搜索引擎网站，同时也是免费检索化学化工资源的工具之一。例如：Google（http://www.google.com），百度（http://www.baidu.com），搜狐（http://www.

sohu.com)，Alta vista(http://www.altavista.com)，Infoseek(http://www.infoseek.com)，Yahoo(http://www.yahoo.com)等。但要检索更为专业的学术性资源，则需要访问专业网站。许多专业性强的数据库往往不是免费对外开放的，本节介绍如何充分利用现有资源，尤其是一些免费资源来解决教学科研问题。

4.3.3.1　南京理工大学图书馆

国内外各大学图书馆的馆藏资源现在基本上可以通过网络了解而不必去图书馆，一些订购的资源通常对本校师生员工免费开放，因此我们应首先充分利用自己所在单位的图书馆这一宝贵资源服务于教学和科研。例如，笔者所在的南京理工大学图书馆，进入校园网的图书馆主页（http://lib.njust.edu.cn/)(如图 4.8 所示)。

图 4.8　南京理工大学校园网的图书馆主页

馆内藏书建设始终围绕学校各学科专业的建设和发展，逐步形成了以自然科学及工程技术科学文献为主，兼有人文、社会及管理科学文献的多种类型、多种载体的综合性馆藏体系。截至 2006 年年底，学校拥有的纸质文献总量达到 166.3 万册，学生人均纸质图书达到 62.93 册。拥有美国化学文摘，美国政府报告，工程索引，世界专利，美国、日本和中国专利，Gmelin 无机和金属有机化学大全，Beilstein 有机化学大全等世界著名的化学化工文献纸质版图书。截至 2006 年年底，学校已购置的中外文电子图书（包括图书、科技报告、学位论文、标准、会议录等）达 122.5 万册，中外文电子期刊超过 2.3 万种，学生人均电子图书达 46.35 册。学生人均图书总量达到 109.28 册。

图书馆订购的自然科学综合性数据库及其和化学化工相关的数字资源主要有以下一些。

外文数据库：

ACS(美国化学学会) 期刊全文数据库；

CA on CD(化学文摘) 光盘数据库；

EI(工程索引) 数据库；

ELSEVIER Science Direct 期刊全文数据库；

PQDT(B)(国外博硕士学位论文) 文摘索引数据库；

SpringerLink 期刊全文数据库；

UMI ProQuest 博士论文全文数据库。

中文数据库：

维普中文科技期刊全文数据库；

万方数字化期刊全文数据库；

中国期刊全文数据库（CNKI）；

万方学位论文全文数据库；

超星数字图书馆；

万方数字资源系统。

在校园网内可经上述数据库免费查阅大量化学化工资料，而且可以下载到 ACS（美国化学学会）期刊全文，ELSEVIER ScienceDirect 期刊全文，SpringerLink 期刊全文和维普中文科技期刊全文等的原文。

其他一些国内外著名高校的图书馆的链接：http://lib.njust.edu.cn/ShowArticle.asp?ArticleID=14

4.3.3.2　网上化学元素周期表

互联网上的第一张化学元素周期表(http://www.webelements.com/)，这是对中学生和大学低年级学生学习元素性质、无机化学和普通化学很有用的一个网站。由 Mark Winter 教授开发，现有不同版本，图、文、音、影并茂，内容丰富多彩，能很好地吸引读者，激发起学习兴趣，如图 4.9 所示。

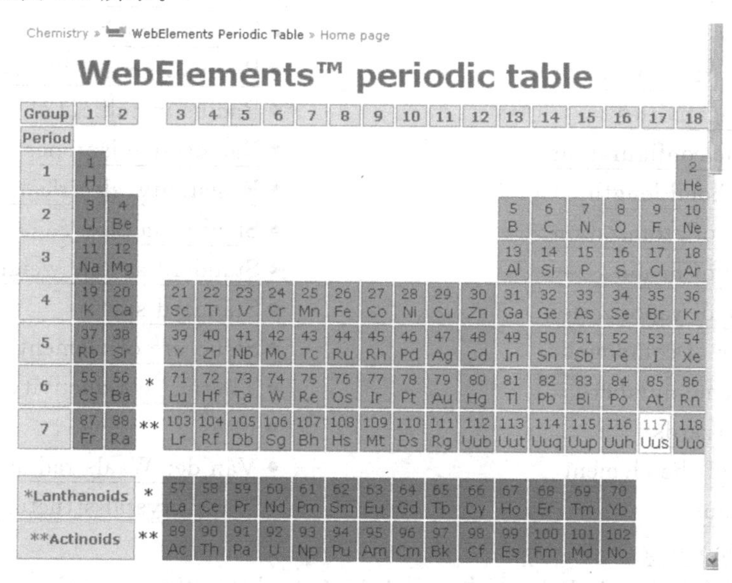

图 4.9　互联网上的第一张化学元素周期表

点击元素符号，打开相应的链接，出现该元素名称、元素符号、原子序数、原子量、在周期表中所属的周期、族和区等基本信息表及其该元素的来源、结构、物理化学性质、制备和应用等有趣的详细描述。例如点击碳元素符号，打开网页：http://www.webelements.com/webelements/scholar/elements/carbon/key.html

Table of contents for carbon(碳元素的内容表)

This page has links to all the properties of carbon included within WebElements™ (Scholar edition). If you need other data you may find them in WebElements Professional.

学术版：http://www.webelements.com/webelements/scholar/

- Abundance of elements (Earth ' s crust)
- Abundance of elements(oceans)
- Abundance of elements(sun)
- Abundance of elements(Universe)
- Abundance of elements (in human

body)
- Accurate mass of the isotopes
- Atomic number
- Atomic weight
- Biological role
- Block in periodic table
- Boiling point
- Bond enthalpy(diatomics)
- Bond length in element
- Colour(color)
- Compounds
- Covalent radius
- Crystal structure
- Density
- Description
- Discovery
- Electrical resistivity
- Electronegativities
- Electronic configuration
- Element bond length
- Enthalpy of atomization
- Enthalpy of fusion
- Enthalpy of vaporization
- Examples of compounds
- Group name numbers
- Health hazards
- History of the element
- Ionic radius
- Ionization energy
- Isolation
- Isotope data
- Key data
- Meaning of name
- Melting point
- Molar volume
- Names and symbols
- Nuclear data
- Origin of name
- Oxidation states in compounds
- Period in table
- Properties of some compounds
- Radioisotopes
- Radius(atomic)
- Radius(covalent)
- Radius(ionic)
- Radius(van der Waals)
- Radius metallic(12)
- Radioactive isotopes
- Resistivity(electrical)
- Shell structure
- Standard atomic weights
- Standard state
- Structure of element
- Thermal conductivity
- Uses
- Van der Waals radius
- X-ray crystal structure

有趣的是还有掌上电脑 Palm 版本［图 4.10（a），http://www.webelements.com/nexus/PalmElements］和 Flash 版本［图 4.10（b），http://www.webelements.com/nexus/FlashElements］供在线浏览或下载。

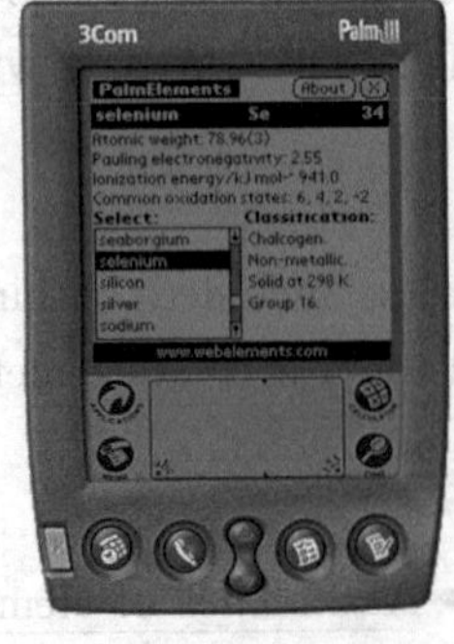

(a)

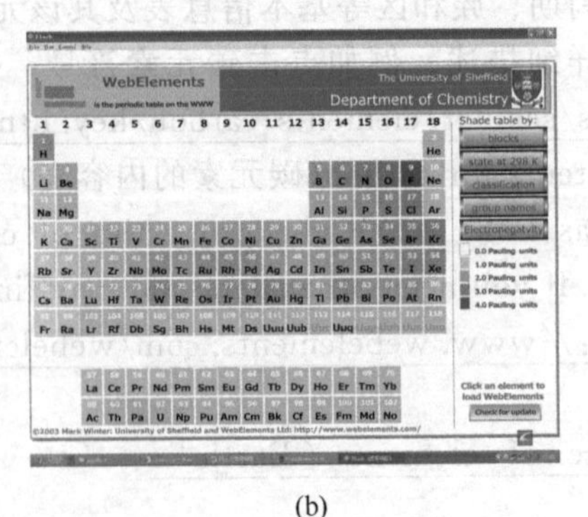

(b)

图 4.10 网上化学元素周期表

4.3.3.3 化合物基本性质数据库

ChemFinder. com 提供了 6 个文献数据库（如图 4.11 所示）："ChemFinder"（免费）、"ChemINDEX"、"Name=Struct"、"NCI"、"The Merck Index" 和 "Ashgate"；3 个化学反应数据库："ChemACX"、"ChemACXPro&" 和 "ChemACX-SCPro"；5 个反应数据库："Organic Synthesis"（免费）、"ChemReact500"、"ChemReact68"、"ChemSynth" 和 1 个安全数据库："ChemMSDX"。（CS Chemfinder）：http://chemfinder.cambridgesoft.com/

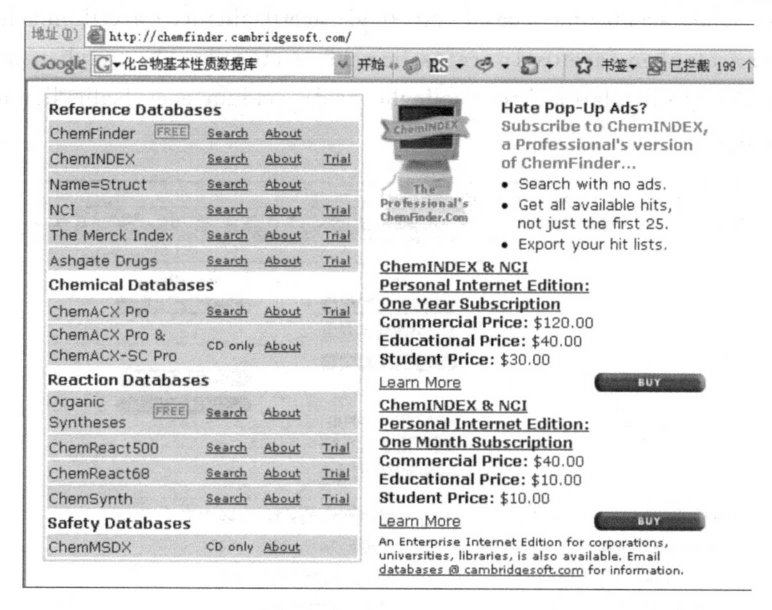

图 4.11 ChemFinder. com 上提供的资源

（1）ChemFinder。进入主页（界面如图 4.12），输入化合物的化学名称、CAS 登记号，分子式或者分子量，也可以用部分名称加 * 表示所有以部分名称开头的化合物（例如：ben *）。可以免费检索。

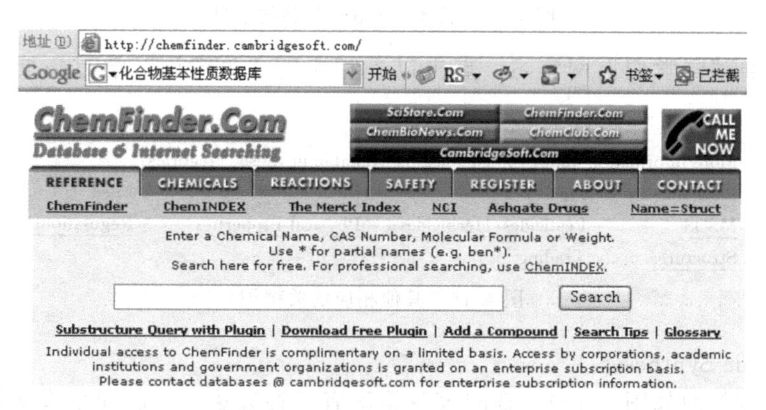

图 4.12 ChemFinder. com 主页

例如：输入"世纪神药"阿司匹林的英文名称："Aspirin"，点击"Search"我们得到其基本信息（如图 4.13 所示），注意到给出了大量得同义词命名，可见检索功能之强大。

Aspirin [50-78-2]

Synonyms：2-Acetoxybenzenecarboxylic acid；2-acetoxybenzoic acid；Alka-seltzer；Anacin；A. S. A. ；a. s. a. empirin；asagran；asatard；Ascoden-30；Ascriptin；aspalon；aspergum；aspirdrops；Aspirin；Aspro；asteric；Bayer；benaspir；bialpirinia；Bufferin；caprin；Chlorpheninaurine; Claradin; colfarit; contrheuma retard; Coricidin; Coricidin D; crystar; Darvon compound; delgesic; dolean ph 8; duramax; ECM; Ecotrin; empirin; endydol; entericin; enterophen; enterosarine; entrophen; Excedrin; extren; Gelprin; globoid; helicon; idragin; Measurin; neuronika; Norgesic; Novid; Nu-seals; Persistin; polopiryna; rhodine; Robaxisal; salacetin; salcetogen; saletin; salicylic acid acetate; Solprin; solpyron; Supac; Triaminicin; Vanquish; XAXA; 2-(Acetyloxy)-Benzoic Acid; *O*-acetylsalicylic acid; *O*-Carboxyphenyl Acetate; ac 5230; acenterine; acesal; Aceticyl; acetilsalicilico; acetilum acidulatum; acetisal; acetonyl; acetophen; acetosal; acetosalic acid; acetosalin; Acetoxybenzoic acid; acetylin; acetylsal; Acetylsalicylate; Acetylsalicylic acid; acidum acetylsalicylicum; acimetten; acisal; acylpyrin

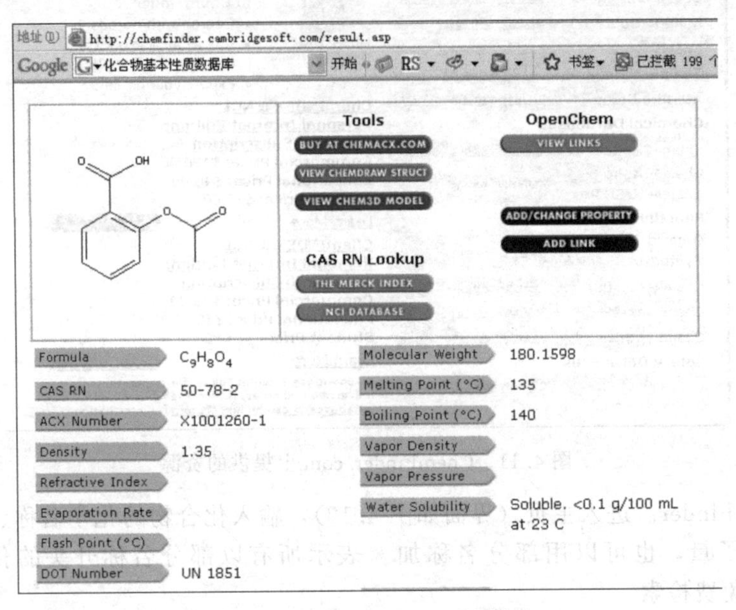

图 4.13　检索 Aspirin 得到的信息

更多的信息请同学们上网实习，点击以下相应的“关键词”学习拓展其功能，如图 4.14 所示。

More information about the chemical is available in these categories:

Biochemistry	Health	Medications	Misc
MSDS	Pesticides/Herbicides	Physical Properties	Regulations
Structures	Trading		

图 4.14　其他相应的关键词

(2) Organic Syntheses。

进入主页（界面如图 4.15），查阅该数据库有三种方法：①已知合成文献在手册中的卷、期和页码；②通过结构式和关键词方法，需要插件；③仅仅用关键词方法不需要插件。读者可以根据不同情况选择不同方法。

通过结构式和关键词方法，需要 ChemDraw 插件，点击开始搜索按钮后界面如图 4.16 所示。

按提示填写相关信息后开始搜索，界面如图 4.17 所示。

在绘图区用 ChemDraw 画图工具画出要查找的化合物结构式，也可以输入相关的检索条件，点击搜索按钮后，出现搜索结果如图 4.18 所示。

共有三条结果，点击View HTML或者View PDF可下载相应格式的原文全文。

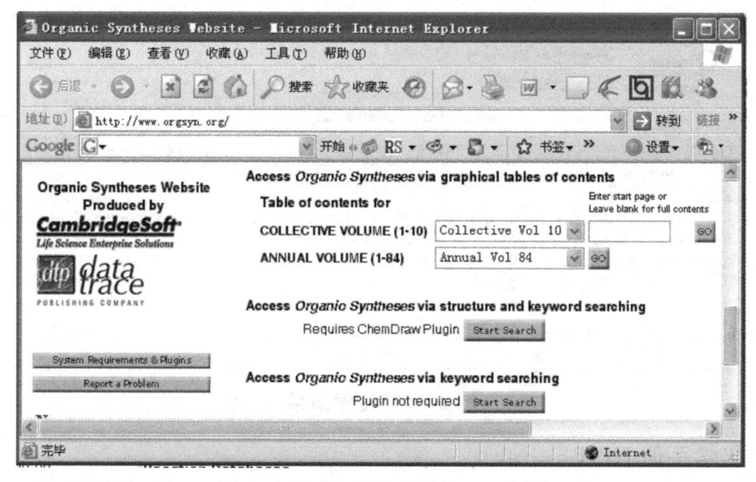

图 4.15　Organic Syntheses 主页

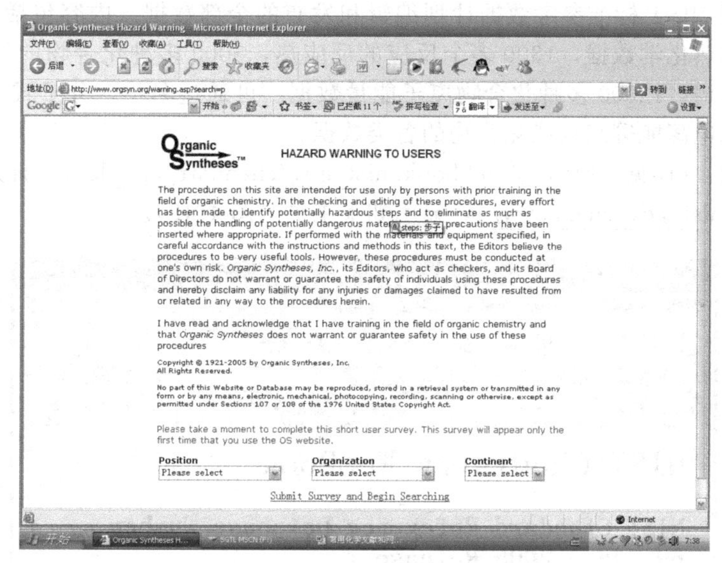

图 4.16　点击开始搜索按钮后的界面

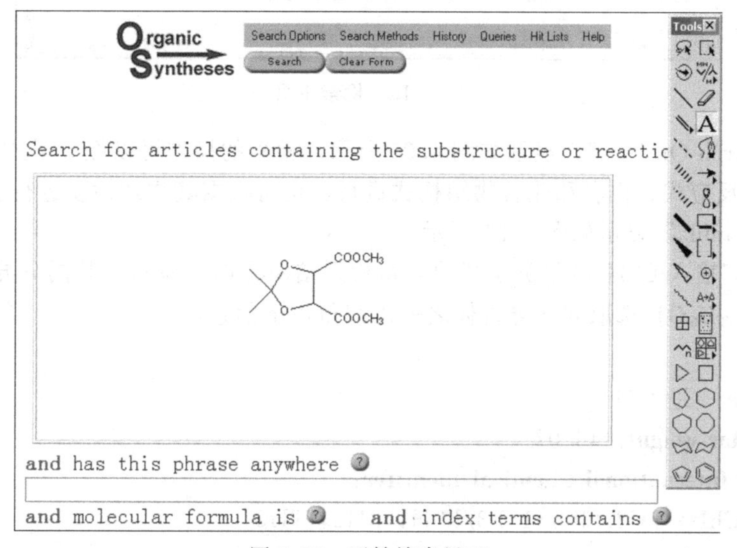

图 4.17　开始搜索界面

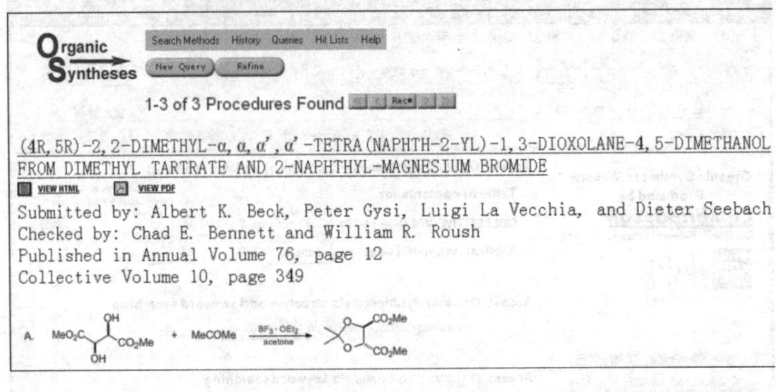

图 4.18　搜索结果

4.3.3.4　网上化学手册 NIST

NIST WebBook 是对美国国家标准与技术研究所（NIST）数据汇集进行访问的一个入口，可在线访问 NIST 标准参考数据计划编辑和发布的全部数据。内容包括 4000 多种有机和无机化合物的热化学数据，1300 多个反应的反应热，5000 多种化合物的红外光谱，8000 多种化合物的质谱，12000 多种化合物离子能量数据。可通过名称、分子式、CAS 登录号、相对分子质量、电离能等来查找化合物的各类数据。

使用说明书：（详见：http://webbook.nist.gov/chemistry/guide/）。打开检索主页（http://webbook.nist.gov/chemistry/），显示如下主页（图 4.19）。

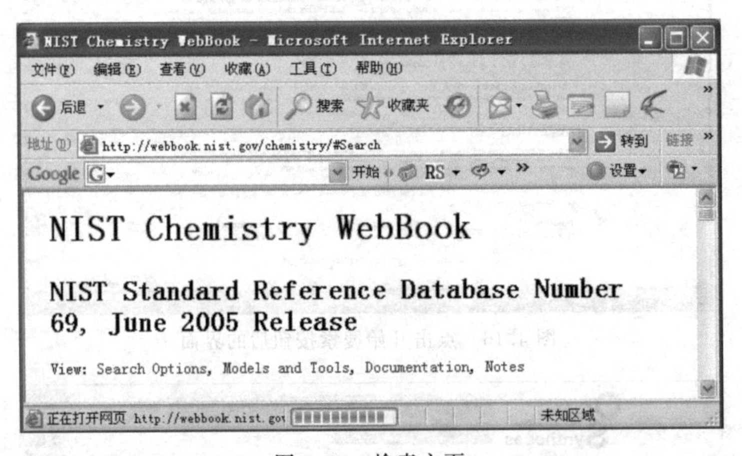

图 4.19　检索主页

点击“Search Options”，显示如图 4.20 所示。检索的操作可以经分子式、化合物名称、CAS 登记号、反应式、作者和化合物结构式进行，也可根据其物理性质进行。

点击“Formula”显示如图 4.21 所示。

例如：我们输入 C2H6O 经分子式检索得检索结果界面，显示出其同分异构体，点击结果 **1. Ethanol(C_2H_6O)** 选取同分异构体之一乙醇得以下信息：

Ethanol

- **Formula**：C_2H_6O
- **Molecular weight**：46.07
- **IUPAC International Chemical Identifer**：
  - InChI=1/C2H6O/c1-2-3/h3H，2H2，1H3
  - Download the identifier in a file.

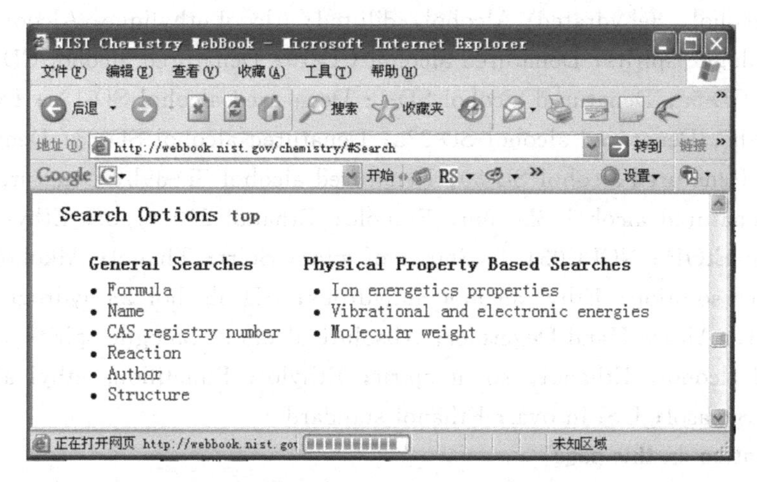

图 4.20　点击“Search Options”后的显示

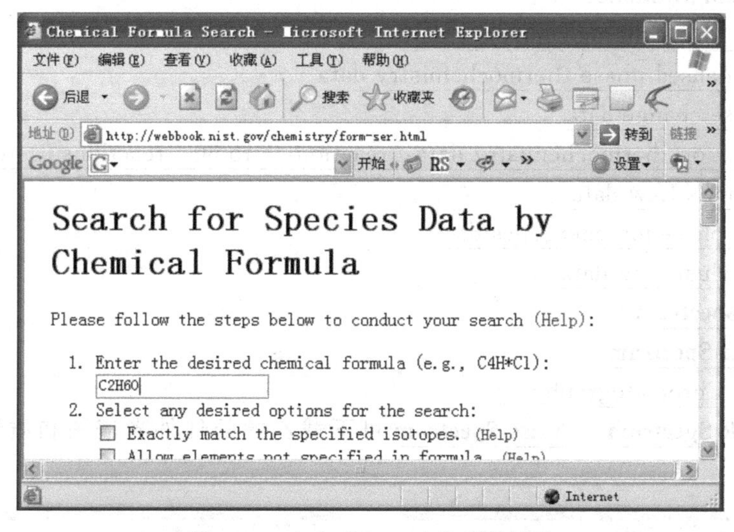

图 4.21　点击“Formula”后的显示

- **CAS Registry Number**：64-17-5

OH

- **Chemical structure**：
- This structure is also available as a 2d Mol file or as a computed 3d Mol file.
- **Isotopomers**：
    - Ethanol-d6-
    - Ethanol-d1
    - C2H3D3O
    - Ethanol-1,1-d2
    - Ethanol-d1
- **Other names**：Ethyl alcohol；Alcohol；Alcohol anhydrous；Algrain；Anhydrol；Denatured ethanol；Ethyl hydrate；Ethyl hydroxide；Jaysol；Jaysol S；Methylcarbinol；SD Alchol 23-hydrogen；Tecsol；C2H5OH；Absolute ethanol；Cologne spirit；fermentation alcohol；Grain alcohol；Molasses alcohol；Potato alcohol；Aethanol；Aethylalko-

hol; Alcohol, dehydrated; Alcohol, diluted; Alcool ethylique; Alcool etilico; Alkohol; Cologne spirits; Denatured alcohol CD-10; Denatured alcohol CD-5; Denatured alcohol CD-5a; Denatured alcohol SD-1; Denatured alcohol SD-13a; Denatured alcohol SD-17; Denatured alcohol SD-23a; Denatured alcohol SD-28; Denatured alcohol SD-3a; Denatured alcohol SD-30; Denatured alcohol SD-39b; Denatured alcohol SD-39c; Denatured alcohol SD-40m; Etanolo; Ethanol 200 proof; Ethyl alc; Etylowy alkohol; EtOH; NCI-C03134; Spirits of wine; Spirt; Thanol; Alkoholu etylowego; Ethanol, solution; Ethyl alcohol anhydrous; SD alcohol 23-hydrogen; UN 1170; Tecsol C; Alcare Hand Degermer; Absolute alcohol; Cologne spirits (alcohol); Denatured alcohol; Ethanol, silent spirit; Ethylol; Punctilious ethyl alcohol; Pyro; Spirit; Synasol; USI in oval; Ethanol standard

- **Information on this page:**
  - Notes/Error Report
- **Other data available:**
  - Gas phase thermochemistry data
  - Condensed phase thermochemistry data
  - Phase change data
  - Reaction thermochemistry data: reactions 1 to 50, reactions 51 to 76
  - Henry's Law data
  - Gas phase ion energetics data
  - Ion clustering data
  - **IR Spectrum**
  - **Mass Spectrum**
  - Gas Chromatography

分别点击**IR Spectrum** 和**Mass Spectrum** 可下载乙醇的红外光谱图和质谱图如图 4.22 所示。

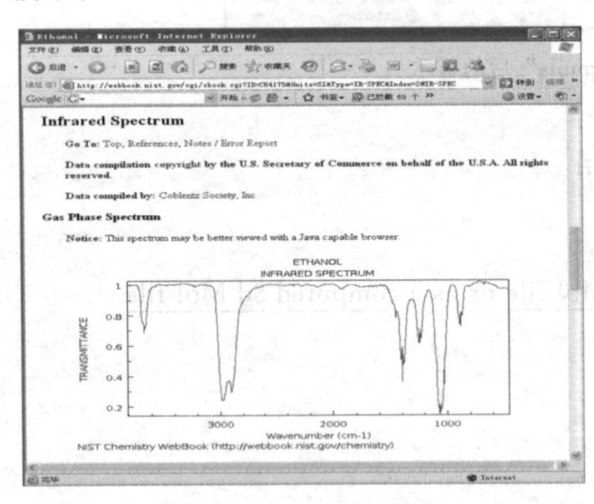

(a) 乙醇的红外光谱图

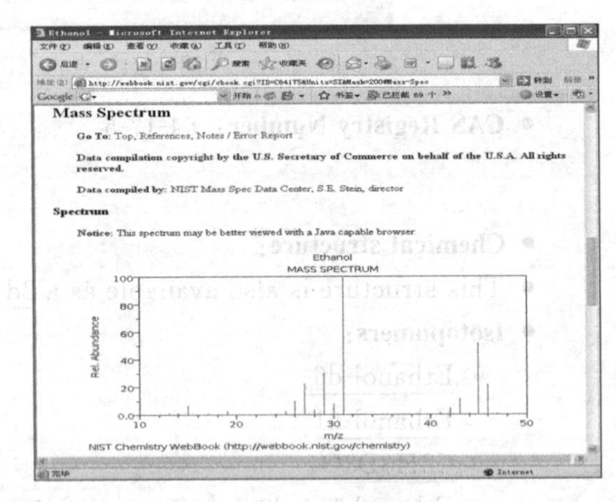

(b) 乙醇的质谱图

图 4.22 乙醇的红外光谱图和质谱图

4.3.3.5 SDBS有机化合物谱图库

日本国家现代工业科学技术研究院(AISD)的有机化合物光谱数据库(SDBS) http://www.aist.go.jp/RIODB/SDBS/cgi-bin/cre_index.cgi,其主页如图 4.23 所示。

图 4.23　SDBS 主页

SDBS 数据库检索可以经化合物名称、分子式（如图 4.24 所示）、分子量、CA 登记号、SDBS 登记号、原子数、光谱类型、^{13}CNMR 化学位移、^{1}HNMR 化学位移、质谱峰及其峰强度来查询。

SDBS Compounds and Spectral Search

Compound Name:
"%,"for the wild card.
eg. %benzene >> ethylbenzene...
Molecular Formula:
C, H, then the other elements are alphabetical order, "%,*" for the wild card
Molecular Weight: to
Numbers between left and right columns
Up to the first place of a decimal point
CAS Registry No.:
"%,*" for the wild card.
SDBS No.:
"%,*" for the wild card.

Atoms:
C(Carbon) to
H(Hydrogen) to
N(Nitrogen) to
O(Oxygen) to
F(Fluorine) to
Cl(Chlorine) to
Br(Bromine) to
I(Iodine) to
S(Sulfur) to
P(Phosphorus) to
Si(Silicon) to
Numbers between left and right columns.

Spectrum:
Check the spectra of your interest.
MS　IR
^{13}C NMR　Raman
^{1}H NMR　ESR
^{13}C NMR Shift(ppm): Allowance ±2.0
"," is the separator for multiple shifts, eg. 129.3,18.4,..
No shift regions:
Range defined by two numbers separated by a space eg. 110 78,...
^{1}H NMR Shift(ppm): Allowance ±0.2
No shift regions:
MS Peaks and intensities:
Mass and its intensity are a set of data separated by a space, eg. 110 22,..

Search　Clear　Hit: 20hit

图 4.24　分子式检索：例如 C8H8O

SDBS 检索结果：有 8 种同分异构体，选取 SDBS No722 的化合物苯乙酮，在 MS、CNMR、HNMR、IR 和 ESR 下的选项为“Y”，表示该数据库已经收录对应的图谱；而 Raman 下的选项为“N”，表示该数据库目前还没有收录对应的图谱。如图 4.25 所示。

点击 SDBS No 722，得化合物“苯乙酮”信息页，左侧框架的菜单给出其化合物的基本

SDBS Search Results: 1 - 8 out of 8 hits

SDBS No	Molecular Formula	Molecular Weight	MS	CNMR	HNMR	IR	Raman	ESR	Compound Name
722	C8H8O	120.2	Y	Y	Y	Y	N	Y	acetophenone
1319	C8H8O	120.2	Y	Y	Y	Y	Y	N	(1,2-epoxyethyl) benzene
2338	C8H8O	120.2	Y	Y	Y	Y	N	N	o-tolualdehyde
2437	C8H8O	120.2	Y	Y	Y	Y	N	N	1,3-dihydroisobenzofuran
2473	C8H8O	120.2	Y	Y	Y	Y	N	N	m-tolualdehyde
3235	C8H8O	120.2	Y	Y	N	Y	N	N	2,3-dihydrobenzofuran
3376	C8H8O	120.2	Y	Y	Y	Y	Y	N	p-tolualdehyde
13605	C8H8O	120.2	Y	N	N	Y	N	N	phenylacetaldehyde

图 4.25　SDBS 检索结果

信息和各种图谱数据的链接，右侧框架内不仅给出其化合物的基本信息还显示其化学结构式。如图 4.26 所示。

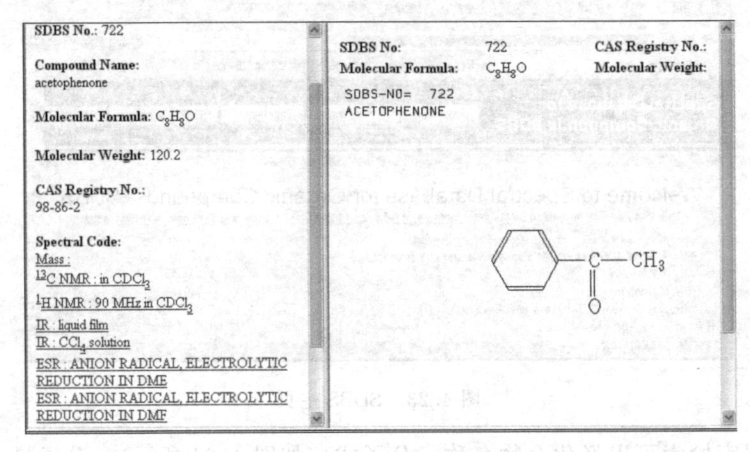

图 4.26 "苯乙酮"信息页

点击左侧框架的菜单上该化合物对各种图谱数据的链接，右侧框架内显示其对应的图谱。例如：苯乙酮的 MS、CNMR、HNMR、IR 和 ESR 图谱如组图 4.27(a)～(e)。

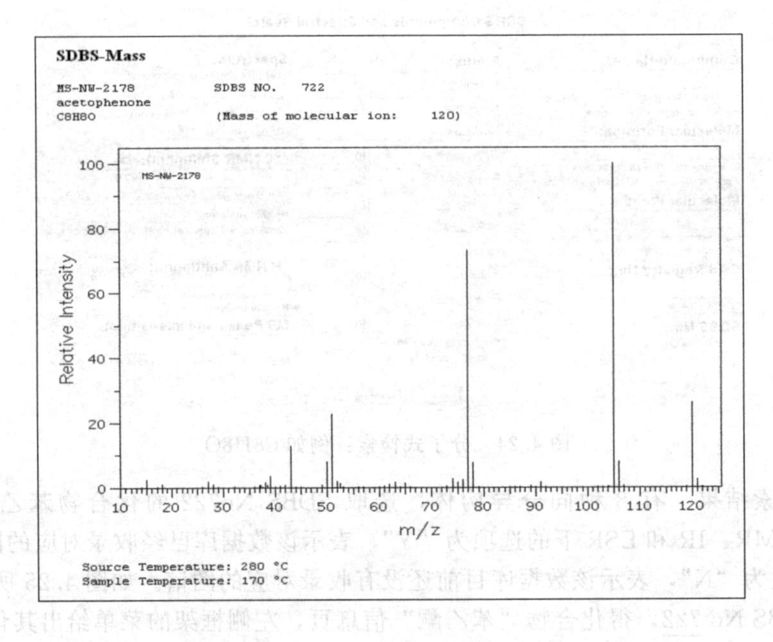

15.0	2.4	63.0	1.7
18.0	1.1	65.0	1.4
27.0	1.9	74.0	2.6
28.0	1.0	75.0	1.6
38.0	1.7	76.0	2.4
39.0	3.5	77.0	73.1
43.0	12.9	78.0	7.7
50.0	7.9	91.0	1.5
51.0	22.6	105.0	100.0
52.0	2.0	106.0	7.9
52.5	1.3	120.0	26.2
62.0	1.0	121.0	2.5

MS-NW-2178 SDBS NO. 722

(a)

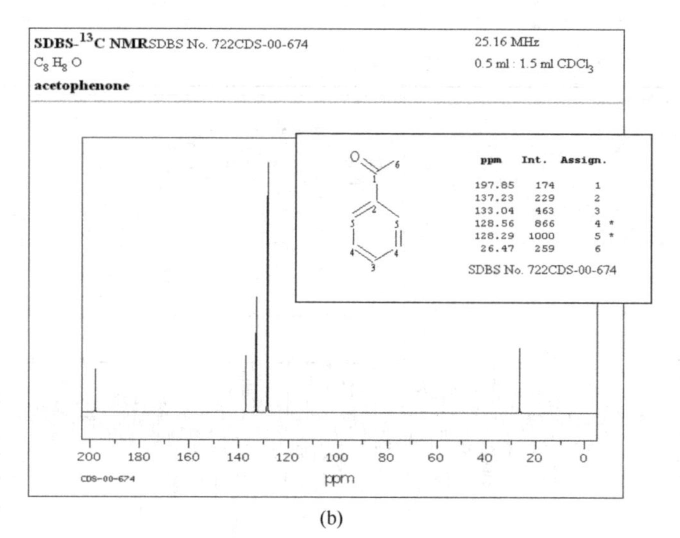
SDBS-13C NMR SDBS No. 722CDS-00-674
25.16 MHz
C8 H8 O
0.5 ml : 1.5 ml CDCl3
acetophenone
ppm Int. Assign.
197.85 174 1
137.23 229 2
133.04 463 3
128.56 866 4 *
128.29 1000 5 *
26.47 259 6
SDBS No. 722CDS-00-674
200 180 160 140 120 100 80 60 40 20 0
ppm
CDS-00-674

(b)

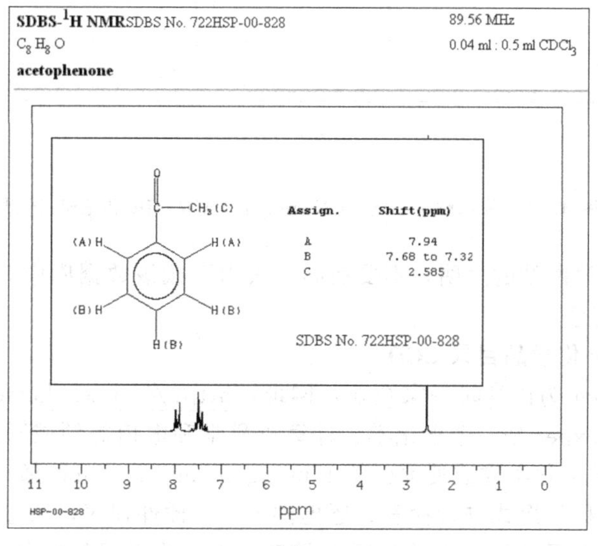
SDBS-1H NMR SDBS No. 722HSP-00-828
89.56 MHz
C8 H8 O
0.04 ml : 0.5 ml CDCl3
acetophenone
CH3(C)
(A)H
H(A)
(B)H
H(B)
H(B)
Assign. Shift(ppm)
A 7.94
B 7.68 to 7.32
C 2.585
SDBS No. 722HSP-00-828
11 10 9 8 7 6 5 4 3 2 1 0
ppm
HSP-00-828

(c)

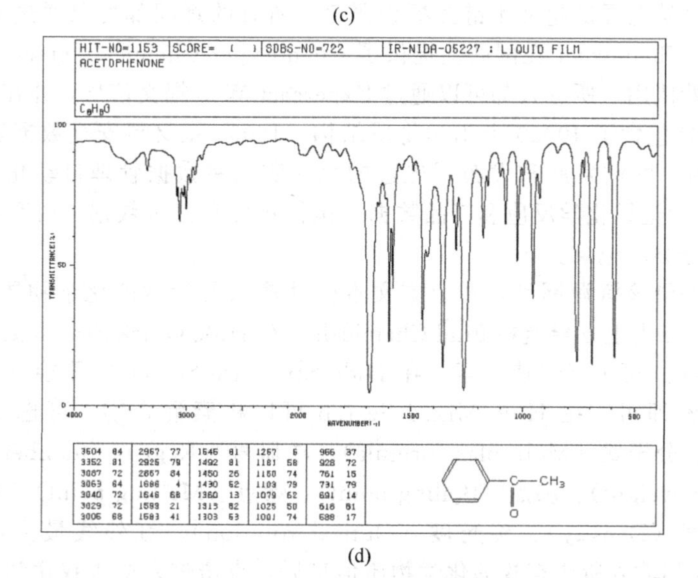
HIT-NO=1153
SCORE= ( )
SDBS-NO=722
IR-NIDA-05227 : LIQUID FILM
ACETOPHENONE
C8H8O
TRANSMITTANCE(%)
100
50
0
4000 3000 2000 1500 1000 500
WAVENUMBER(-1)
3604 84
3352 81
3087 72
3063 64
3040 72
3029 72
3006 68
2967 77
2925 79
2867 84
1686 4
1646 68
1599 21
1583 41
1546 81
1492 81
1450 26
1430 52
1360 13
1315 82
1303 53
1267 6
1181 58
1160 74
1103 79
1079 62
1025 50
1001 74
966 37
928 72
761 15
731 79
691 14
616 81
588 17
C—CH3
O

(d)

图 4.27

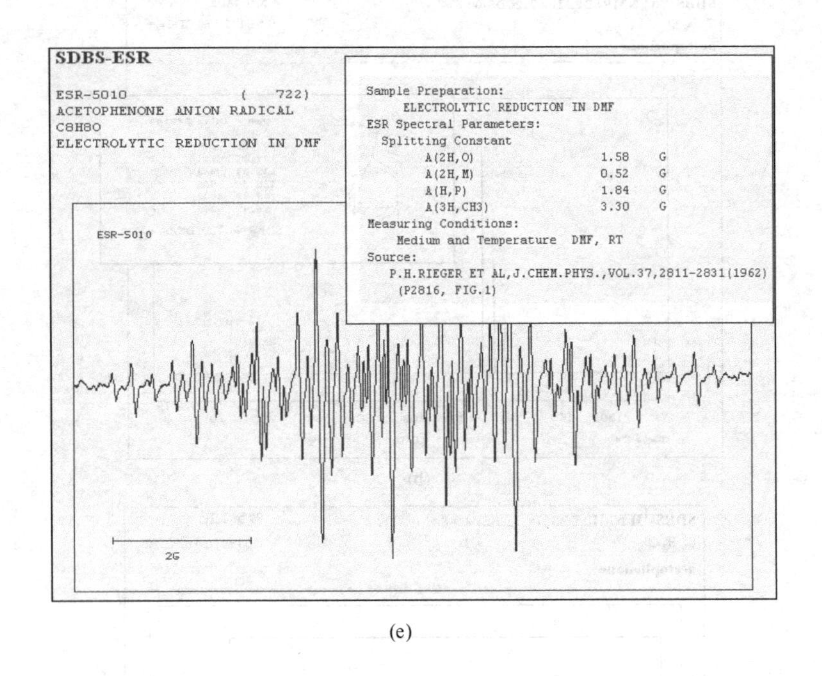

(e)

图4.27 苯乙酮的MS、CNMR、HNMR、IR和ESR图谱

我们要特别注意该网站的声明，不要在同一天内下载该数据库中50张以上的光谱或者50个以上化合物的信息。

4.3.3.6 ChemExper化学品目录CCD

简介：ChemExper为比利时一家企业，网址：http：//www.chemexper.com/，主页如图4.28所示。Chemexper是一个把化学、计算机科学和电信等领域联系起来的公司。Chemexper在网站上提供了化学物质搜索引擎Finding chemicals。可以通过CAS登记号、目录号和分子式、分子名称等形式进行检索。还提供了一个插件程序，通过这个技术，化学供应商可以在自己的网站上提供超文本链接标识语言，所有的疑问都可以通过Chemexper上的服务器进行解答。Chemexper在网站上提供了ChemExper Chemical Directory（CCD）数据库，该数据库免费使用，所有人都可以通过Expereact Web提交信息，并在网站浏览器上重新得到信息。CCD包含了40000个化学物质结构、16000张材料安全数据表、100000种带有各种信息的产品。网站发展和发布了先进的化学实验室数据管理自动化工具Expereact。Expereact可以自动记录化学反应和产品数据，包括物理和分析数据。所有的这些数据都自动地进行汇编、分类、记录。

检索方法：登录该资源网址，在上方文本框处输入要检索的化学物质名称、CAS号、分子式检索即可。点击上方导航栏Find Chemicals，在Hide Quick Search处输入化学物质名称、CAS号、分子式可进行快速检索。在Hide Structure Search右侧绘图区，画出化学物质分子结构，检索即可。在Hide Mixed Search可以检索混合物，可选项有：产品名称（Product name）、分子式（Molecular formula）、注册号（Registry number）、SMILES号、分子量（Formula weight）、沸点（Boiling point）、熔点（Melting point）、折射率（Refractive index）、密度（Density）、旋光度（Optical rotation）、红外线最大波长（IR maximum）。找到对应相输入所要查找的化学物质信息后，点击进入所查找化学物质列表，点击所要查找的化学物质信息可查看数据全记录，在记录Products commercially available下点

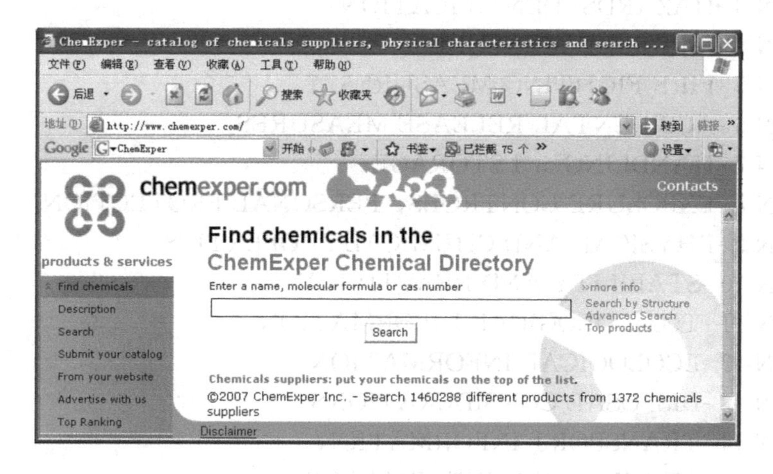

图 4.28　ChemExper 主页

击左侧 Supplier 可查看供应商的名称、地址、电话等信息，并提供网上连接。点击上方导航栏 ChemExper Services，找到 References 选项点击进入，这里提供了一些用 ChemExper 服务系统的网站链接。

例如：阿司匹林（Aspirin）的命名、CAS 登记号、分子式、分子量、化学结构式、熔点、沸点等基本信息，还可下载 IR 光谱图，并附有化学物质的安全说明书（MSDS），如图 4.29 所示。

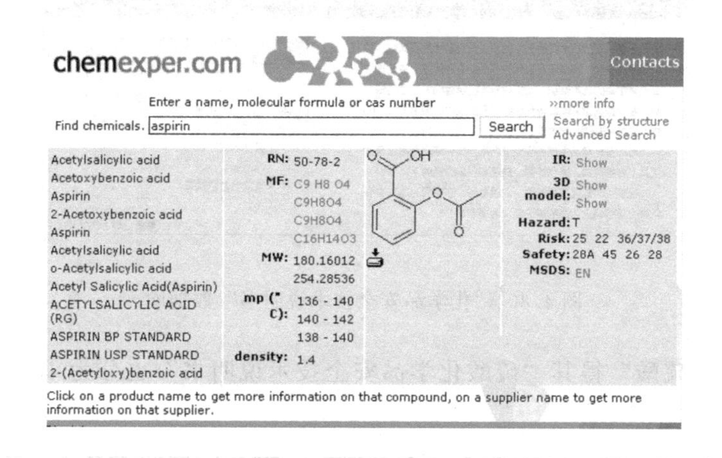

图 4.29　检索 Aspirin 的结果

点击 MSDS：EN 得到对于与 Aspirin 的英文版 MSDS，说明书分为以下 16 部分：

Language：EN

Country：

* * * MATERIAL SAF ETY DATA SHEET * * * *

ACETYLSALICYLIC ACID 99%

SECTION 1 -CHEMICAL PRODUCT AND COMPANY IDENTIFICATION

SECTION 2 -COMPOSITION，INFORMATION ON INGREDIENTS

SECTION 3 -HAZARDS IDENTIFICATION
SECTION 4 -FIRST AID MEASURES
SECTION 5 -FIRE FIGHTING MEASURES
SECTION 6 -ACCIDENTAL RELEASE MEASURES
SECTION 7 -HANDLING and STORAGE
SECTION 8 -EXPOSURE CONTROLS，PERSONAL PROTECTION
SECTION 9 -PHYSICAL AND CHEMICAL PROPERTIES
SECTION 10 -STABILITY AND REACTIVITY
SECTION 11 -TOXICOLOGICAL INFORMATION
SECTION 12 -ECOLOGICAL INFORMATION
SECTION 13 -DISPOSAL CONSIDERATIONS
SECTION 14 -TRANSPORT INFORMATION
SECTION 15 -REGULATORY INFORMATION
SECTION 16 -ADDITIONAL INFORMATION
MSDS Creation Date：7/16/1996 Revision ＃0 Date：Original.

国内也有类似的网上数据库，例如由北京华夏铭安科技有限公司的“安全文化网”网站开发的“化学品安全技术说明书”数据库：http：//www.anquan.com.cn/msds/，如图4.30所示，可经中文名称、英文名称、CAS登记号和危险品货物编号查询。

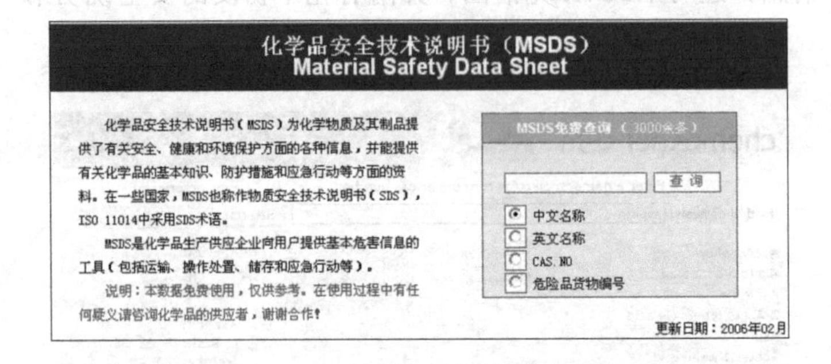

图4.30 “化学品安全技术说明书”数据库

例如：输入“硫酸”得其“硫酸化学品安全技术说明书”也分为16部分，如图4.31所示。

说明书目录			
第一部分	化学品名称	第九部分	理化特性
第二部分	成分/组成信息	第十部分	稳定性和反应活性
第三部分	危险性概述	第十一部分	毒理学资料
第四部分	急救措施	第十二部分	生态学资料
第五部分	消防措施	第十三部分	废弃处置
第六部分	泄漏应急处理	第十四部分	运输信息
第七部分	操作处置与储存	第十五部分	法规信息
第八部分	接触控制/个体防护	第十六部分	其他信息

图4.31 “硫酸化学品安全技术说明书”内容

例如，第四部分如图 4.32 所示。

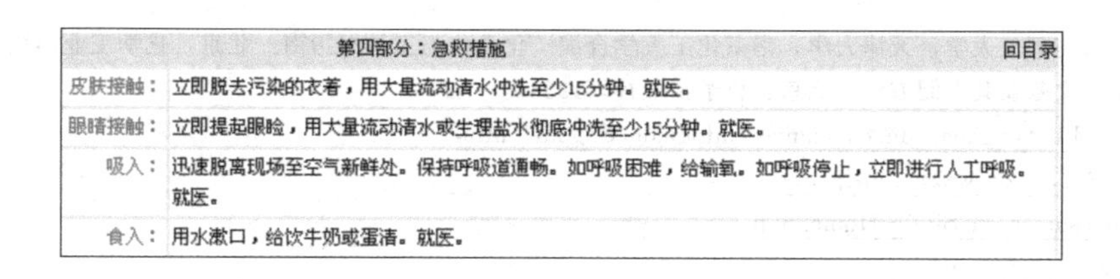

第四部分：急救措施	回目录
皮肤接触：	立即脱去污染的衣着，用大量流动清水冲洗至少15分钟。就医。
眼睛接触：	立即提起眼睑，用大量流动清水或生理盐水彻底冲洗至少15分钟。就医。
吸入：	迅速脱离现场至空气新鲜处。保持呼吸道通畅。如呼吸困难，给输氧。如呼吸停止，立即进行人工呼吸。就医。
食入：	用水漱口，给饮牛奶或蛋清。就医。

图 4.32　“第四部分：急救措施”的内容

此外该公司还有一个综合性的化学品数据查询系统，收集了各种常用化学品的中文名称、英文名称、分子式或结构式、物理性质、用途和制备方法等，数据共有 5000 余条，使用方法和“化学品安全技术说明书”数据库类似，如图 4.33 所示。

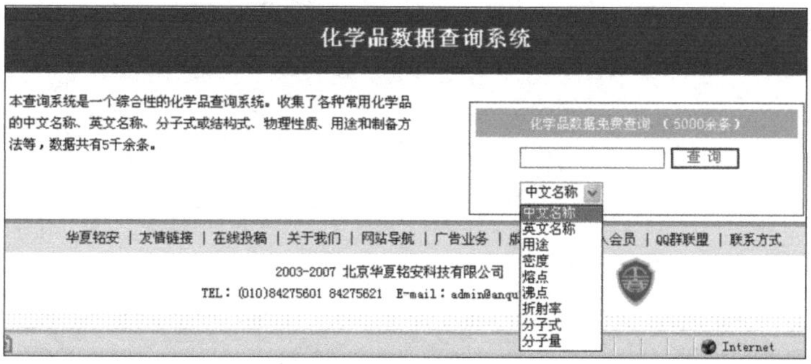

图 4.33　“化学品数据查询系统”数据库

4.4　结语

现在让我们回到化学实验室。在我们具备一定的基础知识，掌握了化学实验的基本技能后，开始做合成化学实验之前还必须要解决的一个问题是要了解起始原料、试剂及其合适的溶剂的物理化学性质，并设法购买。完成这项工作以前通常是查找供货商的试剂目录，较著名的试剂目录国内有上海国药集团化学试剂目录，但需购买；国外最全的是 Aldrich，此外还有 Fluka、Sigma 等，而且是免费赠阅的，每年更新。

现在我们大多习惯在网上查找，例如：通过登录 SigmaAldrich. com 网站中文主页(http://www. sigmaaldrich. com/Area_of_Interest/Asia_Pacific_Rim/China_Mainland. html)可以查到绝大多数你所需的试剂的基本信息和价格。对于一些中间体和工业品则需在网上通过前面介绍的一些化学化工网站来检索，以得到相应的供应商，选择其价廉物美的产品，后者对科研工作者尤其重要。

如果你对实验的具体操作步骤、合成路线、结构表征或者应用有任何疑问，或者不满足于书本中的知识，你完全可以通过互联网上的资源找到更好的答案，如果你参加了某些网上“专业论坛”或订购了免费的“专业杂志”，你将可以与同行在线讨论或许收到你正想要的杂志。

总之，网络已经、正在并将不断改变我们的生活方式，改变我们的学习、科研和教学方法，改变我们的世界。

参　考　文　献

1　清华大学，大连理工大学，天津大学，南京化工大学合编．化学化工工具书指南．北京：化学工业出版社，1997
2　余向春．化学文献及其查阅方法．北京：科学出版社，1983
3　http://www.lib.tsinghua.edu.cn/chinese/infoguide/Cdguid7.html
4　http://210.37.32.22/wxzx/cahelp.doc
5　http://chin.csdl.ac.cn/SPT—Home.php
6　http://www.nstl.gov.cn/

第5章 元素定性和常数测定实验

实验5.1 氧、硫、氮、磷

实验目的

(1) 了解氧族元素单质及其化合物的结构对其性质的影响。

(2) 掌握过氧化氢的性质。

(3) 掌握氧族元素、氮族元素的含氧酸及其盐的性质。

实验原理

氧和硫、氮和磷分别是周期系ⅥA、ⅤA族元素。在过氧化氢分子中氧的氧化值为-1，介于0和-2之间，所以H_2O_2既具有氧化性又显还原性，当它作氧化剂时还原产物是H_2O或OH^-，作为还原剂时其氧化产物是氧气。

H_2O_2具有极弱的酸性，酸性比H_2O稍强。H_2O_2不太稳定，在室温下缓慢分解，见光或当有MnO_2及其他重金属离子存在时可加速其分解。

S^{2-}能与稀酸反应产生H_2S气体。可以根据H_2S特有的腐蛋臭味或能使$Pb(Ac)_2$试纸变黑而检出S^{2-}；此外在弱碱性条件下，它能与亚硝酰铁氰化钠$Na_2[Fe(CN)_5NO]$反应生成红紫色配合物，利用这种特征反应也能鉴定S^{2-}。

$$S^{2-}+[Fe(CN)_5NO]^{2-}\longrightarrow[Fe(CN)_5NOS]^{4-}$$

SO_2溶于水生成亚硫酸。亚硫酸及其盐常用作还原剂，但遇强还原剂时也能起氧化剂的作用。SO_2和某些有色的有机物生成无色加合物，所以具有漂白性，但这种加合物受热易分解。

SO_3^{2-}能与$Na_2[Fe(CN)_5NO]$反应而生成红色的化合物，加入硫酸锌的饱和溶液和$K_4[Fe(CN)_6]$溶液，可使红色显著加深，利用这个反应可以鉴定SO_3^{2-}的存在。

硫代硫酸不稳定，易分解为S和SO_2：

$$H_2S_2O_3\longrightarrow H_2O+S\downarrow+SO_2$$

$S_2O_3^{2-}$与Ag^+生成白色硫代硫酸银沉淀，会迅速变成黄色、棕色，最后变为黑色的硫化银沉淀。这是$S_2O_3^{2-}$最特殊的反应之一，可用来鉴定$S_2O_3^{2-}$的存在。

如果溶液中同时存在S^{2-}、SO_3^{2-}和$S_2O_3^{2-}$，需要逐个加以鉴定时，必须先将S^{2-}除去，因S^{2-}的存在妨碍SO_3^{2-}和$S_2O_3^{2-}$的鉴定。除去S^{2-}的方法是在含有S^{2-}、SO_3^{2-}和$S_2O_3^{2-}$的混合溶液中，加入$PbCO_3$固体，使$PbCO_3$转化为溶解度更小的PbS沉淀，离心分离后，在清液中再分别鉴定SO_3^{2-}和$S_2O_3^{2-}$。

亚硝酸可通过亚硝酸盐和酸的相互作用而制得，但亚硝酸不稳定，易分解：

$$2HNO_2\underset{热}{\overset{冷}{\rightleftharpoons}}H_2O+N_2O_3\underset{冷}{\overset{热}{\rightleftharpoons}}H_2O+NO+NO_2$$

N_2O_3为中间产物，在水溶液中显蓝色，不稳定，进一步分解为NO和NO_2。

亚硝酸及其盐，既具有氧化性又具有还原性。

磷酸是一种非挥发性的中强酸，它可以形成三种不同类型的盐，在各类磷酸盐溶液中，

加入 $AgNO_3$ 溶液都可得到黄色的磷酸盐沉淀。磷酸的各种钙盐在水中的溶解度不相同。PO_4^{3-} 能与钼酸铵反应，在酸性条件下生成黄色难溶的晶体，故可用钼酸铵来鉴定。其反应如下：

$$PO_4^{3-}+3NH_4^++12MoO_4^{2-}+24H^+ \xlongequal{} (NH_4)_3PO_4 \cdot 12MoO_3 \cdot 6H_2O\downarrow+6H_2O$$

NO_3^- 可用棕色环法鉴定：

$$3Fe^{2+}+NO_3^-+4H^+ \xlongequal{} 3Fe^{3+}+2H_2O+NO$$

$$NO+Fe^{2+} \xlongequal{} Fe(NO)^{2+}(\text{棕色})$$

NO_2^- 也能产生同样的反应，因此当有 NO_2^- 存在时，须先将 NO_2^- 除去，除去的方法是在混合溶液中加饱和 NH_4Cl，一起加热，反应如下：

$$NH_4^++NO_2^- \xlongequal{} N_2\uparrow+2H_2O$$

NO_2^- 和 $FeSO_4$ 在 HAc 溶液中能生成棕色 $[Fe(NO)]SO_4$ 溶液，利用这个反应可以鉴定 NO_2^- 的存在（检验 NO_3^- 时，必须用 H_2SO_4）。

$$NO_2^-+Fe^{2+}\ 2HAc \xlongequal{} NO+Fe^{3+}+2Ac^-+H_2O$$

$$NO+Fe^{2+} \xlongequal{} Fe(NO)^{2+}(\text{棕色})$$

NH_4^+ 常用两种方法鉴定：

① 用 NaOH 和 NH_4^+ 反应生成 NH_3，使湿润红石蕊试纸变蓝。

② 用奈斯勒试剂（$K_2[HgI_4]$ 的碱性溶液）与 NH_4^+ 反应产生红棕色沉淀，其反应为：

$$NH_4^++2[HgI_4]^{2-}+4OH^- \longrightarrow \left[O\begin{matrix}Hg\\ \\Hg\end{matrix}NH_2\right]I\downarrow+3H_2O+7I^-$$

仪器与试剂

仪器：离心机

固体药品：$FeSO_4 \cdot 7H_2O$；$PbCO_3$；KNO_3

酸：HNO_3（2mol/L，浓）；H_2SO_4（3mol/L，1∶1，浓）；HAc（2mol/L）；HCl（2mol/L，浓）

碱：NaOH(2mol/L，6mol/L)；$NH_3 \cdot H_2O$(2mol/L，6mol/L)

盐：NH_4Cl；KI；KNO_3；Na_3PO_4；Na_2HPO_4；NaH_2PO_4；$AgNO_3$；$Na_2S_2O_3$；$FeCl_3$；$MnSO_4$；$K_4[Fe(CN)_6]$；$CaCl_2$；Na_2SO_3（以上溶液浓度均为 0.1mol/L）；$NaNO_2$（0.1mol/L，1mol/L）；$ZnSO_4$（0.1mol/L，饱和）；NH_4Cl(饱和)；$KMnO_4$(0.01mol/L)

其他：$(NH_4)_2MoO_4$ 溶液；$Na_2[Fe(CN)_5NO]$(1%)；I_2 水；品红（0.1%）；淀粉溶液（1%）；SO_2 溶液（饱和）；H_2S 水溶液（饱和）；H_2O_2(3%)；奈斯勒试剂；红蓝石蕊试纸；滤纸条

实验步骤

(1) 过氧化氢的性质

① 氧化性。

a. 取少量3%的 H_2O_2 溶液用 H_2SO_4 酸化后滴加 0.1mol/L KI溶液，观察现象，写出反应式。

b. 在少量 0.1mol/L $PbCO_3$ 溶液中滴加饱和 H_2S 水溶液，离心分离后吸去清液，往沉淀中逐滴加入3%的 H_2O_2 溶液并用玻璃棒搅动溶液，观察现象，写出反应式。

② 还原性。取少量 3% 的 H_2O_2 溶液用 3mol/L H_2SO_4 酸化后滴加数滴 0.01mol/L $KMnO_4$ 溶液，观察现象。用火柴余烬检验反应生成的气体，写出反应式。

③ 在少量 3%的 H_2O_2 溶液用 2mol/L NaOH 溶液数滴，再加入 0.1mol/L $MnSO_4$ 溶液数滴，观察现象，写出反应式。溶液静置后倾去清液，往沉淀中加入少量 3mol/L H_2SO_4 溶液后滴加 3%的 H_2O_2 溶液，观察又有什么变化？写出反应式并给予解释。

（2）H_2SO_3、$H_2S_2O_3$ 及其盐的性质

① H_2SO_3 的性质。用蓝色石蕊试纸检验 SO_2 饱和溶液是否呈酸性？

在三支试管中分别取少量饱和 SO_2 水溶液，分别加入少量 I_2 水、H_2S 水溶液及品红溶液，观察现象，写出反应式。总结 H_2SO_3 的性质。

② 向 0.1mol/L $Na_2S_2O_3$ 溶液中滴加 2mol/L HCl 溶液，观察现象，写出反应式，并说明 $H_2S_2O_3$ 的性质。

③ 向 0.1mol/L $Na_2S_2O_3$ 溶液中滴加 I_2 水，观察现象，写出反应式，并说明 $Na_2S_2O_3$ 的性质。

（3）S^{2-}、SO_3^{2-}、$S_2O_3^{2-}$ 的鉴定和分离

① 在点滴板上滴入 Na_2S，然后滴入 1%的 $Na_2[Fe(CN)_5NO]$，观察溶液颜色。出现紫红色即表示有 S^{2-}。

② 在点滴板上滴入 2 滴饱和 $ZnSO_4$，然后加入 1 滴 0.1mol/L $K_4[Fe(CN)_6]$ 和 1 滴 1%的 $Na_2[Fe(CN)_5NO]$，并选用 $NH_3 \cdot H_2O$ 使溶液呈中性，再滴加 SO_3^{2-} 溶液，出现红色沉淀即表示有 SO_3^{2-}。

③ 在点滴板上滴入 1 滴 $Na_2S_2O_3$ 溶液，然后加入 2 滴 $AgNO_3$ 生成沉淀，颜色由白→黄→棕→黑即表示有 $S_2O_3^{2-}$。

④ 取一份 S^{2-}、SO_3^{2-}、$S_2O_3^{2-}$ 混合液，先取出少量溶液鉴定 S^{2-}，然后在混合溶液中加入少量 $PbCO_3$ 固体，充分搅动，离心分离弃去沉淀，取 1 滴溶液用 $Na[Fe(CN)_5NO]$ 试剂检验 S^{2-} 是否沉淀完全。如不完全，离心液重复用 $PbCO_3$ 处理直至 S^{2-} 完全被除去，离心分离，将离心液分成两份分别鉴定 SO_3^{2-} 和 $S_2O_3^{2-}$。

（4）亚硝酸及其盐的性质

① 取 10 滴 1mol/L $NaNO_2$ 溶液，放入冰水中冷却，然后滴加 1∶1 的 H_2SO_4，混合均匀，观察现象，溶液放置一段时间后又有什么变化？为什么？

② 取少量 0.1mol/L KI 溶液用 H_2SO_4 酸化，再加入几滴 0.1mol/L $NaNO_2$ 溶液，观察现象，写出反应式。

③ 取几滴 $KMnO_4$ 溶液用 H_2SO_4 酸化后滴加 0.1mol/L $NaNO_2$ 溶液，观察现象，写出反应式。

（5）磷酸盐的性质

① 分别向 0.1mol/L Na_3PO_4、0.1mol/L Na_2HPO_4 和 0.1mol/L NaH_2PO_4 溶液中加入 $CaCl_2$ 溶液，观察有无沉淀生成？再加入 2mol/L $NH_3 \cdot H_2O$ 后又有何变化？继续加入 2mol/L HCl 后又有什么变化？写出反应式。

② 分别检验 Na_3PO_4、Na_2HPO_4 和 NaH_2PO_4 水溶液的 pH 值，以等量的 $AgNO_3$ 溶液分别加入到这些溶液中，产生沉淀后溶液的 pH 值又有什么变化？

（6）NH_4^+、NO_3^-、NO_2^-、PO_4^{3-} 的鉴定

① 用两块干燥的表面皿，一块表面皿内滴入 NH_4Cl 与 NaOH，另一块贴上湿的石蕊试纸或滴有奈斯勒试剂的滤纸条，然后把两块表面皿扣在一起做成气室，若红色石蕊试纸变蓝或奈斯勒试剂变红棕色，表示有 NH_4^+ 存在。

② 取少量 0.1mol/L KNO_3 溶液和数粒 $FeSO_4 \cdot 7H_2O$ 晶体，振荡溶解后，在混合溶液中，沿试管壁慢慢滴入浓 H_2SO_4，观察浓 H_2SO_4 与液面交界处有棕色环生成，则表示有

NO_3^- 存在。

③ 取少量 0.1mol/L $NaNO_2$ 溶液，用 2mol/L HAc 酸化，再加入数粒 $FeSO_4 \cdot 7H_2O$ 晶体，若有棕色出现，表示有 NO_2^- 存在。

④ 取少量 0.1mol/L Na_3PO_4 溶液，加入 10 滴浓 HNO_3，再加入 20 滴钼酸铵试剂，微热至 40～50℃，若有黄色沉淀生成，由表示有 PO_4^{3-} 存在。

思考题

(1) H_2O_2 能否将 Br^- 氧化为 Br_2？H_2O_2 能否将 Br_2 还原为 Br^-？

(2) 某同学将少量 $AgNO_3$ 溶液滴入 $Na_2S_2O_3$ 溶液中，出现白色沉淀，振荡后沉淀马上消失，溶液又呈无色透明，为什么？

(3) 在 $NaNO_2$ 与 $KMnO_4$、KI 反应中是否需要加酸酸化，为什么？选用什么酸为好，为什么？

(4) NO_2^- 在酸性介质中与 $FeSO_4$ 也能产生棕色反应，那么在 NO_3^- 与 NO_2^- 混合液中你将怎样鉴别出 NO_3^-？

实验 5.2 碱金属和碱土金属

实验目的

(1) 试验比较碱金属与碱土金属的活泼性。

(2) 掌握碱金属盐和过氧化钠的性质。

(3) 掌握碱土金属氢氧化物的溶解性以及难溶盐的生成与性质。

实验原理

碱金属和碱土金属分别是周期系ⅠA、ⅡA 族元素，皆为活泼的金属元素，碱土金属的活泼性仅次于碱金属。钠和钾与水作用都很激烈，而镁和水作用很慢，这是由于表面形成一层难溶于水的氢氧化镁，阻碍了金属镁与水的作用。

碱金属的盐一般易溶于水，仅少数难溶。如：醋酸铀酰锌钠 $NaZn(UO_2)(CH_3COO)_9 \cdot 9H_2O$；钴亚硝酸钠钾 $K_2Na[Co(NO_2)_6]$ 等。

而碱土金属硫酸盐、草酸盐、碳酸盐、铬酸盐等都为难溶盐。

金属钠易与空气中的氧作用生成浅黄色的 Na_2O_2，其水溶液呈碱性，且不稳定，易分解产生氧气：

$$Na_2O_2 + 2H_2O = 2NaOH + H_2O_2$$

$$2H_2O_2 = 3H_2O + O_2 \uparrow$$

碱金属和碱土金属及其挥发性的化合物在高温火焰中可放出一定波长的光，使火焰呈特征的颜色。例如：钠呈黄色，钾、铷、铯呈紫色，锂呈红色，钙呈砖红色，锶呈洋红色，钡呈黄绿色，利用焰色反应可鉴别碱金属和碱土金属的离子。

仪器与试剂

固体药品：Na_2O_2；钠；镁条

酸：H_2SO_4(1mol/L)；HCl(2mol/L，浓)；HAc(2mol/L)

碱：NaOH(2mol/L)；$NH_3 \cdot H_2O$(2mol/L)

盐：NaAc；KNO_3；$MgCl_2$；$CaCl_2$；$BaCl_2$；K_2CrO_4（以上溶液均为 0.1mol/L）；$CaCl_2$

(1mol/L)；Na_2CO_3(1mol/L)；Na_2SO_4(1mol/L)；$KMnO_4$(0.01mol/L)；$(NH_4)_2C_2O_4$(饱和)；$(NH_4)_2SO_4$(饱和)；$K[Sb(OH)_6]$ (饱和)

其他：酚酞；醋酸铀酰锌；钴亚酸钠；pH 试纸；滤纸；砂皮纸

实验步骤

(1) 碱金属、碱土金属活泼性比较

① 钠与空气中氧的反应。用镊子取一块绿豆大小的金属钠，用滤纸吸干其表面的煤油，立即置于坩埚中加热，当钠刚刚开始燃烧时，停止加热。观察反应现象，写出反应式。产物冷却后，用玻璃棒轻轻捣碎产物，转移入试管中，加入少量水令其溶解、冷却，观察有无气体放出，检验其 pH 值。以 2mol/L H_2SO_4 酸化后，加入 1 滴 0.01mol/L $KMnO_4$ 溶液，观察现象，写出反应式。

② 镁与氧的反应。取一小段镁条，用砂纸除去表面氧化层，点燃，观察现象，写出反应式。

③ 与水的作用。

a. 分别取一小块金属钾和钠，用滤纸吸干表面煤油后，放入两个盛水的小烧杯中，观察现象，检验溶液的酸碱性，写出反应方程式。

b. 取两段镁条，除去表面氧化膜后，分别投入盛有冷水和热水的两支试管中，对比反应的不同，写出反应方程式。

(2) 锂、钠、钾盐的溶解性

① 锂盐。取少量 1mol/L LiCl 溶液分别与 1mol/L NaF、Na_2CO_3 及 Na_2HPO_4 溶液反应，观察现象，写出反应方程式。(必要时可微热试管)

② 钠盐。于少量 1mol/L NaCl 溶液中，加入饱和 $K[Sb(OH)_6]$ 溶液，如无晶体析出，可用玻璃棒摩擦试管壁。观察产物的颜色、状态，写出反应方程式。

③ 钾盐。于少量 1mol/L KCl 溶液中，加入 1mL 饱和酒石酸氢钠 ($NaHC_4H_4O_6$) 溶液，观察现象，写出反应方程式。

(3) 碱土金属盐的难溶性

① 取少量 $MgCl_2$、$CaCl_2$、$BaCl_2$ 溶液，分别加入几滴 Na_2SO_4 溶液，观察有无沉淀产生？如有沉淀产生，取少量沉淀加入饱和 $(NH_4)_2SO_4$ 溶液，观察沉淀是否溶解？并比较 $MgSO_4$、$CaSO_4$、$BaSO_4$ 在 $(NH_4)_2SO_4$ 溶液中的溶解性。

② 取少量 $MgCl_2$、$CaCl_2$、$BaCl_2$ 溶液，分别加入饱和 $(NH_4)_2C_2O_4$ 溶液，观察有无沉淀产生？若有沉淀产生，则分别试验沉淀与 2mol/L HAc 和 2mol/L HCl 的反应，写出反应方程式，并比较 3 种草酸盐的溶解度。

③ 取少量 $CaCl_2$、$BaCl_2$ 溶液，分别加入 K_2CrO_4 溶液，观察现象，并试验产物与 2mol/L HAc 和 2mol/L HCl 的反应，写出反应方程式。

④ 在 $MgCl_2$ 溶液中加入少量和过量 Na_2CO_3 溶液，观察现象。然后另取 $CaCl_2$、$BaCl_2$ 溶液，分别加入 Na_2CO_3 溶液，观察现象，并试验所得沉淀与 2mol/L HAc 反应的情况。

(4) 碱土金属氢氧化物溶解度的比较

① 取少量 $MgCl_2$、$CaCl_2$、$BaCl_2$ 溶液，分别加入 $NH_3 \cdot H_2O$，观察有无沉淀产生。

② 取少量 $MgCl_2$、$CaCl_2$、$BaCl_2$ 溶液，分别加入新配制（不含 CO_3^{2-}）的 2mol/L NaOH，观察有无沉淀产生。

思考题

(1) 为什么在试验比较 $Mg(OH)_2$、$Ca(OH)_2$、$Ba(OH)_2$ 的溶解度时，所用的 NaOH

必须是新配制的？如何配制不含CO_3^{2-}的NaOH溶液？

（2）现有$(NH_4)_2SO_4$、HNO_3、Na_2CO_3、$BaCl_2$、NaOH、NaCl、H_2SO_4试剂，试利用它们之间的相互反应加以鉴别。

实验5.3 锡、铅、锑、铋

实验目的

（1）掌握锡、铅、锑、铋的氢氧化物酸碱性及其递变规律。

（2）掌握Sn(Ⅱ)、Sb(Ⅲ)、Pb(Ⅳ)、Bi(Ⅴ)的氧化还原性。

（3）了解难溶铅盐的溶解性。

（4）掌握Sn^{2+}、Pb^{2+}、Sb^{3+}、Bi^{3+}离子的鉴定及混合离子的分离方法。

实验原理

锡与铅、锑与铋分别是周期系ⅣA、ⅤA族元素。锡、铅形成+2、+4价化合物，锑、铋形成+3、+5价化合物。

锡、铅和锑（Ⅲ）、铋（Ⅲ）盐具有较强的水解作用，因此配制盐溶液时，必须溶解在相应的酸中以抑制水解。$SnCl_2$是实验室中常用的还原剂，它可以被空气氧化，配制时应加入锡粒防止氧化。除铋外，它们的氢氧化物都呈两性，溶于碱的反应为：

$$Sn(OH)_2+2OH^- = [Sn(OH)_4]^{2-}$$

$$Pb(OH)_2+2OH^- = [Pb(OH)_4]^{2-}$$

$$Sb(OH)_3+3OH^- = [Sb(OH)_6]^{3-}$$

锡、铅、锑、铋都能生成有色硫化物，它们都不溶于水和稀酸，除SnS、PbS、Bi_2S_3外都能与Na_2S或$(NH_4)_2S$作用生成相应的硫代酸盐：

$$Sb_2S_3+3Na_2S = 2Na_3SbS_3$$

$$SnS_2+Na_2S = Na_2SnS_3$$

SnS能溶于多硫化钠的溶液中，这是由于S_2^{2-}具有氧化作用可把SnS氧化成SnS_2而溶解：

$$SnS+Na_2S_2 = Na_2SnS_3$$

所有的硫代酸盐只能存在于中性或碱性介质中，遇酸生成不稳定的硫代酸，继而分解为相应的硫化物和硫化氢。

锡（Ⅱ）是一种较强的还原剂，在碱性介质中亚锡酸根能与铋（Ⅲ）进行反应：

$$3[Sn(OH)_4]^{2-}+2Bi(OH)_3 = 3[Sn(OH)_6]^{2-}+2Bi\downarrow(黑)$$

在酸性介质中$SnCl_2$能与$HgCl_2$进行反应：

$$SnCl_2+2HgCl_2 = SnCl_4+Hg_2Cl_2\downarrow(白色)$$

$$SnCl_2+Hg_2Cl_2 = SnCl_4+2Hg\downarrow(黑色)$$

但Bi(Ⅲ)要在强碱性条件下选用强氧化剂Na_2O_2、Cl_2、Br_2等才能被氧化：

$$Bi(OH)_3+Br_2+3NaOH = NaBiO_3+2NaBr+3H_2O$$

Pb(Ⅳ)和Bi(Ⅴ)为较强的氧化剂，在酸性介质中能与Mn^{2+}、Cl^-等还原剂发生反应：

$$5PbO_2+2Mn^{2+}+5SO_4^{2-}+4H^+ = 5PbSO_4+2MnO_4^-+2H_2O$$

$$5NaBiO_3+2Mn^{2+}+14H^+ = 2MnO_4^-+5Bi^{3+}+5Na^++7H_2O$$

Sb^{3+}和SbO_4^{3-}在锡片上可以被还原为金属锑，使锡片显黑色：

$$2Sb^{3+}+3Sn = 2Sb+3Sn^{2+}$$

Bi(Ⅲ) 在碱性条件下与亚锡酸钠反应生成黑色金属铋；Sn(Ⅱ) 在酸性条件下与 $HgCl_2$ 反应生成 Hg，在分析化学上常利用以上反应来鉴定这些离子。

仪器与试剂

仪器：离心机

固体药品：PbO_2；$NaBiO_3$；锡片

酸：HCl(2mol/L，6mol/L，浓)；H_2SO_4(3mol/L)；HNO_3(2mol/L，6 mol/L)

碱：NaOH(2mol/L，6mol/L)；$NH_3 \cdot H_2O$(2mol/L，6mol/L)

盐：$SnCl_2$；$SnCl_4$；$Pb(NO_3)_2$；$SbCl_3$；$Bi(NO_3)_3$；$HgCl_2$；$MnSO_4$；Na_2S；KI；K_2CrO_4；$FeCl_3$；KSCN；$AgNO_3$(以上溶液均为 0.1mol/L)；Na_2S(0.5mol/L)；NH_4Ac(饱和)；KI(2mol/L)；溴水

材料：滤纸条

实验步骤

(1) 氢氧化物的酸碱性

制取少量 $Sn(OH)_2$、$Pb(OH)_2$、$Sb(OH)_3$、$Bi(OH)_3$，观察其颜色以及在水中的溶解性，分别试验其酸碱性。将上述实验所观察到的现象及反应产物填入表 5.3.1，并对其酸碱性作出结论。

表 5.3.1 记录实验现象

项　目		Sn^{2+}	Pb^{2+}	Sb^{3+}	Bi^{3+}
盐＋NaOH(现象)					
氢氧化物	＋NaOH(现象)				
	＋酸(现象)				
结　论					

(2) 氧化还原性

① Sn(Ⅱ) 的还原性。

a. 在 0.1mol/L $FeCl_3$ 溶液中滴加 $SnCl_2$ 溶液，观察现象，写出反应式，试用 KSCN 溶液检验溶液中是否存在 Fe^{3+}。

b. 在 0.1mol/L $HgCl_2$ 溶液中滴加 0.1mol/L $SnCl_2$ 溶液直至过量，观察现象，写出反应式。

c. 向自制 Na_2SnO_2 溶液中滴加 0.1mol/L $Bi(NO_3)_3$ 两滴，观察现象，写出反应式。

② Pb(Ⅳ) 的氧化性。在少量 PbO_2(s) 的试管中，加入 6mol/L HNO_3 酸化，再加入 1 滴 0.1mol/L $MnSO_4$ 溶液，于水浴中加热，观察现象，写出反应式。

③ Sb(Ⅲ)、Bi(Ⅲ) 的还原性。

a. 取 1 支试管制备 $[Ag(NH_3)_2]^+$ 溶液后，加入少量 Na_3SbO_3(自制) 溶液，微热试管，观察现象，写出反应式。

b. 取少量 0.1mol/L $Bi(NO_3)_3$ 溶液滴加 6mol/L NaOH 溶液至白色沉淀生成后，加入溴水，观察现象，写出反应式。

④ Bi(Ⅴ) 的氧化性。取 1 滴 0.1mol/L $MnSO_4$ 溶液和 1mL 6mol/L 的 HNO_3 溶液，加少量固体 $NaBiO_3$，微热，观察溶液颜色。写出离子反应方程式。

(3) 硫化物和硫代酸盐的生成和性质

① 分别制取少量 SnS、SnS_2、PbS、Sb_2S_3、Bi_2S_3，观察颜色，试验各种硫化物在稀 HCl、浓 HCl、稀 HNO_3、Na_2S 溶液中的溶解情况，如能溶解，写出反应方程式。

将上述实验结果归纳在表 5.3.2 中，并比较锡、铅、锑、铋硫化物的性质。

表 5.3.2　归纳实验结果

颜色和试剂	硫化物				
	SnS	SnS_2	PbS	Sb_2S_3	Bi_2S_3
颜色					
2mol/L HCl					
浓 HCl					
2mol/L HNO_3					
0.5mol/L Na_2S					

② 制取硫代酸盐，并试验它们在酸性溶液中的稳定性，写出反应方程式。

(4) 铅难溶盐的生成和性质

制取少量 $PbCl_2$、$PbSO_4$、PbI_2、$PbCrO_4$、PbS，观察现象。

① 试验 $PbCl_2$ 在冷水、热水和浓 HCl 中的溶解情况；

② 试验 PbI_2 在 KI 溶液中的溶解情况；

③ 试验 $PbSO_4$ 在饱和 NH_4Ac 溶液中的溶解情况；

④ 试验 $PbCrO_4$ 在稀 HNO_3 溶液中的溶解情况。

根据以上实验及 PbS 的性质实验填写表 5.3.3。

表 5.3.3　填写数据及分析

<table>
<tr><th>难溶盐</th><th>颜色</th><th colspan="12">溶解性</th><th>解释现象写出反应方程式</th></tr>
<tr><td rowspan="2">$PbCl_2$</td><td rowspan="2"></td><td colspan="4">冷水</td><td colspan="4">热水</td><td colspan="4">浓 HCl</td><td rowspan="2"></td></tr>
<tr><td colspan="4"></td><td colspan="4"></td><td colspan="4"></td></tr>
<tr><td rowspan="2">PbL_2</td><td rowspan="2"></td><td colspan="12">KI(2mol/L)</td><td rowspan="2"></td></tr>
<tr><td colspan="12"></td></tr>
<tr><td rowspan="2">$PbSO_4$</td><td rowspan="2"></td><td colspan="12">饱和 NH_4Ac</td><td rowspan="2"></td></tr>
<tr><td colspan="12"></td></tr>
<tr><td rowspan="2">$PbCrO_4$</td><td rowspan="2"></td><td colspan="12">稀 HNO_3</td><td rowspan="2"></td></tr>
<tr><td colspan="12"></td></tr>
<tr><td rowspan="2">PbS</td><td rowspan="2"></td><td colspan="3">浓 HCl</td><td colspan="3">稀 HCl</td><td colspan="3">稀 HNO_3</td><td colspan="3">Na_2S</td><td rowspan="2"></td></tr>
<tr><td colspan="3"></td><td colspan="3"></td><td colspan="3"></td><td colspan="3"></td></tr>
</table>

(5) 离子的鉴定

选用合适试剂鉴定 Sn^{2+}、Pb^{2+}、Sb^{3+}、Bi^{3+}。写出反应方程式。

思考题

(1) 如何配制 $SnCl_2$、$Pb(NO_3)_2$、$SbCl_3$、$Bi(NO_3)_3$ 溶液？

(2) 在氢氧化物碱性实验中应如何选择酸？

(3) 哪些硫化物能溶于 Na_2S 或 $(NH_4)_2S$ 中，哪些硫化物能溶于 Na_2S_x 或 $(NH_4)_2S_x$ 中？Na_2S 中常含有少量 Na_2S_x，为什么？Na_2S_x 的存在对本实验有何影响？

实验5.4 铬、锰、铁、钴、镍

实验目的

（1）了解Cr、Mn的各主要氧化值物质之间的相互转化，以及重要化合物的性质。

（2）了解Fe、Co、Ni的＋2、＋3氧化值状态化合物还原性和氧化性的递变规律，以及重要化合物的性质。

（3）了解Cr^{3+}、Mn^{2+}、Fe^{2+}、Fe^{3+}、Co^{2+}、Ni^{2+}离子的鉴定方法。

实验原理

Cr和Mn分别为第一过渡系ⅥB、ⅦB族元素。它们都有可变的氧化值，Cr有＋2、＋3、＋6，其中氧化值为＋2的化合物不稳定；Mn有＋2、＋3、＋4、＋5、＋6、＋7，其中氧化值＋3、＋5的化合物不稳定。

Cr(Ⅲ)氢氧化物呈两性，盐易水解。在强碱性介质中Cr(Ⅲ)易被中等强度的氧化剂（如H_2O_2）氧化为CrO_4^{2-}，表现较强的还原性。

$$2[Cr(OH)_4]^- + 3H_2O_2 + 2OH^- = 2CrO_4^{2-} + 8H_2O$$

但在酸性介质中，Cr^{3+}表现出较大的氧化还原稳定性，不易被氧化，也不易被还原，只有强氧化剂才能将其氧化为$Cr_2O_7^{2-}$，如：

$$10Cr^{3+} + 6MnO_4^- + 11H_2O = 5Cr_2O_7^{2-} + 6Mn^{2+} + 22H^+$$

铬酸盐和重铬酸盐在水溶液中存在下列平衡：

$$2CrO_4^{2-} + 2H^+ = Cr_2O_7^{2-} + H_2O$$

Cr(Ⅵ)具有氧化性，易被还原为Cr(Ⅲ)，如：

$$Cr_2O_7^{2-} + 3SO_3^{2-} + 8H^+ = 2Cr^{3+} + 3SO_4^{2-} + 4H_2O$$

在酸性介质中，$Cr_2O_7^{2-}$与H_2O_2反应生成蓝色过氧化铬CrO_5：

$$Cr_2O_7^{2-} + 4H_2O_2 + 2H^+ = CrO_5 + 5H_2O$$

这个反应常用来鉴定$Cr_2O_7^{2-}$或Cr^{3+}。

Mn(Ⅱ)氢氧化物呈碱性，在空气中易被氧化，逐渐变成棕色MnO_2的水合物$MnO(OH)_2$，但在酸性介质中Mn^{2+}相当稳定，不易被还原，也不易被氧化。只有在较强的酸性条件下与强氧化剂作用（如$NaBiO_3$、PbO_2），才能被氧化成MnO_4^-：

$$5NaBiO_3 + 2Mn^{2+} + 14H^+ = 2MnO_4^- + 5Bi^{3+} + 5Na^+ + 7H_2O$$

$$5PbO_2 + 2Mn^{2+} + 4H^+ = 2MnO_4^- + 5Pb^{2+} + 2H_2O$$

MnO_2在酸性介质中有强氧化性，还原产物为Mn^{2+}：

$$MnO_2 + 4HCl(浓) = MnCl_2 + Cl_2\uparrow + 2H_2O$$

MnO_4^-具有强氧化性，在酸性介质中氧化能力更强。MnO_4^-作为氧化剂，在不同的介质中还原产物不同。在酸性介质中，被还原为Mn^{2+}；中性介质中为MnO_2；在碱性介质中为MnO_4^{2-}。

Fe、Co、Ni是周期系第Ⅷ族的第一个三元素组，性质很相似，在化合物中常见的氧化值为＋2、＋3。

Fe、Co、Ni 的+2 价氢氧化物都呈碱性能，空气中的氧对它们的作用情况各不相同：$Fe(OH)_2$ 很快被氧化为红棕色的 $Fe(OH)_3$；$Co(OH)_2$ 缓慢被氧化成褐色 $Co(OH)_3$；$Ni(OH)_2$与氧则不起作用，但与强氧化剂（如 Br_2）反应如下：

$$2NiSO_4 + Br_2 + 6NaOH = 2Ni(OH)_3 \downarrow + 2NaBr + 2Na_2SO_4$$

除 $Fe(OH)_3$ 外，$Co(OH)_3$、$Ni(OH)_3$ 与 HCl 作用都能产生氯气：

$$2Ni(OH)_3 + 6HCl = 2NiCl_2 + Cl_2 \uparrow + 6H_2O$$

$$2Co(OH)_3 + 6HCl = 2CoCl_2 + Cl_2 \uparrow + 6H_2O$$

Fe(Ⅱ、Ⅲ) 盐的水溶液易水解。Fe^{2+} 为还原剂，Fe^{3+} 为氧化剂。

铁、钴、镍都能生成不溶于水而易溶于稀酸的硫化物，自溶液中析出的 CoS、NiS，经放置后，由于结构改变成为不溶于稀酸的难溶物质。

铁、钴、镍都能生成配合物，其中常见的有：$K_4[Fe(CN)_6]$、$K_3[Fe(CN)_6]$、$[Co(NH_3)_6]Cl_3$、$K_3[Co(NO_2)_6]$、$[Ni(NH_3)_4]SO_4$ 等，Co(Ⅱ) 的配合物不稳定，易被氧化为 Co(Ⅲ) 的配合物：

$$4[Co(NH_3)_6]^{2+} + O_2 + 2H_2O = 4[Co(NH_3)_6]^{3+} + 4OH^-$$

在 Co^{2+} 溶液中加入饱和 KSCN 溶液生成蓝色配合物 $[Co(NCS)_4]^{2-}$，该配合物在水溶液中不稳定，它易溶于有机溶剂，如丙酮，它能使蓝色更显著。

Ni^{2+} 溶液与二乙酰二肟在氨性溶液中作用，生成鲜红色螯合物沉淀：

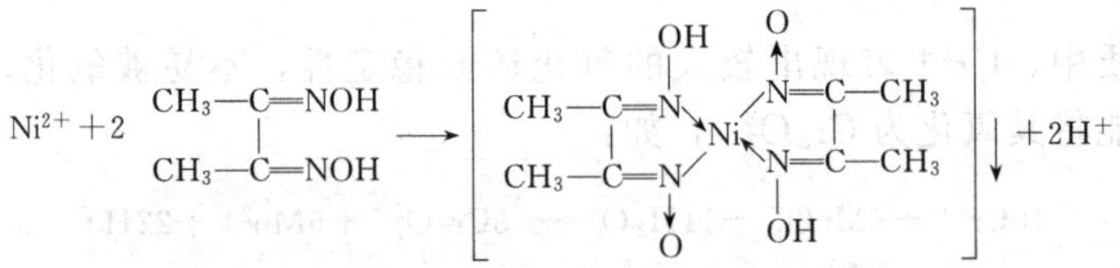

$$Ni^{2+} + 2\ \begin{matrix} CH_3-C=NOH \\ | \\ CH_3-C=NOH \end{matrix} \longrightarrow \left[\begin{matrix} & OH & & O & \\ & | & & \uparrow & \\ CH_3-C=N & \rightarrow & Ni & \leftarrow & N=C-CH_3 \\ CH_3-C=N & \rightarrow & & \leftarrow & N=C-CH_3 \\ & \downarrow & & | & \\ & O & & OH & \end{matrix} \right] \downarrow + 2H^+$$

鲜红色

通常，利用形成配合物的特征颜色来鉴定 Fe^{2+}、Fe^{3+}、Co^{2+}、Ni^{2+}。

仪器与试剂

仪器：离心机

固体药品：$FeSO_4 \cdot 7H_2O$；KSCN；$(NH_4)_2S_2O_8$

酸：HCl(2mol/L，浓)；HNO_3(6mol/L)；H_2SO_4(3mol/L)；HAc(2mol/L)

碱：NaOH(2mol/L，6mol/L)；$NH_3 \cdot H_2O$(2mol/L，6mol/L)

盐：$CrCl_3$；$K_2Cr_2O_7$；Na_2SO_3；$MnSO_4$；$K_4[Fe(CN)_6]$；$NiSO_4$；$K_3[Fe(CN)_6]$；$CoCl_2$；$FeCl_3$；KI(以上溶液均为 0.1mol/L)；$KMnO_4$(0.01mol/L)；$CoCl_2$(0.5mol/L)；$NiSO_4$(0.5mol/L)；NH_4Cl(1mol/L)；KSCN(1mol/L，饱和)

其他：H_2O_2(3%)；乙醚；溴水；二乙酰二肟；丙酮；H_2S(饱和)；KI-淀粉试纸

实验步骤

(1) Cr(Ⅲ) 的还原性和 Cr(Ⅵ) 的氧化性

① 在试管中加入少量 0.1mol/L $CrCl_3$ 和 6mol/L NaOH 溶液，使生成 $[Cr(OH)_4]^-$。然后加入适量的 3%的 H_2O_2 溶液，微热，观察溶液颜色的变化，写出反应方程式。

② 在试管中加入 3 滴 0.1mol/L $CrCl_3$ 溶液，用 3mol/L H_2SO_4 酸化，再加数滴 3%的 H_2O_2 溶液，微热，观察溶液颜色有无变化，写出反应方程式。

③ 在试管中加入 3 滴 0.1mol/L $CrCl_3$ 溶液，用几滴水稀释，加少量固体 $(NH_4)_2S_2O_8$，微热，观察溶液颜色的变化。

④ 选择两种合适的还原剂，验证 $K_2Cr_2O_7$ 在酸性介质中才有强氧化性。（提示：所选还原剂被氧化后的产物以无色或浅色为好，为什么？酸化时能否用稀 HCl？为什么？）

⑤ Cr^{3+} 离子的鉴定。取步骤（1）①所制得的 CrO_4^{2-} 溶液，加入 0.5mL 乙醚，用 3mol/L H_2SO_4 酸化，再加数滴 3%的 H_2O_2 溶液，摇动试管，观察乙醚层颜色的变化。写出反应方程式。

（2）Mn(Ⅱ）的还原性和 Mn(Ⅳ)、Mn(Ⅶ）的氧化性

① 在试管中加入 5 滴 0.1mol/L $MnSO_4$ 溶液，加入数滴 6mol/L HNO_3，然后加入少量 $NaBiO_3$ 固体，摇荡，观察溶液颜色变化，写出反应方程式。

② 在试管中加入少量 MnO_2 粉末，加入 10 滴浓 HCl，微热，检验有无氯气逸出。写出反应方程式。

③ 设计一组实验，证明 $KMnO_4$ 在酸性、中性和碱性溶液中与 Na_2SO_3 作用，其还原产物分别是什么？写出反应方程式。

（3）M(Ⅱ）（M＝Fe、Co、Ni）的还原性

① 在试管中加入 2mL 蒸馏水，加入 1～2 滴 3mol/L H_2SO_4 酸化，煮沸片刻（为什么?），然后在其中溶解几粒 $FeSO_4 \cdot 7H_2O$ 晶体。同时在另一试管中煮沸 1mL 的 2mol/L NaOH 溶液，迅速加到 $FeSO_4$ 溶液的试管中去（不要摇匀），观察现象。然后摇匀，静置片刻，观察颜色的变化，写出反应方程式。

② 在少量 0.1mol/L $CoCl_2$ 溶液中滴加 2mol/L NaOH 溶液，立即观察沉淀的颜色。将沉淀分成两份，一份静置一段时间观察变化；另一份加入数滴 3%的 H_2O_2 溶液，观察现象，写出反应方程式。

③ 在少量 0.1mol/L $NiSO_4$ 溶液中滴加 2mol/L NaOH 溶液，摇匀后静置一段时间观察沉淀的颜色有无变化。然后将沉淀分成两份，一份加入数滴 3%的 H_2O_2 溶液；另一份加溴水，观察现象，写出反应方程式。

（4）M(Ⅲ）（M＝Fe、Co、Ni）的氧化性

① 将以上实验（3）②中加 H_2O_2 的沉淀离心分离，弃去清液，沉淀用几滴蒸馏水洗涤 1～2 次，弃去清液。在洗涤后的 Co(OH) 沉淀中加入少量浓 HCl，用润湿的 KI-淀粉试纸检验逸出的气体，写出反应方程式。

② 用上述同样的方法洗涤实验（3）③中制得的 NiO(OH) 沉淀，检验与浓 HCl 作用时产生的气体。

通过以上实验，总结 Fe(Ⅱ)、Co(Ⅱ)、Ni(Ⅱ) 还原性和 Fe(Ⅲ)、Co(Ⅲ)、Ni(Ⅲ) 氧化性的递变规律。

（5）Fe、Co、Ni 的配合物

① 氨合物的形成。在 0.1mol/L $FeCl_3$、$CoCl_2$、$NiSO_4$ 溶液各 5 滴中，分别加入 6mol/L $NH_3 \cdot H_2O$ 1 滴，待产生沉淀后，再加过量 6mol/L $NH_3 \cdot H_2O$，如沉淀不溶，再加 1～2 滴饱和 NH_4Cl 溶液，有何变化？放置，观察现象，写出反应方程式。

② 硫氰配合物的形成。在两支试管中分别加入 1 滴 0.1mol/L $FeCl_3$、$NiSO_4$ 溶液，然后分别加入 1 滴 1mol/L KSCN 溶液；在另一支试管中加入 1 滴 0.1mol/L $CoCl_2$ 溶液，2 滴丙酮和少许 KSCN 固体，观察现象。本组实验表明，Fe^{3+} 和 Co^{2+} 可与 SCN^- 产生具有特殊颜色的配合物，可用于离子鉴定。

③ Ni^{2+} 鉴定。取 1 滴 0.1mol/L $NiSO_4$ 溶液，滴在点滴板上，再加入 1 滴 2mol/L 的 $NH_3 \cdot H_2O$ 和 1 滴 1%的二乙酰二肟，观察现象。

（6）Cr^{3+}、Mn^{2+}、Fe^{3+}、Co^{2+}、Ni^{2+} 混合离子的分离和鉴定

混合离子的分离鉴定步骤可用下面的流程图说明：

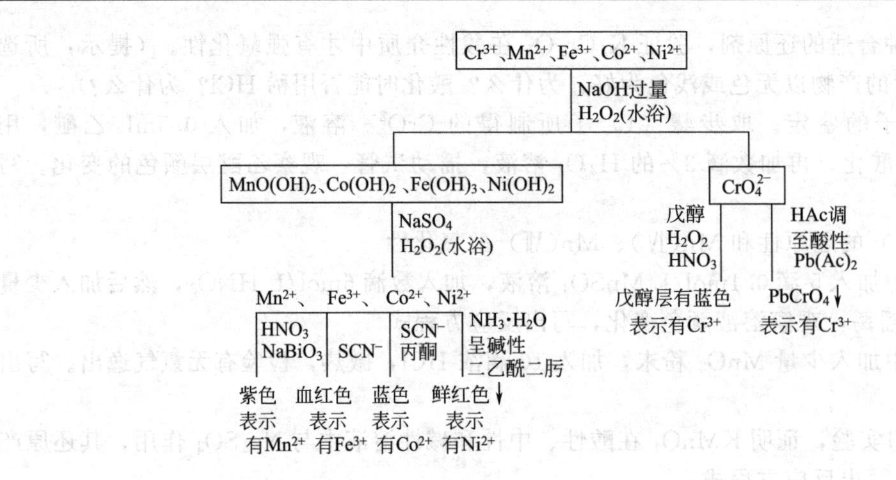

思考题

(1) 如何实现Cr(Ⅲ)→Cr(Ⅵ)→Cr(Ⅲ)的转化?

(2) 验证 $K_2Cr_2O_7$ 和 PbO_2 的氧化性时，应选用何种酸作介质?

(3) 总结在酸性介质中下列物质氧化性的强弱，并按氧化性由强到弱的次序进行排列。$KMnO_4$、$K_2Cr_2O_7$、$NaBiO_3$(s)、PbO_2(s)、$(NH_4)_2S_2O_8$。

实验5.5 铜、银、锌、镉、汞

实验目的

(1) 了解Cu、Ag、Zn、Cd、Hg氢氧化物的性质。

(2) 了解Cu、Ag、Zn、Cd、Hg常见配合物的性质。

(3) 了解Cu(Ⅰ)和Cu(Ⅱ)、Hg(Ⅰ)和Hg(Ⅱ)的相互转化。

(4) 了解 Cu^{2+}、Hg_2^{2+}、Zn^{2+}、Cd^{2+}、Hg^{2+} 等离子的鉴定。

实验原理

铜、银是周期系ⅠB族元素；锌、镉、汞属于ⅡB族元素，在化合物中铜的常见氧化值为+1和+2，银的氧化值为+1，锌、镉、汞的氧化值一般为+2，汞还有氧化值为+1的化合物。

$Cu(OH)_2$ 和 $Zn(OH)_2$ 显两性，$Cd(OH)_2$ 显碱性。$Cu(OH)_2$ 不太稳定，加热或放置而脱水变成CuO，银和汞的氢氧化物极不稳定，极易脱水成为 Ag_2O、HgO、Hg_2O(HgO+Hg)，所以在银盐和汞盐溶液中加碱时，得不到氢氧化物，而生成相应的氧化物。

Cu^{2+} 具有氧化性，与 I^- 反应时生成白色CuI沉淀：

$$2Cu^{2+}+4I^- = 2CuI\downarrow+I_2$$

CuI能溶于过量的KI中生成 $[CuI_2]^-$ 配离子：

$$CuI+I^- = [CuI_2]^-$$

将 $CuCl_2$ 溶液和铜屑混合，加入浓HCl，加热得棕色 $[CuCl_2]^-$ 配离子：

$$Cu^{2+}+Cu+4Cl^- = 2[CuCl_2]^-$$

生成的 $[CuI_2]^-$ 与 $[CuCl_2]^-$ 都不稳定，将溶液加水稀释时，又可得到白色CuI和CuCl沉淀。

在铜盐溶液中加入过量的NaOH，再加入葡萄糖，Cu^{2+} 则被还原为 Cu_2O 沉淀：

$$2Cu^{2+}+4OH^-+C_6H_{12}O_6 = Cu_2O\downarrow+C_6H_{12}O_7+2H_2O$$

在银盐溶液中加入过量的氨水，再用甲醛或葡萄糖还原便可制得银镜：

$$Ag^{+}+2NH_3+H_2O = Ag_2O+2NH_4^{+}$$

$$Ag_2O+4NH_3+H_2O = 2[Ag(NH_3)_2]^{+}+2OH^{-}$$

$$2[Ag(NH_3)_2]^{+}+HCHO+2OH^{-} = 2Ag+HCOO^{-}+NH_4^{+}+3NH_3+H_2O$$

Cu^{2+}、Ag^{+}、Zn^{2+}、Cd^{2+} 与过量氨水反应时，分别生成氨配合物。但 Hg^{2+} 和 Hg_2^{2+} 与过量氨水反应时，在没有大量 NH_4^{+} 存在的情况下，并不生成氨配离子：

$$HgCl_2+2NH_3 = HgNH_2Cl\downarrow(白)+NH_4Cl$$

$$Hg_2Cl_2+2NH_3 = HgNH_2Cl\downarrow(白)+Hg(黑)+NH_4Cl$$

$$2Hg(NO_3)_2+4NH_3+H_2O = HgO\cdot HgNH_2NO_3\downarrow(白)+3NH_4NO_3$$

$$2Hg_2(NO_3)_2+4NH_3+H_2O = HgO\cdot HgNH_2NO_3\downarrow(白)+Hg(黑)+3NH_4NO_3$$

Hg^{2+}、Hg_2^{2+-} 与 I^{-} 作用分别生成难溶于水的 HgI_2 和 Hg_2I_2 沉淀。橘红色的 HgI_2 易溶于过量的 KI 中生成 $[HgI_4]^{2-}$：

$$HgI_2+2KI = K_2[HgI_4]$$

黄绿色的 Hg_2I_2 与过量 KI 反应时，发生歧化反应生成 $[HgI_4]^{2-}$ 和 Hg：

$$Hg_2I_2+2KI = K_2[HgI_4]+Hg$$

Cu^{2+} 能与 $K_4[Fe(CN)_6]$ 反应生成红棕色 $Cu_2[Fe(CN)_6]$ 沉淀，可以利用这个反应来鉴定 Cu^{2+}。

Zn^{2+} 在强碱性溶液中与二苯硫腙反应生成粉红色的螯合物，Cd^{2+} 与 H_2S 饱和溶液反应能生成黄色 CdS 沉淀，Hg^{2+} 与 $SnCl_2$ 反应生成白色 Hg_2Cl_2，Hg_2Cl_2 与过量 $SnCl_2$ 反应生成黑色 Hg，利用上述特征反应可鉴定 Zn^{2+}、Cd^{2+}、Hg^{2+}。

仪器与试剂

仪器：离心机

固体药品：铜屑；NaCl

酸：HCl(2mol/L，浓)；HNO_3(2mol/L，6mol/L)；H_2SO_4(2mol/L)

碱：NaOH(2mol/L，6mol/L)；$NH_3\cdot H_2O$(2mol/L，6mol/L)

盐：$CuSO_4$；$AgNO_3$；KBr；KI；$K_4[Fe(CN)_6]$；$Na_2S_2O_3$；$CoCl_2$；NaCl；$FeCl_3$；$ZnSO_4$；$CdSO_4$；$Hg(NO_3)_2$；$HgCl_2$；$Hg_2(NO_3)_2$；NH_4Cl；$SnCl_2$（以上溶液均为 0.1mol/L)；$CuCl_2$(1mol/L)；KI(2mol/L)；KSCN(25%)

其他：甲醛（2%)；葡萄糖（10%)；二苯硫腙溶液；H_2S(饱和)

实验步骤

（1）氢氧化物的生成与性质

分别取 1 滴浓度为 0.1mol/L 的 $CuSO_4$、$ZnSO_4$、$CdSO_4$、$Hg(NO_3)_2$、$Hg_2(NO_3)_2$ 及 $AgNO_3$ 溶液制得相应的氢氧化物，记录它们的颜色，并试验其酸碱性和对热的稳定性，结果列入表 5.5.1，写出有关的反应方程式。

表 5.5.1　实验记录

项　目		Cu^{2+}	Ag^{+}	Zn^{2+}	Cd^{2+}	Hg^{2+}	Hg_2^{2+}
盐+NaOH(现象)							
氢氧化物或氧化物	加 NaOH(现象)						
	加酸(现象)						
结论	酸碱性						
	脱水性						

(2) 与氨水的作用

分别取2滴浓度均为0.1mol/L的$CuSO_4$、$ZnSO_4$、$CdSO_4$、$Hg(NO_3)_2$、$Hg_2(NO_3)_2$及$AgNO_3$溶液，分别逐滴加入6mol/L $NH_3 \cdot H_2O$，记录沉淀的颜色并试验沉淀是否溶于过量的$NH_3 \cdot H_2O$；若沉淀溶解，再加1滴2mol/L NaOH，观察是否有沉淀产生。归纳上述实验结果，填写表5.5.2。

表5.5.2 归纳上述实验结果

项目	$CuSO_4$	$ZnSO_4$	$CdSO_4$	$Hg(NO_3)_2$	$Hg_2(NO_3)_2$	$AgNO_3$
氨水(少量) 现象 产物						
氨水(过量) 现象 产物						

(3) 配合物

① 银的配合物。利用$AgNO_3$、NaCl、KBr、KI、$Na_2S_2O_3$、2mol/L $NH_3 \cdot H_2O$等试剂，设计系列试管实验，比较AgCl、AgBr、AgI溶解度的大小以及Ag^+与$NH_3 \cdot H_2O$、$Na_2S_2O_3$生成的配合物的稳定性的大小。记录有关实验现象，写出反应方程式。

② 汞的配合物。

a. 在$Hg(NO_3)_2$溶液中逐滴加入KI溶液，观察沉淀的生成与溶解。然后往溶解后的溶液中加入2mol/L NaOH使溶液呈碱性，再加入几滴铵盐溶液，观察现象，写出反应方程式。

b. 在$Hg_2(NO_3)_2$溶液中逐滴加入KI溶液，观察沉淀的生成与溶解，写出反应方程式。

c. 在$Hg(NO_3)_2$溶液中逐滴加入25%的KSCN溶液，观察沉淀的生成与溶解，写出反应方程式。把溶液分成两份，分别加入锌盐和钴盐，并用玻璃棒摩擦试管壁，观察白色$Zn[Hg(SCN)_4]$和蓝色$Co[Hg(SCN)_4]$沉淀的生成。

(4) Cu^{2+}、Ag^+的氧化性

① CuI的形成。在$CuSO_4$溶液中加入KI溶液，观察现象，用实验验证反应产物，写出反应方程式。

② CuCl的生成和性质。取1mL 1mol/L的$CuCl_2$溶液，加入少量NaCl(s)和铜屑，加热至沸，当溶液变泥黄色时，停止加热，将溶液迅速倒入盛有20mL水的50mL烧杯中，静置沉降，用倾析法分出溶液，将沉淀CuCl分成两份，分别加入2mol/L $NH_3 \cdot H_2O$和浓HCl溶液，观察现象，写出反应方程式。

③ 银镜的制作。在1支干净的试管中加入2滴0.1mol/L $AgNO_3$溶液，滴加2mol/L $NH_3 \cdot H_2O$溶液，至生成的沉淀刚好溶解，加入10滴10%葡萄糖，微热，观察沉淀的生成。

(5) 鉴定反应

① 利用离子的特征反应鉴定Cu^{2+}、Ag^+、Zn^{2+}、Cd^{2+}、Hg^{2+}等离子。

② 试设计Zn^{2+}、Cd^{2+}、Hg^{2+}混合液的分离方案并逐个进行鉴定。

思考题

(1) Cu(Ⅰ)与Cu(Ⅱ)各自稳定存在和相互转化的条件是什么？

(2) Hg_2^{2+}和Hg^{2+}与KI反应的产物有何不同？

(3) 现有5瓶没有标签的溶液：$AgNO_3$、$ZnSO_4$、$CdSO_4$、$Hg(NO_3)_2$、$Hg_2(NO_3)_2$，试用最简单的方法鉴别它们。

实验 5.6　常见阴离子的分离与鉴定

实验目的

（1）复习巩固、灵活运用非金属元素化合物的有关性质，了解和掌握常见阴离子的分离和鉴定的方法。

（2）练习试管反应的基本操作与实验技能。

实验原理

常见的阴离子在实验中并不很多，有的阴离子具有氧化性，有的具有还原性，所以很少有多种离子共存。在大多数情况下，阴离子彼此不妨碍鉴定，因此通常采用个别鉴定的方法。本实验对 Cl^-、Br^-、I^-、SO_3^{2-}、S^{2-}、$S_2O_3^{2-}$、NO_2^-、NO_3^-、PO_4^{3-} 等 9 种离子进行分离与鉴定，以及 Cl^-、Br^-、I^- 等 3 种离子共存时的分离鉴定。

Cl^-、Br^-、I^- 能和 Ag^+ 生成难溶于水的 AgCl（白色）、AgBr（淡黄色）、AgI（黄色），它们都不溶于稀 HNO_3 中。AgCl 在氨水、$(NH_4)_2CO_3$ 溶液、$AgNO_3$-NH_3 溶液中，由于生成配合离子 $[Ag(NH_3)_2]^+$ 而溶解，其反应为：

$$AgCl + 2NH_3 = [Ag(NH_3)_2]^+ + Cl^-$$

利用这个性质，可以将 AgCl 和 AgBr、AgI 分离。在分离 AgBr、AgI 后的溶液中，再加入 HNO_3 酸化，则 AgCl 又重新沉淀，其反应为：

$$[Ag(NH_3)_2]^+ + Cl^- + 2H^+ = AgCl\downarrow + 2NH_4^+$$

Br^- 和 I^- 可以被氯水氧化为 Br_2 和 I_2，如用 CCl_4 萃取，Br_2 在 CCl_4 层中呈橙黄色，I_2 在 CCl_4 层中呈紫色，借此可鉴定 Br^- 和 I^-。

S^{2-} 在弱碱性条件下，能与亚硝酰铁氰化钠 $Na_2[Fe(CN)_5NO]$ 反应生成红紫色配合物，利用这种特征反应能鉴定 S^{2-}，其反应为：

$$S^{2-} + [Fe(CN)_5NO]^{2-} = [Fe(CN)_5NOS]^{4-}$$

SO_3^{2-} 能与 $Na_2[Fe(CN)_5NO]$ 反应生成红色化合物，加入硫酸锌的饱和溶液和 $K_4[Fe(CN)_6]$ 溶液，可使红色显著加深，利用这个反应可以鉴定 SO_3^{2-} 的存在。

$S_2O_3^{2-}$ 与 Ag^+ 生成白色硫代硫酸银沉淀，会迅速变黄色，棕色，最后变为黑色的硫化银沉淀，这是 $S_2O_3^{2-}$ 最特殊的反应之一，可用来鉴定 $S_2O_3^{2-}$ 的存在，其反应为：

$$2Ag^+ + S_2O_3^{2-} = Ag_2S_2O_3\downarrow$$

$$Ag_2S_2O_3 + H_2O = Ag_2S\downarrow + H_2SO_4$$

PO_4^{3-} 能与钼酸铵反应，在酸性条件下生成黄色沉淀，故可用钼酸铵来鉴定，其反应如下：

$$PO_4^{3-} + 3NH_4^+ + 12MoO_4^{2-} + 24H^+ = (NH_4)_3PO_4 \cdot 12MoO_3 \cdot 6H_2O\downarrow + 6H_2O$$

NO_3^- 可用棕色环法鉴定，其反应如下：

$$3Fe^{2+} + NO_3^- + 4H^+ = 3Fe^{3+} + 2H_2O + NO$$

$$NO + Fe^{2+} = Fe(NO)^{2+}\text{（棕色）}$$

NO_2^- 和 $FeSO_4$ 在 HAc 溶液中能生成棕色 $[Fe(NO)]SO_4$ 溶液，利用这个反应可以鉴定 NO_2^- 的存在。

$$NO_2^- + Fe^{2+} + 2HAc = NO + Fe^{3+} + 2Ac^- + H_2O$$

$$NO + Fe^{2+} = Fe(NO)^{2+}\text{（棕色）}$$

仪器与试剂

固体药品：Zn、$FeSO_4 \cdot 7H_2O$

酸：HCl(6mol/L)；HAc(2mol/L)；HNO_3(6mol/L)；H_2SO_4(6mol/L，浓)

碱：NaOH(2mol/L)；$NH_3 \cdot H_2O$(6mol/L)

盐：NaCl；KBr；KI；$AgNO_3$；Na_2S；$K_4[Fe(CN)_6]$；Na_2SO_3；$Na_2S_2O_3$；KNO_3；$NaNO_2$；Na_3PO_4(以上溶液均为 0.1mol/L)

其他：CCl_4；氯水

实验步骤

(1) Cl^-、Br^-、I^-的分离与鉴定

① 分别取 0.1mol/L NaCl、KBr、KI 溶液，练习鉴定 Cl^-、Br^-、I^-存在的方法。

② 取 Cl^-、Br^-、I^-的混合试液，练习分离和鉴定的方法。

分离和鉴定如下所列。

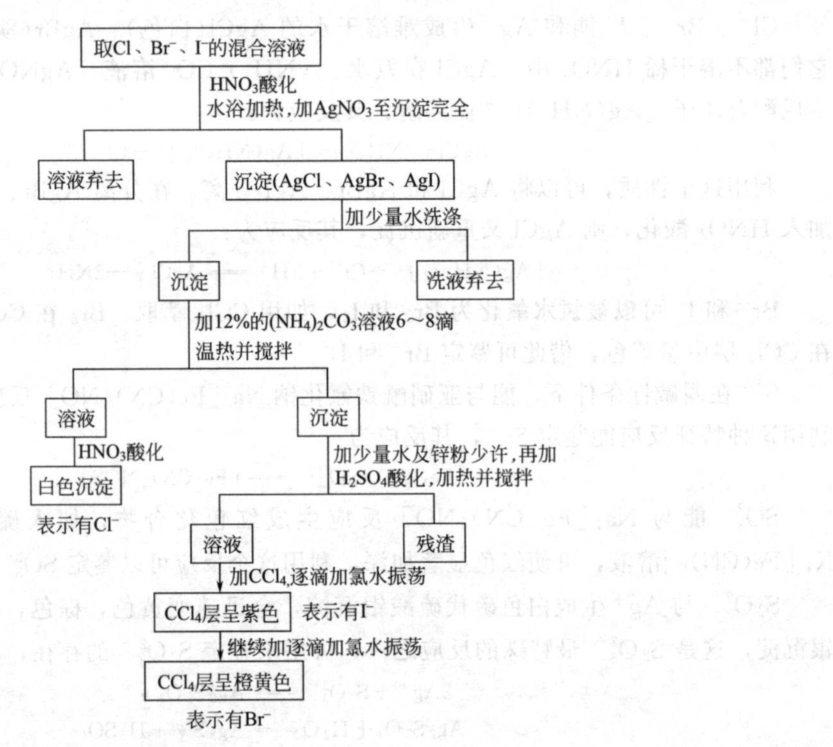

(2) S^{2-}、SO_3^{2-}、$S_2O_3^{2-}$ 的鉴定

① 在点滴板上滴入 Na_2S，然后滴入 1%的 $Na_2[Fe(CN)_5NO]$，观察溶液颜色。出现紫红色即表示有 S^{2-}。

② 在点滴板上滴入 2 滴饱和 $ZnSO_4$，然后加入 1 滴 0.1mol/L $K_4[Fe(CN)_6]$ 和 1 滴 1%的 $Na_2[Fe(CN)_5NO]$，并选用 $NH_3 \cdot H_2O$ 使溶液呈中性，再滴加 SO_3^{2-} 溶液，出现红色沉淀即表示有 SO_3^{2-}。

③ 在点滴板上滴入 1 滴 $Na_2S_2O_3$ 溶液，然后加入 2 滴 $AgNO_3$ 生成沉淀，颜色由白→黄→棕→黑即表示有 $S_2O_3^{2-}$。

(3) NO_2^-、NO_3^-、PO_4^{3-} 的鉴定

① 取少量 0.1mol/L KNO_3 溶液和数粒 $FeSO_4 \cdot 7H_2O$ 晶体，振荡溶解后，在混合溶液

中，沿试管壁慢慢滴入浓 H_2SO_4，观察浓 H_2SO_4 与液面交界处有棕色环生成，则表示有 NO_3^- 存在。

② 取少量0.1mol/L $NaNO_2$ 溶液，用2mol/L HAc酸化，再加入数粒 $FeSO_4 \cdot 7H_2O$ 晶体，若有棕色出现，表示有 NO_2^- 存在。

③ 取少量0.1mol/L Na_3PO_4 溶液，加入10滴浓 HNO_3，再加入20滴钼酸铵试剂，微热至40～50℃，若有黄色沉淀生成，由表示有 PO_4^{3-} 存在。

注：由于磷钼酸铵能溶于过量磷酸盐中，所以在鉴定 PO_4^{3-} 时应加过量钼酸铵试剂。

思考题

（1）在AgCl、AgBr、AgI共存时，为什么实验中用 $(NH_4)_2CO_3$ 溶液来溶解AgCl，而不用氨水？

（2）在 Br^- 与 I^- 混合液中，逐滴加入氯水时在 CCl_4 层中，先出现红紫色后呈橙黄色，怎样解释这些现象？

（3）鉴定 SO_3^{2-} 和 $S_2O_3^{2-}$ 时，S^{2-} 的存在有干扰，怎样除去 S^{2-} 的干扰？

（4）鉴定 NO_3^- 时，NO_2^- 的存在有干扰，怎样除去 NO_2^- 的干扰？

实验5.7 常见阳离子的分离与鉴定

实验目的

（1）复习巩固元素化合物的性质和有关知识。

（2）了解和掌握常见阳离子的分离与鉴定的方法。

实验原理

阳离子的种类较多，常见的有20多种，个别定性检出时，容易发生相互干扰，所以阳离子的分析都是利用阳离子的某些共同的特征，先分成几组，然后再根据阳离子的个别特性加以检出。本实验对 Pb^{2+}、Sn^{2+}、Ag^+、Cu^{2+}、Zn^{2+}、Cd^{2+}、Hg^{2+}、Cr^{3+}、Mn^{2+}、Fe^{3+} 等离子进行分离鉴定。

Pb^{2+} 与 CrO_4^{2-} 生成黄色 $PbCrO_4$ 沉淀。可用来鉴定 Pb^{2+}。

Ag^+ 与NaCl生成AgCl沉淀，加入 $NH_3 \cdot H_2O$ 沉淀溶解，加 HNO_3 酸化，又析出沉淀。可用来鉴定 Ag^+。

Cu^{2+} 能与 $K_4[Fe(CN)_6]$ 反应生成红棕色 $Cu_2[Fe(CN)_6]$ 沉淀，可用来鉴定 Cu^{2+}。

Zn^{2+} 在强碱溶液中与二苯硫腙反应生成粉红色螯合物。Cd^{2+} 与 H_2S 饱和溶液反应能生成黄色CdS沉淀。Hg^{2+} 与 $SnCl_2$ 反应生成白色 Hg_2Cl_2，与过量 $SnCl_2$ 反应生成黑色Hg，利用上述特征反应可鉴定 Zn^{2+}、Cd^{2+}、Hg^{2+}、Sn^{2+}。

在酸性介质中，$Cr_2O_7^{2-}$ 与 H_2O_2 反应生成蓝色过氧化铬 CrO_5：

$$Cr_2O_7^{2-} + 4H_2O_2 + 2H^+ = CrO_5 + 5H_2O$$

这个反应常用来鉴定 $Cr_2O_7^{2-}$ 或 Cr^{3+}。

在硝酸溶液中，Mn^{2+} 可以被 $NaBiO_3$ 氧化为紫红色的 MnO_4^-：

$$5NaBiO_3 + 2Mn^{2+} + 14H^+ = 2MnO_4^- + 5Bi^{3+} + 5Na^+ + 7H_2O$$

通常利用这个反应来鉴定 Mn^{2+}。

Fe^{3+} 与KSCN溶液生成血红色溶液 $Fe(NCS)^{2+}$，可鉴定 Fe^{3+}。

Pb^{2+}、Ag^{+}、Cu^{2+}、Zn^{2+}、Cd^{2+}、Mn^{2+}、Fe^{3+}共存时，分离方法如下所列。

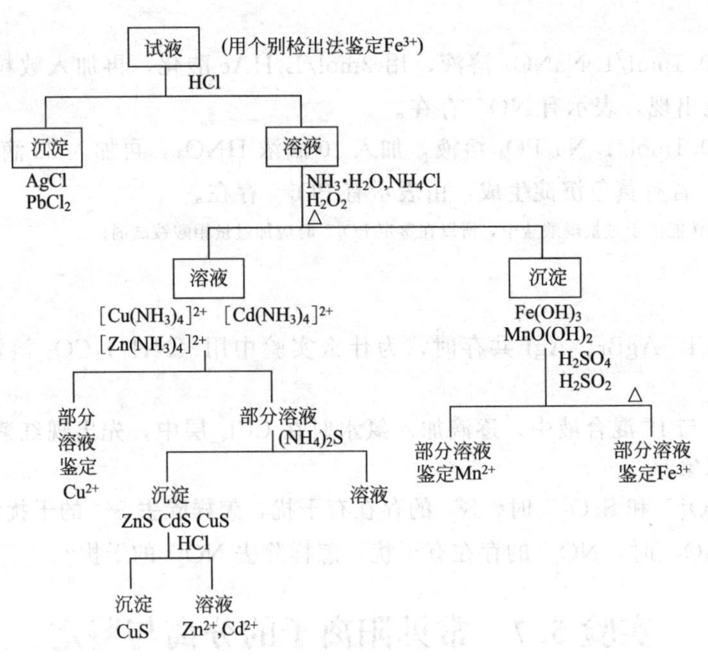

分离后可根据阳离子的特性加以鉴定。

仪器与试剂

仪器：离心机

固体试剂：$NaBiO_3$

酸：HCl(2mol/L)；HNO_3(6mol/L)；H_2SO_4(3mol/L)

碱：$NH_3 \cdot H_2O$(6mol/L)；NaOH(6mol/L)

盐：$AgNO_3$；NaCl；$Pb(NO_3)_2$；K_2CrO_4；$CuSO_4$；$K_4[Fe(CN)_6]$；KSCN；$ZnSO_4$；$CdSO_4$；$SnCl_2$；$Hg(NO_3)_2$；$CrCl_3$；$FeCl_3$；$MnSO_4$(以上溶液均为 0.1mol/L)；NH_4Ac(3mol/L)；NH_4Cl(3mol/L)；$(NH_4)_2S$(6mol/L)

其他：H_2O_2(3%)；二苯硫腙；乙醚；H_2S(饱和)

实验步骤

(1) 离子的个别鉴定

① 取少量 0.1mol/L $Pb(NO_3)_2$ 溶液，加入少量 0.1mol/L K_2CrO_4，产生黄色 $PbCrO_4$ 沉淀，表示有 Pb^{2+}存在。

② 取少量 0.1mol/L $AgNO_3$ 溶液，加入少量 0.1mol/L NaCl 溶液，产生 AgCl 沉淀，加入 2mol/L 氨水，使其溶解，再加入少量 2mol/L 硝酸酸化，则 AgCl 又重新沉淀，证明 Ag^{+}存在。

③ 在点滴板上滴 1 滴 0.1mol/L $CuSO_4$ 溶液，加 1 滴 0.1mol/L $K_4[Fe(CN)_6]$ 溶液，出现红棕色沉淀，表示有 Cu^{2+}存在。

④ 取少量 0.1mol/L $ZnSO_4$ 溶液，滴加 6mol/L NaOH 直至生成的沉淀溶解，加入二苯硫腙，水浴数分钟后，水溶液呈粉红色，CCl_4 层则由绿色变为棕色，表示有 Zn^{2+}存在。

⑤ 取少量 0.1mol/L $CdSO_4$ 溶液，加入少量 H_2S 饱和溶液，生成 CdS 黄色沉淀，表示有 Cd^{2+}存在。

⑥ 取少量 0.1mol/L $Hg(NO_3)_2$ 溶液，逐滴加入 0.1mol/L $SnCl_2$ 溶液，先生成白色 Hg_2Cl_2 沉淀，继续滴加 $SnCl_2$ 溶液，又生成黑色 Hg 沉淀。表示有 Hg^{2+}、Sn^{2+} 存在。

⑦ 取少量 0.1mol/L $CrCl_3$ 溶液，加入 6mol/L NaOH 溶液，使转化为 $Cr(OH)_4^-$ 后再过量 2 滴，然后加入 3% H_2O_2，微热至溶液呈浅黄色。待试管冷却后，加入少量乙醚，慢慢滴加 6mol/L HNO_3 酸化，振荡，在乙醚层出现深蓝色，表示有 Cr^{3+} 存在。

⑧ 在点滴板上滴 1 滴 0.1mol/L $FeCl_3$，加 1 滴 0.1mol/L KSCN，出现血红色，表示有 Fe^{3+}。

⑨ 在点滴板上滴 1 滴 0.1mol/L $MnSO_4$，加 1 滴 6mol/L HNO_3，加少许固体 $NaBiO_3$，搅拌，溶液显紫红色，表示有 Mn^{2+}。

（2）混合离子的分离和鉴定

向指导老师领取可能含有 Pb^{2+}、Ag^+、Cu^{2+}、Zn^{2+}、Cd^{2+}、Mn^{2+}、Fe^{3+} 混合离子的未知溶液，分离并鉴定有哪些离子的存在。

思考题

（1）Pb^{2+}、Ag^+ 形成 $PbCl_2$、AgCl 沉淀后，如何分离鉴定？

（2）Zn^{2+}、Cd^{2+} 共存时，如何分离鉴定？

实验 5.8　化学反应速率、活化能的测定

实验目的

（1）了解浓度、温度对反应速率的影响。

（2）了解 KI 和 $(NH_4)_2S_2O_8$ 反应的反应速率、反应级数、速率常数和活化能的测定方法及原理。

（3）练习水浴中的恒温操作。

实验原理

在水溶液中，过二硫酸铵与碘化钾发生反应的离子方程式为：

$$S_2O_8^{2-} + 3I^- \longrightarrow 2SO_4^{2-} + I_3^- \tag{5.8.1}$$

该反应的反应速率和浓度的关系，可用式(5.8.2) 表示：

$$v = -\frac{\Delta[S_2O_8^{2-}]}{\Delta t} = [S_2O_8^{2-}]^m[I^-]^n \tag{5.8.2}$$

为了测出一定时间（Δt）内 $S_2O_8^{2-}$ 浓度的改变量，在混合过二硫酸铵和碘化钾溶液时，同时加入一定体积的已知浓度并含有淀粉的 $Na_2S_2O_3$ 溶液。因而，在式(5.8.1) 进行的同时，有下列反应进行：

$$2S_2O_3^{2-} + I_3^- \longrightarrow S_4O_6^{2-} + 3I^- \tag{5.8.3}$$

反应（5.8.3）进行得非常快，几乎瞬间完成，而反应（5.8.1）却缓慢得多。由反应(5.8.1) 生成的 I_3^- 立即与 $S_2O_3^{2-}$ 生成无色的 $S_4O_6^{2-}$ 和 I^-。因此，开始一段时间内溶液呈无色，当 $Na_2S_2O_3$ 一旦耗尽，则由反应（5.8.1）继续生成的微量碘就很快与淀粉作用使溶液呈蓝色。

从反应方程式(5.8.1) 和式(5.8.3) 的关系式可以看出，$S_2O_8^{2-}$ 浓度减少的量，总是等于 $S_2O_3^{2-}$ 减少量的一半，即：

$$\Delta[S_2O_8^{2-}] = \frac{1}{2}\Delta[S_2O_3^{2-}] \tag{5.8.4}$$

由于在 Δt 时间内 $S_2O_3^{2-}$ 全部耗尽，所以 $\Delta[S_2O_3^{2-}]$ 实际上就是反应开始时 $Na_2S_2O_3$

的浓度。在本实验中，每份混合液中 $Na_2S_2O_3$ 的起始浓度都是相同的，因而，$\Delta[S_2O_3^{2-}]$ 也是不变的。这样，只要记下从反应开始到溶液出现蓝色所需要的时间（Δt），就可以求算一定温度下的平均反应速率：

$$v=-\frac{\Delta[S_2O_8^{2-}]}{\Delta t}=-\frac{[S_2O_3^{2-}]}{2\Delta t} \tag{5.8.5}$$

从不同浓度下测得的反应速率，即能计算出该反应的反应级数 m 和 n。又可从下列公式求得一定温度下的反应速率常数：

$$k=\frac{v}{[S_2O_8^{2-}]^m[I^-]^n}=-\frac{\Delta[S_2O_3^{2-}]}{2\Delta t[S_2O_8^{2-}][I^-]^n} \tag{5.8.6}$$

阿仑尼乌斯方程式反映了速率常数 k 和温度 T 之间的关系：

$$\lg k=\frac{-E_a}{2.303RT}+\lg A \tag{5.8.7}$$

式中，E_a 为活化能；R 为气体常数；A 为实验测得常数。测出不同温度时的 k 值，以 $\lg k$ 对 $1/T$ 作图得一条直线，其斜率为 J，则：

$$J=-\frac{E_a}{2.303R} \tag{5.8.8}$$

求得活化能：$E_a=-2.303RJ$ (5.8.9)

或者可以通过两个温度 T_1、T_2 下的速率常数 k_1、k_2，按式(5.8.10) 求得活化能：

$$\lg\frac{k_2}{k_1}=\frac{E_a}{2.303R}\left(\frac{1}{T_1}-\frac{1}{T_2}\right) \tag{5.8.10}$$

仪器与试剂

仪器：烧杯（50mL，洁净、干燥）；试管（20×200mm）；秒表

试剂：$(NH_4)_2S_2O_8$(0.2mol/L)；KI(0.2mol/L)；$(NH_4)SO_4$(0.2mol/L)

KNO_3(0.2mol/L)；$Na_2S_2O_3$(0.01mol/L)；淀粉（0.2%）

实验步骤

(1) 浓度对反应速率的影响，求反应级数

在室温下，用 3 个量筒分别量取 20mL 的 0.2mol/L KI 溶液、6.0mL 0.01mol/L $Na_2S_2O_3$ 溶液和 6.0mL 的 0.2%淀粉溶液，都倒入 50 mL 烧杯中，混合均匀。再用另一量筒量取 20mL 0.2mol/L $(NH_4)_2S_2O_8$ 溶液，迅速倒入烧杯中，同时按动秒表，不断搅拌，仔细观察。当溶液刚出现蓝色时，立即停止计时，将反应时间和室温记入表 5.8.1 中。

用上述方法参照表 5.8.1 的用量进行 2～5 号实验，为了使每次实验中溶液的离子强度和总体积保持不变，所减少的 KI 或 $(NH_4)_2S_2O_8$ 的用量分别用 0.2mol/L KNO_3 和 0.2mol/L$(NH_4)_2SO_4$ 来调整。

(2) 温度对反应速率的影响，求活化能

按表 5.8.1 中试验 1 的用量，在 50mL 干燥小烧杯中加入 KI、$Na_2S_2O_3$ 和淀粉溶液，在另一个干燥大试管中加入 $(NH_4)_2S_2O_8$ 溶液，同时放入冰水浴中冷却，待两种试液均冷却到低于室温 10℃时，将 $(NH_4)_2S_2O_8$ 迅速加到 KI 等混合液中，同时计时并不断搅拌溶液，当溶液变蓝时，记录反应时间。

利用热水浴在高于室温 10℃的条件下，重复上述实验，记录反应时间。

将以上实验数据和实验 1 的有关数据记入表 5.8.2 进行比较。

表 5.8.1　浓度对反应速率的影响

项　　目	试验编号	1	2	3	4	5
试剂用量/mL	0.2mol/L $(NH_4)_2S_2O_8$	20	10	5	20	20
	0.2mol/L KI	20	20	20	10	5
	0.01mol/L $Na_2S_2O_3$	6	6	6	6	6
	0.2%淀粉	6	2	2	2	2
	0.2mol/L KNO_3				10	15
	0.2mol/L $(NH_4)_2SO_4$		10	15		
	H_2O		4	4	4	4
52mL 混合液中反应物的起始浓度/(mol/L)	$(NH_4)_2S_2O_8$					
	KI					
	$Na_2S_2O_3$					
反应时间 Δt/s						
$S_2O_8{}^{2-}$ 的浓度变化 $-\Delta[S_2O_8{}^{2-}]$/mol/L						
反应速率 v						

表 5.8.2　温度对反应速率的影响

试验编号	1	6	7
反应温度/K			
反应时间 Δt/s			
经计算得反应速率 v/[mol/(L·s)]			
反应速率常数 k			
反应活化能 E_a/(kJ/mol)			

数据记录与处理

（1）反应级数和反应速率常数的求算

把表 5.8.1 中试验 1 号和 3 号的结果代入式(5.8.11)：

$$v=k[S_2O_8^{2-}]^m[I^-]^n$$

$$\frac{v_1}{v_3}=\frac{k[S_2O_8^{2-}]_1^m[I^-]_1^n}{k[S_2O_8^{2-}]_3^m[I^-]_3^n} \tag{5.8.11}$$

由于

$$[I^-]_1=[I^-]_3$$

所以

$$\frac{v_1}{v_3}=\frac{[S_2O_8^{2-}]_1^m}{[S_2O_8^{2-}]_3^m}$$

代入数据，可求出 m。用同样的方法把表 5.8.1 中试验 1 号和 5 号的结果代入，可求出 n。由 m 和 n 得到反应的总级数。

数据处理得：m=__________；n=__________。

将求得的 m 和 n 代入 $v=k[S_2O_8^{2-}]^m[I^-]^n$，即可求得反应速率常数 k，将计算所得 k 值填入表 5.8.2。

（2）反应活化能的求算

因实验数据较少，可取表 5.8.2 中两组数据，利用式（5.8.10）求算活化能 E_a，数据填入表 5.8.2。

思考题

（1）根据反应方程式，是否能确定反应级数？为什么？试用本实验的结果加以说明。

（2）若不用 $S_2O_8^{2-}$，而用 I^- 或 I_3^- 的浓度变化来表示反应速率，则反应速率常数 k 是否一样？

（3）实验中为什么可以由反应溶液出现蓝色的时间长短来计算反应速率？反应溶液出现蓝色后，反应是否就终止了？

（4）活化能文献数据 $E_a=51.8\text{kJ/mol}$。将实验值与文献值作比较，分析误差的原因。

实验5.9　化学平衡常数的测定

实验目的

（1）了解分光光度法测定化学平衡常数的原理和方法。

（2）学习分光光度计的使用方法。

实验原理

有色物质溶液颜色的深浅与浓度有关，溶液越浓，颜色越深。因而可以比较溶液颜色的深浅来测定溶液中该种有色物质的浓度，这种测定方法叫做比色分析。用分光光度计进行比色分析的方法称为分光光度法。

分光光度法的原理是：当一束一定波长的单色光通过有色溶液时，被吸收的光量和溶液的浓度、溶液的厚度以及入射光的强度等因素有关。

设：c 为溶液的浓度；b 为溶液的厚度；I_0 为入射光的强度；I 为透过溶液后光的强度。

对光的吸收和透过程度，通常有两种表示方法：

一是透光率 T：
$$T=\frac{I}{I_0}$$

另一种是吸光度 A：
$$A=-\lg T=-\lg\frac{I}{I_0} \tag{5.9.1}$$

根据实验结果证明：有色溶液对光的吸收程度 A 与溶液中有色物质浓度 c 和液层厚度 b 的乘积成正比，这就是朗伯-比耳定律，其数学表达式为：
$$A=\varepsilon bc \tag{5.9.2}$$

式中，ε 为摩尔吸光系数。当波长一定时，它是有色物质的一个特征常数。

对同一种有色物质的两种不同浓度的溶液，液层厚度相同，则可得：
$$\frac{A_1}{A_2}=\frac{c_1}{c_2}\qquad c_2=\frac{A_2}{A_1}c_1 \tag{5.9.3}$$

如果已知标准溶液中有色物质的浓度为 c_1，并测得标准溶液的吸光度为 A_1，未知液的吸光度为 A_2，则从式(5.9.3) 即可求出未知溶液中有色物质的浓度 c_2。这就是分光光度法的依据。

本实验通过分光光度法测定下列化学反应的平衡常数：
$$Fe^{3+}+HSCN \rightleftharpoons FeNCS^{2+}+H^+$$
$$K^{\ominus}=\frac{\dfrac{[FeNCS^{2+}]}{c^{\ominus}}\dfrac{[H^+]}{c^{\ominus}}}{\dfrac{[Fe^{3+}]}{c^{\ominus}}\dfrac{[HSCN]}{c^{\ominus}}}$$

$c^{\ominus}=1\text{mol/L}$，上式可变为
$$K^{\ominus}=\frac{[FeNCS^{2+}][H^+]}{[Fe^{3+}][HSCN]} \tag{5.9.4}$$

由于反应中 Fe^{3+}、HSCN 和 H^+ 都是无色的，只有 $FeNCS^{2+}$ 呈红色，所以平衡时溶液中 $FeNCS^{2+}$ 的浓度可以用已知浓度的 $FeNCS^{2+}$ 标准溶液通过比色测定，然后根据反应方程式和 Fe^{3+}、HSCN 和 H^+ 的初始浓度，求出平衡时各物质的浓度，即可根据上式算出平衡常数 $K^{\ominus}$。

本实验中，已知浓度的 $FeNCS^{2+}$ 标准溶液可以根据下面的假设配制：当 $[Fe^{3+}] \gg [HSCN]$ 时，反应中 HSCN 可以假设全部转化为 $FeNCS^{2+}$。因此 $FeNCS^{2+}$ 的平衡浓度就是用 HSCN 的初始浓度，实验中作为标准溶液的初始浓度为：

$[Fe^{3+}]=0.100mol/L$；$[HSCN]=0.000200mol/L$

由于 Fe^{3+} 的水解会产生一系列有色离子，例如棕色的 $FeOH^{2+}$，因此溶液必须保持较大的 $[H^+]$ 以阻止 Fe^{3+} 的水解。较大的 $[H^+]$ 还可以使 HSCN 基本上保持未电离状态。

本实验中的溶液用 HNO_3 保持 $[H^+]=0.5mol/L$

仪器与试剂

仪器：分光光度计（7230G 型或其他型号）；吸量管（5mL、10mL）；烧杯（50mL，洁净、干燥）；洗耳球

试剂：Fe^{3+} 溶液 [0.200mol/L、0.00200mol/L；用 $Fe(NO_3)_3 \cdot 9H_2O$ 溶解在 1mol/L HNO_3 中配成，HNO_3 的浓度必须标定]；KSCN(0.00200mol/L)

实验步骤

（1）$FeNCS^{2+}$ 标准溶液的配制。在 1 号干燥洁净烧杯中加入 10.00mL 0.200mol/L Fe^{3+} 溶液，2.00mL 0.00200mol/L 的 KSCN 溶液和 8.00mL 的 H_2O，充分混合得：$[FeNCS^{2+}]=0.000200mol/L$

（2）待测液的配制。在 2～5 号烧杯中，分别按表 5.9.1 中的用量配制并混合均匀。

表 5.9.1　$FeNCS^{2+}$ 待测液的配制

烧杯编号	0.00200mol/L Fe^{3+}/mL	0.00200mol/L KSCN/mL	H_2O/mL
2	5.00	5.00	0.00
3	5.00	4.00	1.00
4	5.00	3.00	2.00
5	5.00	2.00	3.00

（3）在分光光度计上，波长 447nm 处，用 1cm 比色皿，测定 1～5 号溶液的吸光度。

数据记录与处理

将溶液的吸光度、初始浓度、计算得到的各平衡浓度和 $K^{\ominus}$ 值记录在表 5.9.2 中。

表 5.9.2　吸光度的测定及结果处理

烧杯编号	吸光度 A	初始浓度/(mol/L)		平衡浓度/(mol/L)				$K^{\ominus}$	$K^{\ominus}$平均值
		$[Fe^{3+}]_{始}$	$[HSCN]_{始}$	$[H^+]_{平}$	$[FeNCS^{2+}]_{平}$	$[Fe^{3+}]_{平}$	$[HSCN]_{平}$		
1									
2									
3									
4									
5									

计算方法

(1) 求各平衡浓度。

$$[H^+]=\frac{1}{2}[HNO_3]$$

$$[FeNCS^{2+}]_{平}=\frac{A_n}{A_1}[FeNCS^{2+}]_{标准}$$

$$[Fe^{3+}]_{平}=[Fe^{3+}]_{始}-[FeNCS^{2+}]_{平}$$

$$[HSCN]_{平}=[HSCN]_{始}-[FeNCS^{2+}]_{平}$$

(2) 计算 $K^{\ominus}$。将上面求得的各平衡浓度代入式(5.9.4)，求出 $K^{\ominus}$。

思考题

(1) 本实验中 Fe^{3+} 为何要维持很大的 $[H^+]$?

(2) 为什么计算所得的 $K^{\ominus}$ 为近似值? 怎样求得精确值?

(3) $K^{\ominus}$ 文献值为 104，分析产生误差的原因。

7230 G 型分光光度计使用方法

(1) 使用前准备工作。

① 开机，仪器显示"F7230"。预热 20min。

② 按"CLEAR"键，仪器显示"YEA"。

③ 按"0% τ"键，仪器显示"00-00"；按"MODE"键，仪器显示"τ(T)"状态。

(2) 吸光度的测量。

① 调节波长旋钮使波长移到所需之处。

② 4 个比色皿中，其中 1 个放入参比试样，其余 3 个放入待测试样。将比色皿放入样品池的比色皿架中，夹子夹紧，盖上样品池盖。

③ 将参比试样推入光路，按"MODE"键，使显示"τ (T)"状态。

④ 按"100%τ"键，至显示"T100.0"。

⑤ 打开样品池盖，按"0% τ"键，显示"T0.0"。

⑥ 盖上样品池盖，按"100%τ"键，至显示"T100.0"。

⑦ 将试样推入光路，显示试样的 $\tau(T)$ 值。

⑧ 按"MODE"键，使显示"A"状态，可显示试样的 A 值。

实验 5.10 醋酸离解常数和离解度的测定

实验目的

(1) 通过测定醋酸的离解常数和离解度，加深对离解常数和离解度的理解。

(2) 学习使用酸度计。

实验原理

醋酸是弱电解质，在溶液中存在如下的离解平衡：

$$HAc \rightleftharpoons H^+ + Ac^-$$

其离解常数表达式为：

$$K_a^{\ominus}=\frac{[H^+][Ac^-]}{[HAc]} \quad （省略 c^{\ominus}） \tag{5.10.1}$$

在 HAc 溶液中，若 c 代表 HAc 的起始浓度，则：$[HAc]=c-[H^+]$，$[H^+]=[Ac^-]$

$$K_a^{\ominus}=\frac{[H^+]^2}{c-[H^+]} \tag{5.10.2}$$

5 号溶液，加入了 NaAc，即：

$$K_a^{\ominus}=\frac{[H^+](c_{Ac^-}+[H^+])}{c_{HAc}-[H^+]} \tag{5.10.3}$$

用酸度计测定已知浓度 HAc 的 pH 值，求出 $[H^+]$，代入式(5.10.3)，求出离解常数 $K^{\ominus}$。

HAc 的离解度 α 可表示为：

$$\alpha=\frac{[H^+]}{c} \tag{5.10.4}$$

由 $[H^+]$ 浓度可求出解离度 α。

仪器与试剂

仪器：酸度计（pHS-25 型或其他型号）；滴定管（酸式）；吸量管（5mL）；烧杯(50mL，洁净、干燥)；容量瓶（50mL）

试剂：HAc(0.1mol/L，准确浓度已标定)；NaAc(0.1mol/L)；缓冲溶液（pH=4.003）

实验步骤

(1) 配制不同浓度的醋酸溶液。用滴定管分别放出 5.00mL、10.00mL 和 25.00mL 已知浓度的 HAc 溶液于三只 50mL 容量瓶中，用蒸馏水稀释至刻度，摇匀。连同未稀释的 HAc 溶液可得到四种不同浓度的溶液，由稀到浓依次编号为 1、2、3、4。

用另一个 50mL 容量瓶，从滴定管中放出 25.00mL 的 HAc，再吸取 5.00mL 中 0.1mol/L 的 NaAc 溶液放入容量瓶，用蒸馏水稀释至刻度，摇匀，编号为 5。

(2) 醋酸溶液 pH 值的测定。用 5 只干燥的 50mL 烧杯，分别盛入上述 5 种溶液，按由稀到浓的次序在酸度计上测定它们的 pH 值。

数据记录与处理

将数据记录于表 5.10.1，算出 α 和 $K^{\ominus}$ 也填入表中。

表 5.10.1　HAc 溶液 pH 值的测定及结果处理

编号	c/(mol/L)	pH	$[H^+]$/(mol/L)	$[Ac^-]$/(mol/L)	$[HAc]$/(mol/L)	α	$K^{\ominus}$	$K^{\ominus}$平均值
1								
2								
3								
4								
5								

测定时温度：＿＿＿＿＿℃

思考题

(1) 如果改变所测 HAc 溶液的浓度或温度，则离解度和离解常数有无变化？若有变化，会有怎样的变化？

(2)"电离度越大，酸度就越大"。这句话是否正确？为什么？

(3) 下列情况能否用近似公式 $K_a^{\ominus}=\frac{[H^+]^2}{c}$ 求算离解常数。

① 所测 HAc 溶液浓度极稀。

② 在 HAc 溶液中加入一定量的 NaAc(s)。

pHS-25 型酸度计使用方法

(1) 仪器使用前的准备。仪器在电极插入前输入端必须插入短路扦，使输入端短路以保护仪器。仪器供电电源为交流市电，把仪器的三芯插头插在交流电源上，并把电极安装在电极架上，然后将短路插头拔去，把复合电极插头插在仪器的电极插座上。电极下端玻璃泡较薄，以免碰坏，电极插头在使用前应保持清洁干燥，切忌与污物接触。复合电极的参比电极在使用时应把上面的加液口橡皮套向下滑动使口外露，以保持液位压差，在不用时仍用橡皮套将加液口套住。

(2) 仪器选择开关至"pH"挡或"mV"挡，开启电源，仪器预热 30min。

(3) 仪器的标定。仪器在使用之前先要标定。但不是说每次使用前都要标定，一般来说，在连续使用时，每天标定一次已能达到要求。仪器的标定按如下步骤进行。

① 拔出测量电极插头，插入短路插头，置"mV"挡。

② 仪器读数应在 0mV±1 个字。

③ 插上电极，置"pH"挡，斜率调节器调节在 100%位置（顺时针旋到底）。

④ 电极用蒸馏水清洗，并用滤纸吸干。插在一已知 pH 值的缓冲溶液中，调节"温度"调节器使所指示的温度与溶液的温度相同，并摇动烧杯，缩短电极响应时间。

⑤ 调节"定位"调节器使仪器度数为该缓冲溶液的 pH 值。

经标定的仪器，"定位"调节器不应再有变动。

(4) 测量 pH 值。

① 将电极夹向上移出，用蒸馏水清洗电极头部，并用滤纸吸干。用温度计测出被测溶液的温度值。

② 调节"温度"调节器使所指示的温度与被测溶液的温度相同。

③ 将电极插在被测溶液内，摇动烧杯缩短电极响应时间，读出该溶液的 pH 值。

实验 5.11　硫酸钡溶度积常数的测定

实验目的

(1) 了解电导率法测定溶度积常数的原理和方法。

(2) 学习使用电导率仪。

实验原理

在难溶电解质 $BaSO_4$ 的饱和溶液中，存在下列平衡：

$$BaSO_4(s) \rightleftharpoons Ba^{2+} + SO_4^{2-}$$

其溶度积常数为：$K_{sp}^{\ominus}=[Ba^{2+}][SO_4^{2-}]=S_{BaSO_4}^2$　（省略 $c^{\ominus}$）　(5.11.1)

由于难溶电解质的溶解度很小，很难直接测定，本实验利用浓度与电导率的关系，通过测定溶液的电导率，计算 $BaSO_4$ 的溶解度 S_{BaSO_4}，从而计算其溶度积。

物质的导电能力的大小，通常以电阻（R）或电导（G）表示，电导为电阻的倒数：

$$G=\frac{1}{R} \tag{5.11.2}$$

电导 G 的单位为西（S）。电解质溶液的电阻也符合欧姆定律。温度一定时，两极间溶液的电阻与两极间的距离 l 成正比，与电极面积 A 成反比：

$$R=\rho\frac{l}{A} \tag{5.11.3}$$

ρ 称为电阻率，它的倒数为电导率 $\varkappa$，$\varkappa$ 单位为 S/m。

则：

$$G=\frac{1}{R}=\varkappa\frac{A}{l}$$

或

$$\varkappa=G\frac{l}{A} \tag{5.11.4}$$

电导率 $\varkappa$ 表示放在相距 1m、面积为 $1m^2$ 的两个电极之间溶液的电导。l/A 称为电极常数或电导池常数。因为在电导池中，所有电极距离和面积是一定的，所以对某一电极来说，l/A 为常数。

在一定温度下，相距 1m 的平行电极间所容纳的含有 1mol 电解质溶液的电导称为摩尔电导，用 λ 表示。V 表示含有 1mol 电解质溶液的体积，m^3；c 表示溶液的物质的量浓度（mol/m^3），这样，摩尔电导 λ 与电导率 $\varkappa$ 的关系为：

$$\lambda=\varkappa V=\frac{\varkappa}{c}\qquad \lambda \text{ 的单位为 } S\cdot m^2/mol \tag{5.11.5}$$

对于难溶电解质来说，它的饱和溶液可近似地看成无限稀释溶液，离子间的影响可忽略不计，这时溶液的摩尔电导为极限摩尔电导 λ_0，可由物化手册查得。因此，只要测得 $BaSO_4$ 饱和溶液的浓度 c，也就是 $BaSO_4$ 的溶解度 S。

$$S=c=\varkappa\cdot\frac{1}{\lambda_0}\ (mol/m^3)\ =\varkappa\cdot\frac{1}{1000\lambda_0}\ (mol/L) \tag{5.11.6}$$

$$K_{sp}^{\ominus}=S^2=\left(\varkappa\cdot\frac{1}{1000\lambda_0}\right)^2 \tag{5.11.7}$$

25℃时，无限稀释的 $\lambda_0(BaSO_4)=286.88\times10^{-4}\,S\cdot m^2/mol$

仪器与试剂

仪器：电导率仪（DDS-307 型或其他型号）

试剂：$BaCl_2$(0.05mol/L)；H_2SO_4(0.05mol/L)；$AgNO_3$(0.1mol/L)

实验步骤

（1）$BaSO_4$ 饱和溶液的制备。量取 20mL 0.05mol/L 的 H_2SO_4 溶液和 20mL 0.05mol/L 的 $BaCl_2$ 溶液分别置于 100mL 烧杯中，加热近沸（到刚有气泡出现），在不断搅拌下趁热将 $BaCl_2$ 慢慢滴入到（每秒约 2～3 滴）H_2SO_4 溶液中，然后将盛有沉淀的烧杯放置于沸水浴中加热，并搅拌 10min，静置冷却 20min，用倾析法去掉清液，再用近沸的蒸水洗涤 $BaSO_4$ 沉淀，重复洗涤沉淀 3～4 次，直到检验清液中无 Cl^- 为止（为了提高洗涤效果，每次尽是不留母液）。最后在洗净的 $BaSO_4$ 沉淀中加入 40mL 蒸馏水，煮沸 3～5min，并不断搅拌，冷却至室温。

（2）测电导率。用电导率仪测定上面制得的 $BaSO_4$ 饱和溶液的电导率 $\varkappa$。

数据记录与处理

由测得的电导率 $\varkappa$，用公式(5.11.7) 计算 $BaSO_4$ 的溶度积常数 $K_{sp}^{\ominus}$。

室温/℃__________

$x(BaSO_4)/(S/m)$ __________

$K_{sp}^{\ominus}(BaSO_4)$ __________

思考题

(1) 何谓极限摩尔电导?

(2) 为什么制得的 $BaSO_4$ 沉淀要反复洗涤至溶液中无 Cl^- 存在?如果不这样洗对实验结果有何影响?

DDS-307 型电导率仪使用方法

(1) 开机。按电源开关接通电源,预热 30min 后,进行校准。

(2) 校准。仪器使用前必须校准。将"选择"开关指向"检查","常数"补偿调节旋钮指向"1"刻度线,"温度"补偿调节旋钮指向"25"刻度线,调节"校准"调节旋钮使仪器显示 100.0μS/cm。

(3) 测量。

① 电极常数的设置。根据测量范围,选择相应常数的电导电极。目前电导电极的电极常数为 0.01、0.1、1.0、10 四种不同类型,但每种类型电极具体的电极常数值,制造厂均粘贴在每支电导电极上。根据电极上所标的电极常数值,调节仪器面板"常数"补偿调节旋钮到相应位置,使仪器显示值与电极上所标数值一致。

② 温度补偿旋钮的设置。调节仪器面板上"温度"补偿调节旋钮,使其指向待测溶液的实际温度,测量得到的是待测溶液经过温度补偿后折算 25℃为下的电导率值。如果将"温度"补偿调节旋钮指向"25"刻度线,测量的将是待测溶液在该温度下未经补偿的原始电导率值。

③ 将"选择"开关置合适位置,测得电导率值。当测量过程中,显示值熄灭时,说明测量值超出量程范围,此时应将"选择"开关置上一档量程。

实验 5.12 磺基水杨酸合铁(Ⅲ)配合物的组成及稳定常数的测定

实验目的

(1) 初步了解分光光度法测定溶液中配合物的组成和稳定常数的原理和方法。

(2) 学习有关实验数据的自理方法。

(3) 练习使用分光光度计。

实验原理

当一束具有一定波长的单色光通过有色溶液时,有色物质对光的吸收程度与有色物质的浓度、液层的厚度成正比:

$$A=\varepsilon bc$$

这就是朗伯-比耳定律,式中 ε 为摩尔吸光系数。当波长一定时,它是有色物质的一个特征常数,数值上等于单位物质的量浓度在单位光程中所测得的溶液的吸光度。

设中心离子(M)和配体(R)在某种条件下,只生成一种配合物 MR_n(略去电荷):

$$M+nR \rightleftharpoons MR_n$$

如果 M 和 R 都是无色的，而 MR_n 有色，则此溶液的吸光度与配合物的浓度成正比。测得此溶液的吸光度，可以求出该配合物的组成和稳定常数。本实验是用等物质的量系列法进行测量。

所谓等物质的量系列法，就是保持溶液中金属离子的浓度（C_M）与配体的浓度（C_R）之和不变，即总的物质的量不变，改变这两种溶液的相对量，配制一系列溶液，在这一系列溶液中，有一些溶液中金属离子是过量的，而另一些溶液中配体是过量的，在这两种情况下，配合物的浓度都不能达到最大值，只有当溶液中金属离子与配体的物质的量之比与配合物的组成一致时，配离子的浓度才能最大，吸光度也最大。若以吸光度与金属离子摩尔分数作图，则从图上最大吸收处的摩尔分数，可以求得组成的 n 值。

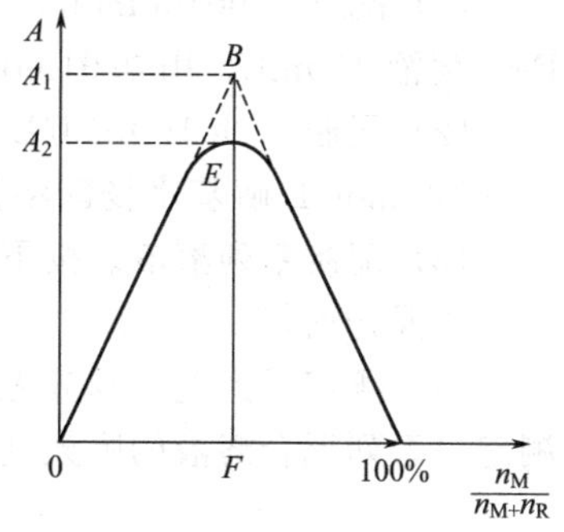

图 5.12.1　摩尔分数-吸光度关系曲线

图 5.12.1 表示一个典型的低稳定性的配合物 MR 的摩尔分数与吸光度关系曲线，将两边直线部分延长相交于 B 点，B 点位于 50%处，即金属离子与配位体的物质的量之比为1∶1。

配合物稳定常数的求法，如图 5.12.1 所示，在 B 点 MR 的浓度最大，对应的吸光度为 A_1，但由于配合物一部分离解，实验测得的最大吸光度对应于 E 点的 A_2。若配合物的离解度为 α，则：

$$\alpha=\frac{A_1-A_2}{A_1}$$

1∶1 型配合物的稳定常数 $K^{\ominus}$ 可由下列平衡关系导出：

$$M+R \rightleftharpoons MR$$

	M	R	MR
起始浓度	0	0	c
平衡浓度	$c\alpha$	$c\alpha$	$c(1-\alpha)$

$$K^{\ominus}=\frac{\dfrac{[MR]}{c^{\ominus}}}{\dfrac{[M]}{c^{\ominus}}\dfrac{[R]}{c^{\ominus}}}=\frac{1-\alpha}{c\alpha^2}\cdot c^{\ominus}$$

$c^{\ominus}$ 为标准浓度，即 1mol/L。c 是相应于 B 点的 MR 的浓度。

本实验测定磺基水杨酸与 Fe^{3+} 形成的螯合物的组成与稳定常数。形成的螯合物的组成，因 pH 值不同而不同。在 pH<4 时，它形成 1∶1 的螯合物，呈紫红色，螯合反应是：

$$Fe^{3+} + {}^{-}O_3S\text{—}C_6H_3(OH)(COOH) \rightleftharpoons \left[{}^{-}O_3S\text{—}C_6H_3(O)(COO)Fe^{+}\right] + 2H^{+}$$

在 pH 为 10 左右时可形成 1∶3 的螯合物，呈黄色。在 pH 为 4～10 之间生成红色的 1∶2螯合物。本实验是在 pH 为 2.5 以下时测定 Fe^{3+} 与磺基水杨酸（H_3X）螯合物的组成和稳定常数。本实验加入 0.01mol/L $HClO_4$ 以保证测定时所需的 pH 值。

仪器与试剂

仪器：分光光度计；吸量管（10mL）；烧杯（50mL，洁净、干燥）；容量瓶（100mL）

试剂：$HClO_4$（0.01mol/L）；磺基水杨酸（0.0100mol/L）；$Fe(NH_4)(SO_4)_2$（0.0100mol/L）

实验步骤

(1) 配制0.00100mol/L Fe^{3+}溶液。由0.0100mol/L Fe^{3+}溶液精确配制0.00100mol/L Fe^{3+}溶液100mL，用0.01mol/L $HClO_4$溶液作稀释液，摇匀备用。

(2) 配制0.00100mol/L磺基水杨酸溶液。由0.0100mol/L磺基水杨酸溶液精确配制0.00100mol/L磺基水杨酸溶液100mL，用0.01mol/L $HClO_4$溶液作稀释液，摇匀备用。

(3) 配制系列溶液。按下表试剂名称和用量在50mL烧杯中配制等物质的量的系列溶液，并混合均匀。

(4) 测定吸光度。在分光光度计上，500nm波长处，用1cm比色皿，以蒸馏水为空白，测定一系列混合溶液的吸光度A，并记录于表5.12.1中。

表5.12.1 吸光度的测量

混合液编号	1	2	3	4	5	6	7	8	9	10	11
0.01mol/L $HClO_4$/mL	10.00	10.00	10.00	10.00	10.00	10.00	10.00	10.00	10.00	10.00	10.00
0.00100mol/L Fe^{3+}/mL	10.00	9.00	8.00	7.00	6.00	5.00	4.00	3.00	2.00	1.00	0.00
0.00100mol/L H_3X/mL	0.00	1.00	2.00	3.00	4.00	5.00	6.00	7.00	8.00	9.00	10.00
Fe^{3+}的摩尔分数											
混合溶液的吸光度A											

数据记录与处理

(1) 以Fe^{3+}摩尔分数为横坐标，对应的吸光度A为纵坐标作图。

(2) 从图上有关数据，确定在本实验条件下，Fe^{3+}与磺基水杨酸形成的配合物的组成。

(3) 求出α和稳定常数$K^{\ominus}$。

因为磺基水杨酸是弱酸，存在着离解平衡，所以实验测得的稳定常数是表观稳定常数。要测定热力学稳定常数，还需通过磺基水杨酸的酸效应进行校正。

$$K_{稳}=K_{稳(表观)}\times\alpha_{(H)}$$

$\alpha_{(H)}$是磺基水杨酸的酸效应系数，和pH值有关，可从手册查得。pH=2时，$\lg\alpha_{(H)}=10.3$。

思考题

(1) 本实验测定配合物的组成和稳定常数的原理是什么？

(2) 什么叫等物质的量系列法？该法用来作图的横坐标和纵坐标分别是什么？且图形有什么特点？

(3) 1∶1磺基水杨酸铁配合物的$\lg K_{稳}=14.64$(文献值)，分析产生误差的原因。

参考文献

1 吴泳主编. 大学化学新体系实验. 北京：科学出版社，1999

2 胡满成，张昕主编. 化学基础实验. 北京：科学出版社，2001

3 崔学桂，张晓丽主编. 基础化学实验（Ⅰ）——无机及分析化学实验. 北京：化学工业出版社，2003

4 王克强等编著. 新编无机化学实验. 上海：华东理工大学出版社，2001

5 南京大学无机及分析化学实验编写组. 无机及分析化学实验. 第四版. 北京：高等教育出版社，2006

6 北京师范大学无机化学教研室编. 无机化学实验. 北京：高等教育出版社，2001

7 袁天佑等主编. 无机化学实验. 上海：华东理工大学出版社，2005

8 武汉大学化学系无机化学教研室编. 无机化学实验. 第二版. 武汉：武汉大学出版社，1997

9 南京大学实验教学组编. 大学化学实验. 北京：高等教育出版社，1999

10 周其镇等编. 大学基础化学实验（Ⅰ）. 北京：化学工业出版社，2000

11 周宁怀主编. 微型无机化学实验. 北京：科学出版社，2000

第 6 章　定量化学分析实验

实验 6.1　分析天平的操作练习

实验目的

(1) 了解分析天平的构造，学会正确的称量方法。

(2) 掌握用直接法和递减法称量样品。

(3) 学习有效数字的运用。

仪器与试剂

仪器：称量瓶，小烧杯（25mL 或 50mL），托盘天平，分析天平

试剂：石英砂

实验步骤

本实验要求用减量法从称量瓶中准确称出 0.3～0.4g 的石英砂，精确到 0.1mg。

(1) 天平的检查。首先检查分析天平圈码、读数盘、天平零点是否在正确的位置，否则按照天平的使用方法进行调整至正确状态。

(2) 直接法称量。记录天平的零点后，取 2 只洁净、干燥并编有号码的小烧杯，先在托盘天平上粗称其质量，做好记录。再将小烧杯轻放在分析天平左盘中央，在右盘上添加砝码，直接进行精确称量，准确读取砝码读数，精确到 0.1mg。

(3) 间接法称量。在称量瓶中装入 1.5g 左右的样品，盖上瓶盖，粗称其质量。用叠好的纸条拿取称量瓶轻放在天平上精确称量，及时记下质量 m_1。然后从天平中取出称量瓶，用其瓶盖轻轻敲打瓶口上方，将样品慢慢倾入第 1 只小烧杯中。倾样时，第 1 次倾出要少一些，然后粗称此量，再估计倾出不足的量，继续倾出，估计倒出的样品在 0.3g 左右时，将称量瓶放回天平左盘中准确称量，记为 m_2，m_1-m_2 即为样品的质量。第 1 份试样称好后，再倾第 2 份试样于第 2 只烧杯中，按照以上方法准确称出称量瓶加剩余试样的质量，记为 m_3，m_2-m_3 即为第 2 份试样的质量。再分别称出两个小烧杯加试样的质量，分别记为 m_4 和 m_5。

检查 m_1-m_2 和 m_2-m_3 是否在 0.3～0.4g 之间，否则查找原因重新称量。比较 m_1-m_2 与第 1 只小烧杯中增加的质量，m_2-m_3 与第 2 只小烧杯中增加的质量，要求称量的绝对差值小于 0.5mg。

数据记录与处理

按表 6.1.1 格式进行数据记录与处理。

表 6.1.1　分析天平称量练习

项　目	Ⅰ	Ⅱ	项　目	Ⅰ	Ⅱ
(称量瓶＋试样)的质量(倒出前)			(烧杯＋称出试样)的质量		
(称量瓶＋试样)的质量(倒出后)			称出试样质量		
称出试样的质量			绝对差值		
空烧杯质量					

注意事项

(1) 加减砝码时，动作必须轻缓，否则会使刀刃急触而损坏，造成计量误差。

(2) 天平盘如果有灰尘或其他物体，应及时用毛刷轻扫干净。

(3) 在操作过程中，尽量不要开启天平前门，取放物品可通过左侧门，取放砝码可通过右侧门，且开关门时要轻缓。

(4) 每次称量时，严禁在天平工作状态下增减砝码，样品或砝码尽量放在秤盘中央，以免秤盘晃动磨损刀刃和影响迅速读数。

思考题

(1) 怎样表示分析天平的灵敏度？灵敏度为什么不能太低或太高？

(2) 怎样调节电光天平的零点？

(3) 如何判断天平处于水平位置？如果天平不在水平位置，怎样调节？

(4) 简述递减法和直接法的称样过程。它们各在什么情况下使用？

(5) 在称量的记录和计算中，如何正确运用有效数字？

实验 6.2 容量分析的基本操作和酸碱标准溶液配制及浓度比较

实验目的

(1) 练习滴定管、移液管及容量瓶的洗涤和操作方法。

(2) 学习并掌握移液管和容量瓶相对校准的方法。

(3) 练习酸碱标准溶液的配制和浓度的比较。

(4) 练习滴定操作，初步掌握准确地确定终点的方法。

实验原理

滴定分析中，按照滴定分析仪器的使用规则进行滴定操作，是获得良好分析结果的重要前提之一。

浓盐酸易挥发，固体 NaOH 容易吸收空气中的水分和 CO_2，因此不能直接配制准确浓度的 HCl 和 NaOH 标准溶液，只能先配制近似浓度的溶液，然后用基准物标定其准确浓度。也可用另一已知准确浓度的标准溶液滴定该溶液，再根据它们的体积比求得该溶液的浓度。

酸碱指示剂都具有一定的变色范围。0.2mol/L 的 NaOH 和 HCl 溶液的滴定，其 pH 突跃范围为：4～10，应当选用在此范围内变色的指示剂。如甲基橙或酚酞等。

仪器与试剂

仪器：酸式和碱式滴定管（50mL）；容量瓶（250mL）；移液管（25mL）；锥形瓶（250mL）

试剂：浓 HCl；NaOH（固）；酚酞（0.2%）

实验步骤

(1) 按滴定分析基本操作清洗滴定管、容量瓶、移液管。

(2) 练习滴定管装液、排气泡方法。

(3) 练习滴定管的操作，控制滴定速度及掌握正确的读数方法。

(4) 取清洁干燥的 250mL 容量瓶及 25mL 移液管作相对校正实验。用移液管准确移取

10 次纯水，放入容量瓶中，观察液面与标线重合的情况，如不重合应另作标记，以作为用容量瓶配制标准溶液，溶液稀释的标线。

（5）0.2mol/L HCl 和 0.2mol/L NaOH 溶液的配制。通过计算求出配制 500mL 0.2mol/L 的 HCl 溶液所需浓盐酸（相对密度 1.19，约 12mol/L）的体积。用小量筒量取此量的浓盐酸，加入蒸馏水中，并稀释成 500mL，储于玻璃塞细口瓶中，充分摇匀。

通过计算求出配制 500mL 0.2mol/L 的 NaOH 溶液所需的固体 NaOH 的量，在台秤上迅速称出，置于烧杯中，加水溶解，并稀释成 500mL，储于橡皮塞的细口瓶中，充分摇匀。

（6）NaOH 溶液和 HCl 溶液的浓度比较。将洗涤干净的碱式滴定管用配制好的 NaOH 溶液润洗 3 次（每次约 1/4 滴定管的容量），在管内装满溶液，然后排出管内的气泡。

用洗涤干净的移液管移取 25.00mL 配制好的 HCl 溶液，置于同样洗涤干净的 250mL 的锥形瓶中，加入酚酞指示剂两滴，用 0.2mol/L NaOH 溶液滴定，直到溶液由无色变为微红色，记录消耗的 NaOH 溶液的体积。平行测定 3 次。

计算 NaOH 溶液与 HCl 溶液的体积比及结果的平均偏差（要求≤0.2%）。

数据记录与处理

按表 6.2.1 格式进行数据记录与处理。

表 6.2.1　酸碱标准溶液浓度的比较

项目 \ 序次	Ⅰ	Ⅱ	Ⅲ
$V(HCl)$/mL			
$V(NaOH)$初读数/mL			
$V(NaOH)$终读数/mL			
$V(NaOH)$/mL			
$V(NaOH)/V(HCl)$			
$\overline{V}_{NaOH}/\overline{V}_{HCl}$			
体积比的绝对偏差			
平均偏差			

注意事项

（1）检查滴定管洗净与否以滴定管内壁不挂水为准。

（2）固体 NaOH 称量应在小烧杯中进行，且称量操作应迅速。

（3）HCl 溶液配制时，量取的 HCl 应倒入纯水中，而不能将水倒入酸中。

（4）注意数据记录应保留的有效数字的位数。

（5）聚四氟乙烯活塞的滴定管可以盛装碱液，实验中可以不采用乳胶管的碱式滴定管。

思考题

（1）滴定管装入标准溶液前为什么要用此溶液润洗内壁 2～3 次？用于滴定的锥形瓶或烧杯是否需要干燥？要不要用标准溶液润洗？为什么？

（2）配制 HCl 溶液及 NaOH 溶液所用的水的体积，是否需要准确量度？为什么？

（3）在每次滴定完成后，为什么要将标准溶液补加至滴定管零点或近零点，然后进行第二次滴定？

(4) 若滴定至终点，滴定管尖留有一定量的滴定剂，其测定结果会怎样？

(5) 用 HCl 溶液滴定 NaOH 溶液时，可否使用酚酞作指示剂？

实验 6.3 盐酸标准溶液浓度的标定

实验目的

(1) 进一步练习滴定操作。

(2) 学习 HCl 溶液浓度的标定方法。

实验原理

标定 HCl 溶液的基准物有无水 Na_2CO_3 和硼砂（$Na_2B_4O_7 \cdot 10H_2O$）等。本实验选用无水 Na_2CO_3 为基准物，以甲基橙为指示剂，标定 HCl 溶液的浓度，反应为：

$$2HCl + Na_2CO_3 \longrightarrow 2NaCl + H_2CO_3$$

碳酸钠用作基准物质的优点是易提纯，价格便宜；缺点是摩尔质量小。碳酸钠具有吸湿性，故使用前必须在 270～300℃的电炉内加热 1h，然后置于干燥器中冷却备用。

仪器与试剂

仪器：酸式滴定管（50mL）；锥形瓶（250mL）

试剂：HCl 标准溶液（0.2mol/L），无水 Na_2CO_3，甲基橙（0.2%）

实验步骤

准确称取已烘干的无水碳酸钠 3 份（每份重按消耗 20～30mL 0.2mol/L 的 HCl 溶液计），置于 250mL 锥形瓶中，加水约 50mL 使之溶解，加 1～2 滴甲基橙指示剂，用 HCl 标准溶液滴定至由黄色变为橙色即为终点。计算 HCl 溶液的浓度。3 份测定的相对平均偏差应小于 0.2%，否则应重复测定。

数据记录与处理

按表 6.3.1 格式进行数据记录与处理。

表 6.3.1　HCl 溶液浓度的标定

序次 / 项目	Ⅰ	Ⅱ	Ⅲ
称量瓶＋Na_2CO_3(前)/g			
称量瓶＋Na_2CO_3(后)/g			
Na_2CO_3 的质量/g			
HCl 初读数/mL			
HCl 终读数/mL			
V(HCl)/mL			
c(HCl)/(mol/L)			
$\bar{c}$(HCl)/(mol/L)			
平均偏差/(mol/L)			

思考题

（1）用 Na_2CO_3 为基准物标定 0.2mol/L HCl 溶液，基准物称取量如何计算？

（2）无水 Na_2CO_3 如保存不当，吸有少量水分，对标定 HCl 溶液浓度有何影响？

（3）常用的标定 HCl 溶液的基准物有哪些？各有何优缺点？

（4）用 Na_2CO_3 为基准物标定 HCl 溶液时，为什么不用酚酞作指示剂？

实验 6.4　工业纯碱中总碱度的测定

实验目的

（1）掌握工业纯碱总碱度测定的原理和方法。

（2）熟悉酸碱滴定法选用指示剂的原则。

（3）学习用容量瓶把固体试样制备成试液的方法。

实验原理

工业纯碱为不纯的碳酸钠，由于制备方法不同，其中所含的杂质也不同。除主要成分 Na_2CO_3，还可能含有 NaCl、Na_2SO_4、NaOH 和 $NaHCO_3$ 等。用酸滴定时，除主要成分 Na_2CO_3 被中和外，其他碱性杂质如 NaOH 或 $NaHCO_3$ 等也都被中和。因此测得的是总碱量，通常以 Na_2CO_3 或 Na_2O 的百分含量来表示。

用 HCl 溶液滴定 Na_2CO_3 时，其反应包括以下两步：

$$Na_2CO_3 + HCl = NaHCO_3 + NaCl$$

$$NaHCO_3 + HCl = H_2CO_3 + NaCl$$

0.05mol/L 碳酸钠溶液的 pH 值为 11.6；当中和成 $NaHCO_3$ 时，pH 值为 8.3；在全部中和后，其 pH 值为 3.7。由于滴定的第一计量点的突跃范围比较小，终点不敏锐，因此采用第二计量点，以甲基橙为指示剂，溶液由黄色到橙色为终点，测得总碱量。

仪器与试剂

仪器：酸式滴定管（50mL）；锥形瓶（250mL）；容量瓶（250mL）；移液管（25mL）

试剂：HCl 标准溶液（0.2mol/L），工业纯碱试样，甲基橙（0.2%）

实验步骤

准确称取试样 2.2～2.4g 于烧杯中，加少量水使其溶解，必要时可稍加热促进溶解。冷却后将溶液转入 250mL 容量瓶中，并以洗瓶吹洗烧杯的内壁数次，每次的洗涤液应全部注入容量瓶中，最后用水稀释到刻度，摇匀。

用移液管吸取 25mL 试液三份置于 250mL 锥形瓶中，加 1～2 滴甲基橙指示剂，用 HCl 标准溶液滴定至溶液呈橙色，即为终点。计算试样总碱度，以 Na_2O(%) 表示。测定的相对误差应小于±0.5%。

数据记录与处理

按表 6.4.1 格式进行数据记录与处理。

表 6.4.1 工业纯碱总碱度的测定

项目 \ 序次	Ⅰ	Ⅱ	Ⅲ
称量瓶+试样(前)/g			
称量瓶+试样(后)/g			
试样的质量/g			
V(HCl)初读数/mL			
V(HCl)终读数/mL			
V(HCl)/mL			
c(HCl)/(mol/L)			
Na_2O/%			
$\overline{Na_2O}$/%			
平均偏差/%			
相对平均偏差/%			

思考题

(1) 工业纯碱试样的主要成分是什么？还含有哪些主要杂质？用甲基橙为指示剂时，为何测定的是总碱度呢？

(2) 若以 Na_2CO_3 百分含量表示总碱度，其结果的计算公式怎样？

实验 6.5 混合碱的分析测定

实验目的

(1) 进一步熟悉滴定操作。

(2) 掌握用“双指示剂法”测定混合碱的原理、方法及结果计算。

实验原理

混合碱一般指 NaOH 和 Na_2CO_3 或 $NaHCO_3$ 和 Na_2CO_3 的混合物，工业上常采用“双指示剂法”测定各组分的含量。

“双指示剂法”是指在待测混合碱试液中先加入酚酞指示剂，用 HCl 标准溶液滴定至溶液由红色刚好变为无色。此时试液中所含的 NaOH 完全被中和，Na_2CO_3 也被滴定成 $NaHCO_3$，反应如下：

$$NaOH + HCl = NaCl + H_2O$$

$$Na_2CO_3 + HCl = NaHCO_3 + NaCl$$

设所消耗的滴定剂体积为 V_1 (mL)。再加入甲基橙指示剂，继续用 HCl 标准溶液滴定至溶液由黄色变为橙色，反应如下：

$$NaHCO_3 + HCl = NaCl + H_2O + CO_2 \uparrow$$

设由酚酞变色至甲基橙变色所消耗的滴定剂体积为 V_2 (mL)。根据 V_1 和 V_2 可以判断出混合碱的组成，并计算出各组成的含量。

仪器与试剂

仪器：酸式滴定管 (50mL)；锥形瓶 (250mL)；移液管 (25mL)

试剂：HCl 标准溶液（0.2mol/L）；酚酞（0.2%）；甲基橙（0.2%）；混合碱试液

实验步骤

用移液管移取 25.00mL 混合碱试液于 250mL 锥形瓶中，加入 2 滴酚酞指示剂，摇匀后以 0.2mol/L HCl 标准溶液滴定。当溶液的颜色由深红变为微红时，滴定速度要减慢且摇动要均匀，继续滴定至刚好无色，此为第一终点，记下所消耗的 HCl 标准溶液的体积 V_1 终读数；再加入 2 滴甲基橙指示剂，继续用 HCl 标准溶液滴定至溶液由黄色恰变为橙色，此为第二终点，记下第二次用去 HCl 标准溶液的体积 V_2 终读数。

平行测定三次。

数据记录与处理

按表 6.5.1 格式进行数据记录与处理。

表 6.5.1　混合碱的测定

记录项目＼序次	Ⅰ	Ⅱ	Ⅲ
V_1/mL			
$\overline{V_1}$/mL			
V_2/mL			
$\overline{V_2}$/mL			
计算公式/(g/L) ($V_1>V_2$)	$\rho_{NaOH}=\frac{(V_1-V_2)c_{HCl}M_{NaOH}}{V_{试液}}$ $\rho_{Na_2CO_3}=\frac{2V_2c_{HCl}M_{Na_2CO_3}}{2V_{试液}}$		
计算公式/(g/L) ($V_1<V_2$)	$\rho_{NaHCO_3}=\frac{(V_2-V_1)c_{HCl}M_{NaHCO_3}}{V_{试液}}$ $\rho_{Na_2CO_3}=\frac{2V_1c_{HCl}M_{Na_2CO_3}}{2V_{试液}}$		
总碱量/(g/L)	$\rho_{Na_2O}=\frac{(V_1+V_2)c_{HCl}M_{Na_2O}}{2V_{试液}}$		

注　$V_1=V_1$ 终读数$-V$ 初读数；$V_2=V_2$ 终读数$-V_1$ 终读数。

注意事项

（1）混合碱系 NaOH 和 Na_2CO_3 组成时，酚酞指示剂可适当多加几滴，否则常因滴定不完全使 NaOH 的测定结果偏低，Na_2CO_3 的测定结果偏高。

（2）在临近第一终点时，如果滴定的速度太快，摇动不均匀，试液局部 HCl 过浓，会与 $NaHCO_3$ 反应生成 H_2CO_3 从而分解为 CO_2 而逸出。因此滴定开始至第一终点前摇动要均匀，而当溶液的颜色从红色变为微红色的时候，应该慢滴慢摇，使生成的（或者原试液中的）$NaHCO_3$ 在未加甲基橙指示剂前不被滴定。

（3）在临近第二终点时，一定要充分摇动，以防形成 CO_2 的过饱和溶液而使终点提前到达。

思考题

（1）采用“双指示剂法”测定混合碱，试判断下列五种情况下，混合碱的组成？

① $V_1=0$，$V_2>0$；② $V_2=0$，$V_1>0$；③ $V_1>V_2$，$V_2>0$；

④ $V_1<V_2$，$V_1>0$；⑤ $V_1=V_2$，$V_2>0$。

(2) 欲测定试液的总碱量，应选用何种指示剂？

实验 6.6 氢氧化钠标准溶液浓度的标定

实验目的

(1) 进一步熟悉滴定操作。

(2) 掌握 NaOH 溶液浓度标定的方法。

实验原理

标定 NaOH 溶液的基准物有邻苯二甲酸氢钾（$KHC_8H_4O_8$）和草酸（$H_2C_2O_4 \cdot 2H_2O$）等。本实验中用邻苯二甲酸氢钾为基准物，以酚酞为指示剂，标定 NaOH 标准溶液的浓度。反应为：

$$C_6H_4(COOK)(COOH) + NaOH \longrightarrow C_6H_4(COOK)(COONa) + H_2O$$

邻苯二甲酸氢钾用作基准物的优点是：①易于获得纯品；②易于干燥，不吸湿；③摩尔质量大，可相对降低称量误差。

仪器和试剂

NaOH 标准溶液（0.2mol/L）；邻苯二甲酸氢钾（A.R.）

实验步骤

在分析天平上准确称取 3 份已在 105～110℃烘过 1h 以上的分析纯邻苯二甲酸氢钾，每份 0.8～1.2g。置于 250mL 锥形瓶中，用 50mL 蒸馏水（煮沸后刚冷却的）使之溶解。如不完全溶解，可稍微加热，冷却后加入 2 滴酚酞指示剂，用 NaOH 标准溶液滴定至呈微红色半分钟内不褪，即为终点。3 份测定的相对平均偏差应小于 0.2%，否则应重复测定。

数据记录与处理

按表 6.6.1 格式进行数据记录与处理

表 6.6.1 NaOH 浓度的标定

项目 \ 序次	Ⅰ	Ⅱ	Ⅲ
称量瓶＋$KHC_8H_4O_4$(前)/g			
称量瓶＋$KHC_8H_4O_4$(后)/g			
$KHC_8H_4O_4$ 的质量/g			
NaOH 终读数/mL			
NaOH 终读数/mL			
V(NaOH)/mL			
c(NaOH)/(mol/L)			
$\bar{c}$(NaOH)/(mol/L)			
平均偏差/(mol/L)			

注：$M(KHC_8H_4O_4)=204.2$。

思考题

(1) 溶解基准物 $KHC_8H_4O_4$ 所用的水的体积的量度，是否需要准确？为什么？

(2) 用 $KHC_8H_4O_4$ 为基准物标定 0.2mol/L NaOH 溶液时，基准物称取量如何计算？

(3) 用 $KHC_8H_4O_4$ 标定 NaOH 溶液时，为什么用酚酞而不用甲基橙作指示剂？

(4) 如果 NaOH 标液在保存过程中吸收了空气中的 CO_2，用该标准溶液滴定盐酸，以甲基橙为指示剂，用 NaOH 溶液原来的浓度进行计算会不会引入误差？若用酚酞为指示剂进行滴定，又怎样？

实验 6.7 有机酸分子量的测定

实验目的

(1) 进一步熟悉滴定操作。

(2) 掌握有机酸分子量的测定方法。

实验原理

大多有机酸为弱酸。它们和 NaOH 的反应为：

$$n\text{NaOH}+\text{H}_n\text{A}(\text{有机酸})\text{===}\text{Na}_n\text{A}+n\text{H}_2\text{O}\quad(\text{测定时},n\text{ 值需已知})$$

当有机酸的离解常数 $K_a \geqslant 7$，且多元有机酸中的 n 个氢均能被滴定时，用酸碱滴定法测定。根据下面的公式可以得出有机酸的摩尔质量 M_A，数值上等于其分子量。

$$\frac{m_A}{M_A}=\frac{1}{n}c_B V_B$$

式中，c_B 为碱的浓度，mol/L；V_B 为标准碱液的体积，L；m_A 为有机酸的质量，g；M_A 为有机酸的摩尔质量，g/mol。

仪器与试剂

仪器：碱式滴定管（50mL）；锥形瓶（250mL）；容量瓶（250mL）；移液管（25mL）

试剂：NaOH 标准溶液（0.2mol/L）；酚酞（0.2%）；有机酸试样

实验步骤

准确称取有机酸试样一份置于小烧杯中，加适量纯水溶解后，定量转移至 250mL 容量瓶中，加水稀释并定容至刻度，充分摇匀。用移液管移取 25.00mL 有机酸溶液，置于 250mL 锥形瓶中，加入 2 滴 0.2%酚酞指示剂，用 NaOH 标准溶液滴定至溶液颜色由无色呈现微红，且 30s 不退色即为终点，记录 NaOH 所消耗的体积，并计算有机酸的分子量。

数据记录与处理

按表 6.7.1 格式进行数据记录与处理。

思考题

(1) 如果 NaOH 在保存过程中吸收空气中 CO_2，对有机酸分子量测定有何影响？

(2) 如本实验选用草酸为试样，若 $H_2C_2O_4 \cdot 2H_2O$ 失去部分水，问所测分子量会产生何种误差？

表 6.7.1　有机酸分子量的测定

记录项目＼序次	Ⅰ	Ⅱ	Ⅲ
$m_{有机酸}$/g			
$V_{有机酸}$/mL			
V_{NaOH}/mL			
$\bar{V}_{NaOH}$/mL			
$M_{有机酸}$			
计算公式	$M_{有机酸}=\frac{m_{试样}\times 100}{V_{NaOH}c_{NaOH}}\times\frac{b}{a}$		

实验 6.8　EDTA 标准溶液的配制与标定

实验目的

（1）学习 EDTA 标准溶液的配制和标定方法。

（2）掌握配位滴定的原理和配位滴定的特点。

（3）熟悉钙指示剂的使用。

实验原理

乙二胺四乙酸（简称EDTA，常用 H_4Y 表示）难溶于水，室温下每 100g 水中只能溶解 0.02g，实际工作中通常使用其二钠盐配制标准溶液。乙二胺四乙酸二钠盐（也称为EDTA，用 $Na_2H_2Y\cdot 2H_2O$ 表示）的溶解度为每 100g 水中溶解 11.2g，可配制 0.3mol/L 的溶液，其水溶液的 pH 值约为 4.8，通常采用间接法配制标准溶液。

标定 EDTA 溶液的基准物有 Zn、Cu、Pb、Bi、ZnO、CaO、$CaCO_3$、$MgSO_4\cdot 7H_2O$ 等。通常选用其中与被测组分相同的物质作基准物，这样滴定条件较一致，可减小误差。

EDTA 溶液若用于测定水的硬度，宜用 $CaCO_3$ 为基准物。加 HCl 溶液溶解 $CaCO_3$，制成钙标准溶液，调节酸度至 pH≥12，用钙指示剂，以 EDTA 标准溶液滴定至溶液由酒红色变纯蓝色，即为终点。

用此法测定钙时，若有 Mg^{2+} 共存［在调节 pH≥12 时，Mg^{2+} 离子将形成 $Mg(OH)_2$ 沉淀］，则 Mg^{2+} 不仅不干扰钙的测定，而且使终点比 Ca^{2+} 单独存在时更敏锐。所以测定单独存在的 Ca^{2+} 时，常常加入少量 Mg^{2+}。

配位滴定所用的水，应不含 Fe^{3+}、Al^{3+}、Cu^{2+}、Ca^{2+}、Mg^{2+} 等杂质离子。

仪器和试剂

仪器：酸式滴定管（50mL）；锥形瓶（250mL）；容量瓶（250mL）；移液管（25mL）

试剂：乙二胺四乙酸二钠（固体，A.R.）；$CaCO_3$（固体，G.R. 或 A.R.）；HCl（1∶1）；镁溶液（溶解 1g 的 $MgSO_4\cdot 7H_2O$ 于水中，稀释至 200mL）；NaOH（10%）；钙指示剂（固体指示剂）

实验步骤

（1）0.02mol/L EDTA 标准溶液的配制。在台秤上称取乙二胺四乙酸二钠 3.8g，溶解于 100～200mL 温水中，稀释至 500mL，转移至细口瓶中，摇匀。

(2) 以 $CaCO_3$ 为基准物标定 EDTA 溶液。准确称取 0.5～0.6g $CaCO_3$ 基准物（在 110℃干燥 2h）于小烧杯中，盖上表面皿，加水润湿，再从杯嘴边逐滴加入数毫升 1∶1 HCl 至完全溶解，用水把可能溅到表面皿上的溶液淋洗入杯中，转移至 250mL 容量瓶中，稀释至刻度，摇匀。

用移液管移取 25mL 标准钙溶液，置于锥形瓶中，加入约 25mL 水、2mL 镁溶液、10mL 10%的 NaOH 溶液及约 10mg（绿豆大小）钙指示剂，摇匀后，用 EDTA 溶液滴定至由红色变至蓝色，即为终点。

注意事项

配位反应进行的速度较慢，故滴定时加入 EDTA 的速度不能太快，在室温低时，尤要注意。特别是近终点时，应逐滴加入，并充分振摇。

思考题

(1) 为什么通常用乙二胺四乙酸二钠盐配制 EDTA 标准溶液而不用乙二胺四乙酸？

(2) 以 $CaCO_3$ 为基准物标定 EDTA 溶液时，加入镁溶液的目的是什么？

(3) 以 $CaCO_3$ 为基准物，以钙指示剂为指示剂标定 EDTA 溶液时，应控制溶液的酸度为多少？为什么？怎样控制？

(4) 配位滴定法与酸碱滴定法相比，有哪些不同点？操作中应注意哪些问题？

实验 6.9　水的硬度测定

实验目的

(1) 掌握配位滴定法测定水的硬度的方法。

(2) 掌握钙指示剂和铬黑 T 的使用条件。

(3) 熟悉水的硬度的划分。

实验原理

水的硬度包括暂时硬度和永久硬度。水的暂时硬度是指水中含有的钙、镁离子是以酸式碳酸盐形式存在的，碳酸氢钙、碳酸氢镁受热时分解为碳酸钙沉淀和碳酸镁、氢氧化镁沉淀而使水的硬度消失；永久硬度是指水中含有的钙、镁离子是以硫酸盐、氯化物、硝酸盐形式存在的，加热时不会生成沉淀。通常将水的暂时硬度和永久硬度的总和称为水的总硬度。将钙离子形成的硬度称为钙硬度；将镁离子形成的硬度称为镁硬度。

测定水的硬度可采用 EDTA 配位滴定法测定。

测定钙、镁离子的总量，以铬黑 T 为指示剂，在 pH 为 10 的缓冲溶液中，用 EDTA 标准溶液进行滴定。铬黑 T 首先和钙、镁离子配位而使溶液呈酒红色，随着 EDTA 的加入，EDTA 和钙离子、镁离子反应生成稳定的配合物而使铬黑 T 游离出来，使溶液由酒红色变为纯蓝色。

测定钙硬度时，首先在 pH 为 12～13 的条件下，使镁离子生成氢氧化镁沉淀，然后加入钙指示剂，用 EDTA 标准溶液进行滴定，使溶液由红色变为蓝色。

由测出的水的总硬度减去钙硬度即可求出镁硬度。

滴定时，如水中有 Cu^{2+}、Pb^{2+}、Zn^{2+}、Fe^{3+}、Al^{3+} 等离子存在，会影响测定结果。

Cu^{2+}、Pb^{2+}、Zn^{2+}可用 KCN、Na_2S 掩蔽；Fe^{3+}、Al^{3+}可用三乙醇胺掩蔽。

水的硬度可以用 $CaCO_3$ 的含量（mg/L）表示，也可采用 CaO 的含量表示。我国通常采用后一种，即以度计数，1°表示 1L 水中有 10mg 的 CaO。

仪器与试剂

仪器：酸式滴定管（50mL）；移液管（50mL）；锥形瓶（250mL）

试剂：EDTA 标准溶液（0.01mol/L）；NH_3-NH_4Cl 缓冲溶液（pH 约为 10）；NaOH（10%），钙指示剂（固体指示剂）；铬黑 T（1%）

实验步骤

（1）水的总硬度的测定。用移液管准确吸取 25mL 澄清的水样放入 250mL 锥形瓶中，加入约 25mL 纯水，5mL NH_3-NH_4Cl 缓冲溶液，再加入 2～3 滴铬黑 T 指示剂，摇匀，然后用 EDTA 标准溶液滴定至溶液由酒红色变为纯蓝色即为终点，平行测定三次。

（2）钙硬的测定。用移液管准确吸取 25mL 澄清的水样放入 250mL 锥形瓶中，加入约 25mL 纯水，4mL 10%的 NaOH 溶液，再加入约 10mg 钙指示剂，摇匀，用 EDTA 标准溶液滴定至溶液由酒红色变为纯蓝色即为终点，平行测定三次。

实验 6.10　高锰酸钾标准溶液的配制和标定

实验目的

（1）了解高锰酸钾标准溶液的配制方法和保存条件。

（2）掌握标定高锰酸钾溶液浓度的原理、方法及滴定条件。

实验原理

市售的 $KMnO_4$ 常含有少量杂质，如硫酸盐、氯化物及硝酸盐等，因此不能直接配制准确浓度的溶液。$KMnO_4$ 氧化能力强，易和水中的有机物、空气中的尘埃及氨等还原性物质作用；$KMnO_4$ 能自行分解，其分解反应如下：

$$4KMnO_4 + 2H_2O = 4MnO_2\downarrow + 4KOH + 3O_2\uparrow$$

分解速度随溶液的 pH 值而改变。在中性溶液中，分解很慢，但 Mn^{2+} 和 MnO_2 能加速 $KMnO_4$ 的分解，见光则分解更快。由此可见，$KMnO_4$ 溶液的浓度容易改变，必须正确地配制和保存。正确配制和保存的 $KMnO_4$ 溶液应呈中性，不含 MnO_2，这样浓度就比较稳定，放置数月后浓度大约只降低 0.5%。但是如果长期使用，仍应定期标定。

$KMnO_4$ 标准溶液常用还原剂 $Na_2C_2O_4$ 作基准物来标定。$Na_2C_2O_4$ 不含结晶水，容易精制。标定反应如下：

$$2MnO_4^- + 5C_2O_4^{2-} + 16H^+ = 2Mn^{2+} + 10CO_2\uparrow + 8H_2O$$

滴定时可作用 MnO_4^- 本身的颜色指示滴定终点。

仪器与试剂

仪器：酸式滴定管（50mL）；锥形瓶（250mL）

试剂：$KMnO_4$（固）；$Na_2C_2O_4$（A. R.）；H_2SO_4（3mol/L）

实验步骤

（1）0.02mol/L $KMnO_4$ 溶液的配制。称取 1.6g $KMnO_4$ 固体溶于 500mL 水中，盖上

表面皿，加热煮沸 20～30min（随时补充水）。冷却后用玻璃砂芯漏斗过滤除去 MnO_2 等杂质，滤液储于棕色瓶中，将溶液在暗处放置 7～10 天后标定。

（2）$KMnO_4$ 溶液浓度的标定。准确称取计算量的烘过后 $Na_2C_2O_4$ 基准物于 250mL 锥形瓶中，加水约 10mL 使之溶解，再加 30mL 1mol/L 的 H_2SO_4 溶液并加热至 75～80℃（加热到溶液开始冒蒸气），立即用待标定的 $KMnO_4$ 溶液滴定。滴定时第一滴 $KMnO_4$ 溶液退色较慢，在完全褪色后再加入第二滴溶液，等几滴 $KMnO_4$ 溶液起作用后，滴定速度可稍快些，当被滴定溶液出现粉红色经 30s 不退色，即为终点。

根据滴定所消耗的 $KMnO_4$ 溶液体积和基准物的质量，计算 $KMnO_4$ 溶液的浓度。

注意事项

（1）注意标定温度。标定 $KMnO_4$ 时，溶液温度应不低于 60℃，否则应反应速度较慢影响终点的观察与准确性。但也不要高于 90℃，否则会引起部分 $H_2C_2O_4$ 分解：

$$H_2C_2O_4 \xlongequal{} CO_2 + CO + H_2O$$

（2）注意滴定速度。$KMnO_4$ 与 $H_2C_2O_4$ 的反应为自催化反应，滴定开始反应速度较慢（催化剂 Mn^{2+} 较少），高锰酸钾不能立即退色，一经反应生成 Mn^{2+}，反应速度加快，可以适当的加快滴定的速度，滴定接近终点时，溶液中 $C_2O_4^{2-}$ 浓度急剧降低，反应速度也随之变慢，这时应放慢滴定速度。

（3）注意标定时的酸度控制。$KMnO_4$ 标定的酸度条件为强酸，酸度不够时易产生 $MnO_4\downarrow$，酸度太高会促使 $H_2C_2O_4$ 的分解，一般开始滴定的酸度约为 0.5～1mol/L。

（4）注意终点判断。终点的颜色应以高锰酸钾的粉红色 30s 不退色为准。因为高锰酸钾在酸性介质中是强氧化剂，在空气中放置久了，会因空气中的还原性气体或灰尘作用，使其退色。

思考题

（1）$KMnO_4$ 标准溶液是否可以直接配制？为什么？

（2）滴定时为什么第一滴 $KMnO_4$ 溶液加入后红色退去很慢，以后退色较快？

（3）用 $Na_2C_2O_4$ 标定 $KMnO_4$ 溶液浓度时，溶液的酸度过高或过低有什么影响？溶液的温度过高或过低有什么影响？

（4）若被滴定溶液出现浅红色经 30s 后又退色了，是否还要补滴 $KMnO_4$ 溶液？为什么？

实验 6.11　碳酸钙中钙含量的测定

实验目的

（1）学习沉淀分离的基本操作。

（2）掌握草酸钙沉淀-$KMnO_4$ 法测定碳酸钙中钙含量的原理和方法。

实验原理

测定钙的方法很多，快速的方法是配位滴定法，较精确的方法是本实验采用的高锰酸钾法。将 Ca^{2+} 沉淀为 CaC_2O_4，将沉淀滤出并洗净后，溶于稀 H_2SO_4 溶液，再用$KMnO_4$标准溶液滴定与 Ca^{2+} 相当的 $C_2O_4^{2-}$，根据所消耗的 $KMnO_4$ 的体积计算碳酸钙中钙的含量。主要反应如下：

$$Ca^{2+}+C_2O_4^{2-} \longrightarrow CaC_2O_4\downarrow$$

$$CaC_2O_4+H_2SO_4 \longrightarrow CaSO_4+H_2C_2O_4$$

$$5H_2C_2O_4+2MnO_4^-+6H^+ \longrightarrow 2Mn^{2+}+10CO_2\uparrow+8H_2O$$

CaC_2O_4 是弱酸盐沉淀，其溶解度随溶液酸度增大而增加，在 pH=4 时，CaC_2O_4 的溶解损失可以忽略。一般采用在酸性溶液中加入 $(NH_4)_2C_2O_4$，再滴加氨水逐渐中和溶液中的 H^+，使 $C_2O_4^{2-}$ 的浓度缓慢增加，CaC_2O_4 沉淀缓慢形成，即均相沉淀的方法。最后控制溶液 pH 在 3.5～4.5，使 CaC_2O_4 沉淀完全，又不至于生成 $Ca(OH)_2$ 或 $(CaOH)_2C_2O_4$ 沉淀，并获得组成一定、颗粒粗大、便于过滤和洗涤的晶形 CaC_2O_4 沉淀。

仪器与试剂

仪器：酸式滴定管（50mL）；砂芯漏斗（3号）；锥形瓶（250mL）

试剂：$CaCO_3$ 试样；HCl（6mol/L）；甲基橙（0.2%）；$(NH_4)_2C_2O_4$ 溶液（0.25mol/L、0.1%）；氨水（15mol/L）；$AgNO_3$（0.1mol/L）；H_2SO_4（1mol/L）；$KMnO_4$ 标准溶液（0.02mol/L）

实验步骤

（1）CaC_2O_4 沉淀的制备。准确称取 $CaCO_3$ 试样一份，于 400mL 烧杯中，滴加少量的水润湿，盖上表面皿缓慢滴加 6mol/L 的 HCl 为 6～8mL，同时不断摇动烧杯，待停止发泡后，小心加热煮沸 2min，冷却后，再加约 150mL 去离子水，1 滴甲基橙，用 6mol/L HCl 调节酸度至溶液呈红色，加 35mL 0.25mol/L $(NH_4)_2C_2O_4$ 溶液，加热至 70～80℃，在不断搅拌下，以每秒 1～2 滴的速度滴加 15mol/L 氨水，至溶液由红色变为橙色，并陈化（放置过夜或在电炉上保温 30min）。

（2）Ca^{2+} 含量的测定。用 3 号砂芯漏斗及倾泻法过滤沉淀。用 0.1% 的 $(NH_4)_2C_2O_4$ 溶液洗涤沉淀（3～4 次，每次约 10～20mL）。再用去离子水洗涤沉淀（3～4 次），至无 Cl^-（于洗涤的滤液中滴加 $AgNO_3$ 检验）。在烧杯中加入 50mL 1mol/L 的 H_2SO_4 和 50mL 去离子水加热至 75～85℃，沿玻璃棒分几次加入砂芯漏斗中，将全部 CaC_2O_4 沉淀溶解于原沉淀 CaC_2O_4 的 400mL 烧杯中。将溶液加热至 75～85℃，立即用 $KMnO_4$ 标准溶液滴定，至溶液呈微红色，且 30s 中不退色即为终点。

根据所消耗的 $KMnO_4$ 标准溶液的体积及所称取的 $CaCO_3$ 试样的重量，计算试样中 Ca 的含量，以 CaO% 表示。

思考题

（1）沉淀 CaC_2O_4 时，为什么要先在酸性溶液中加入沉淀剂 $(NH_4)_2C_2O_4$，然后在 70～80℃时滴加氨水至甲基橙变为橙黄色而使 CaC_2O_4 沉淀？中和时为什么选用甲基橙指示剂来指示酸度？

（2）洗涤 CaC_2O_4 沉淀时，为什么要先用稀的 $(NH_4)_2C_2O_4$ 溶液洗涤？怎样判断 $C_2O_4^{2-}$ 洗净没有？怎样判断 Cl^- 洗净没有？

（3）CaC_2O_4 沉淀形成后为什么要陈化？

实验 6.12　过氧化氢含量的测定

实验目的

掌握高锰酸钾法测定过氧化氢含量的原理和方法。

实验原理

过氧化氢是一种强氧化剂，它的用途较为广泛，常常作为漂白剂、消毒剂、灭菌剂等。它在酸性溶液中很容易被高锰酸钾氧化，利用它的这一性质，可以用高锰酸钾溶液测定过氧化氢的含量。反应式如下：

$$5H_2O_2+2MnO_4^-+6H^+ \longrightarrow 2Mn^{2+}+5O_2\uparrow+8H_2O$$

该反应开始时反应速率很慢，随着 Mn^{2+} 的生成，由于 Mn^{2+} 具有催化作用，使反应速率加快，该反应能够顺利完成，我们称之为自动催化反应。

如 H_2O_2 系工业品，常加入乙酰苯胺或其他有机物作稳定剂，用上述方法测定误差较大，因为此类有机物也消耗 $KMnO_4$，遇此情况应采用铈量法或碘量法测定。

仪器与试剂

仪器：酸式滴定管（50mL）；容量瓶（250mL）；移液管（25mL）；吸量管（1mL）；锥形瓶（250mL）

试剂：$KMnO_4$ 标准溶液（0.02mol/L）；H_2SO_4（2mol/L）；H_2O_2（工业品，浓度约为 30%）

实验步骤

用吸量管吸取 1.00mL 的 H_2O_2 样品置于 250mL 容量瓶中，加水稀释至刻度，摇匀。用移液管移取 25.00mL 稀释液放入 250mL 锥形瓶中，加入 15mL 2mol/L 的 H_2SO_4 溶液，用 $KMnO_4$ 标准溶液滴定至溶液呈微红色，并在 30s 内不退色为止。记录所消耗的 $KMnO_4$ 溶液体积，并计算 H_2O_2 的含量。平行测定三次。

根据 $KMnO_4$ 消耗的体积及浓度，计算得到试样中 H_2O_2 的含量（g/L）。

思考题

（1）用 $KMnO_4$ 法测定 H_2O_2 时，为什么用 H_2SO_4 控制酸度？能否用其他强酸代替？

（2）为什么在标定 $KMnO_4$ 时，不需要加入指示剂？

实验 6.13　硫代硫酸钠标准溶液的配制和标定

实验目的

（1）了解 $Na_2S_2O_3$ 溶液的配制方法和保存条件。

（2）了解标定 $Na_2S_2O_3$ 溶液浓度的原理和方法。

（3）掌握碘量法的测定条件。

实验原理

固体 $Na_2S_2O_3$ 试剂中一般都含有少量杂质，如 S^{2-}、Na_2SO_3、Na_2SO_4、Na_2CO_3 及 NaCl 等，此试剂还易风化和潮解，因此不能直接配制准确浓度的标准溶液。

$Na_2S_2O_3$ 溶液易受空气和微生物的作用而分解。

（1）溶解的 CO_2 的作用。$Na_2S_2O_3$ 在中性或碱性溶液中较稳定，当 $pH<4.6$ 时即不稳定。溶液中含有 CO_2 时，会促进 $Na_2S_2O_3$ 分解。

$$Na_2S_2O_3+H_2CO_3 \longrightarrow NaHSO_3+NaHCO_3+S\downarrow$$

此分解作用一般发生在溶液配制后的最初10天内。在pH=9～10间，硫代硫酸钠溶液最为稳定，所以在$Na_2S_2O_3$溶液中加入少量的Na_2CO_3。

(2) 空气的氧化作用。

$$2Na_2S_2O_3 + O_2 = 2Na_2SO_4 + 2S\downarrow$$

(3) 微生物的作用。

$$Na_2S_2O_3 \xlongequal{细菌} Na_2SO_3 + S$$

这是$Na_2S_2O_3$分解的主要原因。为了避免微生物的分解作用可加入少量HgI_2(10mg/L)杀菌。

为了减少溶解在水中的CO_2和杀死水中微生物，应用新煮沸后冷却的蒸馏水，并加入少量Na_2CO_3，以防止$Na_2S_2O_3$分解。

日光能促进$Na_2S_2O_3$溶液分解，所以$Na_2S_2O_3$溶液应储存于棕色瓶中，放置在暗处，经7～14天再标定。长期使用的溶液，应定期标定。若保存得好，可两个月标定一次。

标定$Na_2S_2O_3$溶液的基准物有$K_2Cr_2O_7$、KIO_3、$KBrO_3$、纯铜等。本实验用$K_2Cr_2O_7$作基准物标定$Na_2S_2O_3$溶液的浓度。

$$Cr_2O_7^{2-} + 6I^- + 14H^+ = 2Cr^{3+} + 3I_2 + 7H_2O$$

$$I_2 + 2S_2O_3^{2-} = 2I^- + S_4O_6^{2-}$$

仪器与试剂

仪器：酸式滴定管(50mL)；碘量瓶(250mL)

试剂：$Na_2S_2O_3 \cdot 5H_2O$(固)；Na_2CO_3(固)；$K_2Cr_2O_7$(A. R.)；KI(10%)；HCl(6mol/L)；淀粉(0.5%)

实验步骤

(1) 0.1mol/L $Na_2S_2O_3$溶液的配制。称取12.5g $Na_2S_2O_3 \cdot 5H_2O$于烧杯中，加入200～300mL新煮沸已冷却的蒸馏水，待完全溶解后，加入0.1g Na_2CO_3，然后用新煮沸的已冷却的蒸馏水稀释至500mL，储存于棕色试剂瓶中，在暗处放7～14天后标定。

(2) 0.1mol/L $Na_2S_2O_3$溶液浓度的标定。准确称取已烘干的$K_2Cr_2O_7$(质量相当于20～30mL 0.1mol/L的$Na_2S_2O_3$溶液)于250mL碘量瓶中，加入10～20mL水使之溶解，再加入20mL 10%的KI溶液和5mL 6mol/L的HCl溶液，混匀后加盖，放在暗处5min。然后用50mL水稀释，用$Na_2S_2O_3$溶液滴定到呈浅黄色，加入2mL 0.5%淀粉溶液，继续滴定至蓝色消失溶液呈亮绿色为终点。根据$K_2Cr_2O_7$的质量及消耗的$Na_2S_2O_3$溶液体积，计算$Na_2S_2O_3$溶液的浓度。

思考题

(1) 标定时为什么要加入过量KI？为什么先加入HCl为5mL，而滴定前要加水稀释？

(2) 淀粉指示剂为什么要接近滴定终点时才能加入？

(3) 碘量法的主要误差来源是什么？应怎样消除？

实验6.14 硫酸铜中铜含量的测定

实验目的

(1) 掌握用碘量法测定铜的原理和方法。

（2）进一步了解碘量法的误差来源及其消除的方法。

实验原理

二价铜盐与碘化物发生下列反应：

$$2Cu^{2+}+4I^{-} = 2CuI\downarrow+I_2$$

析出的 I_2 再用 $Na_2S_2O_3$ 溶液滴定，由此计算出铜含量。

$$I_2+2S_2O_3^{2-} = 2I^{-}+S_4O_6^{2-}$$

Cu^{2+} 与 I^- 的反应是可逆的，为了促使反应实际上能趋于完全，必须加入过量的KI。但由于CuI沉淀强烈地吸附 I_2，会使测定结果偏低。通常加入KSCN，将 CuI($K_{sp}^{\ominus}=1.1\times10^{-12}$) 转化为溶解度更小的 CuSCN($K_{sp}^{\ominus}=4.8\times10^{-15}$)：

$$CuI+SCN^{-} = CuSCN\downarrow+I^{-}$$

这样不但可以释放出被吸附的 I_2，而且在反应中再生出来的 I^- 可与未反应的 Cu^{2+} 发生作用。在这种情况下，使用较少的KI而能使反应进行得更完全。但是KSCN只以能在接近终点时加入，否则有可能直接将 Cu^{2+} 还原为 Cu^+，致使计量关系发生变化：

$$6Cu^{2+}+7SCN^{-}+4H_2O = 6CuSCN\downarrow+SO_4^{2-}+CN^{-}+8H^{+}$$

反应必须在酸性溶液中进行。酸度过低，Cu^{2+} 易水解，使反应不完全，结果偏低，而且反应速度慢，终点拖长；酸度过高，则 I^- 被空气中的氧气氧化为 I_2（Cu^{2+} 催化此反应），使结果偏高。

大量的 Cl^- 能与 Cu^{2+} 配位，因此最好用硫酸而不用盐酸作介质。

仪器与试剂

仪器：酸式滴定管（50mL）；锥形瓶（250mL）

试剂：$Na_2S_2O_3$ 标准溶液（0.1mol/L）；H_2SO_4(1mol/L)；KI(10%)；KSCN(10%)；淀粉（0.5%）

实验步骤

准确称取硫酸铜试样 0.42～0.50g 于 250mL 锥形瓶中加 5mL 1mol/L 的 H_2SO_4 和 30mL 水使之溶解。加入 10mL 10%的 KI 溶液，立即用 $Na_2S_2O_3$ 标准溶液滴定至浅黄色。加入 2mL 0.5%淀粉溶液，继续滴定至呈浅蓝色，再加入 5mL 10%的 KSCN 溶液，摇匀后，溶液的蓝色转深，再继续滴定到蓝色恰好消失，此时溶液为米色 CuSCN 悬浮液，由实验结果计算硫酸铜的含铜量。

思考题

（1）测定反应为什么一定要在弱酸性溶液中进行？

（2）测定铜含量时，为什么要加入KSCN溶液？如果酸化后立即加入KSCN，会产生什么影响？

（3）已知 $\varphi^{\ominus}(Cu^{2+}/Cu^{+})=0.158V$；$\varphi^{\ominus}(I_2/I^{-})=0.54V$，为什么本法中 Cu^{2+} 能氧化 I^- 为 I_2？

实验 6.15　氯化钠中氯含量的测定（银量法）

实验目的

（1）掌握 $AgNO_3$ 标准溶液的配制和标定方法。

(2) 学习银量法测定氯含量的原理和方法。

实验原理

某些可溶性氯化物中氯含量的测定可采用银量法测定。根据加入的指示剂不同，银量法又分为莫尔法、佛尔哈德法和法扬司法，指示剂分别是铬酸钾、铁铵矾和吸附指示剂。

莫尔法对于一般水样中的氯离子测定是常用的一种方法。在中性或弱碱性溶液中，用 $AgNO_3$ 标准溶液滴定 Cl^- 时，由于 AgCl 的溶解度小于 Ag_2CrO_4，首先生成 AgCl 沉淀，当 Cl^- 全部生成 AgCl 沉淀后，微过量的 $AgNO_3$ 溶液与 CrO_4^{2-} 作用生成砖红色沉淀，指示达到终点。反应方程式为：

$$Ag^+ + Cl^- \rightleftharpoons \underset{\text{白色}}{AgCl\downarrow} \qquad (K_{sp}=1.8\times10^{-10})$$

$$2Ag^+ + CrO_4^{2-} \rightleftharpoons \underset{\text{砖红色}}{Ag_2CrO_4\downarrow} \qquad (K_{sp}=2.0\times10^{-12})$$

仪器与试剂

仪器：酸式滴定管（50mL）；容量瓶（100mL）；移液管（25mL）；锥形瓶（250mL）

试剂：$AgNO_3$（固体 A. R.）；NaCl（基准试剂）；K_2CrO_4(5%)

实验步骤

(1) 0.1mol/L $AgNO_3$ 溶液的配制。称取 1.7g 固体 $AgNO_3$ 在 100mL 不含 Cl^- 的水中溶解，然后将其转入棕色试剂瓶中，放在暗处保存。

(2) 0.1mol/L $AgNO_3$ 溶液的标定。准确称取三份约 0.2g 的 NaCl 基准试剂分别放入锥形瓶中，各加 30mL 水溶解。然后加入 1mL 5% 的 K_2CrO_4 溶液，摇匀。不断摇动锥形瓶，用 $AgNO_3$ 溶液滴定至溶液出现砖红色，即达到终点。根据 NaCl 的质量和消耗的 $AgNO_3$ 溶液体积，计算 $AgNO_3$ 标准溶液的浓度。

(3) 试样分析。准确称取 1g 氯化钠试样于烧杯中，加水溶解后，移入 100mL 容量瓶中，稀释至刻度，摇匀。

用移液管移取 25.00mL 上述试液于 250mL 锥形瓶中，加入 25mL 水、1mL 5% 的 K_2CrO_4 溶液，在不断摇动下，用 $AgNO_3$ 标准溶液滴定至溶液出现砖红色为止。平行测定 3 次。

根据消耗的 $AgNO_3$ 溶液体积，计算试样中 Cl^- 的含量。

注意事项

(1) AgCl 沉淀容易吸附 Cl^- 而使终点提前，因此滴定时必须剧烈摇动，使被吸附的 Cl^- 释放出来，以获得正确的终点。

(2) 控制好滴定时的 pH 值。最佳 pH 范围为 6.5～10.5，如果有 NH_4^+ 存在时 pH 值为 6.5～7.2。否则酸度过高会使 CrO_4^{2-} 质子化而不产生 Ag_2CrO_4 沉淀，过低则生成 Ag_2O 沉淀。

(3) 凡是能与 Ag^+ 形成难溶化合物或配合物的阴离子都会干扰测定，如：PO_4^{3-}、AsO_4^{3-}、SO_3^{2-}、S^{2-}、CO_3^{2-}、$C_2O_4^{2-}$ 等。采用莫尔法测定前必须去除。

(4) 凡是能与 CrO_4^{2-} 形成沉淀的离子，如 Ba^{2+}、Pb^{2+} 等，也会干扰测定。采用莫尔法测定前必须去除。

(5) 指示剂的用量一般为 5×10^{-3}mol/L。否则加入过多或过少均对滴定有影响。

思考题

（1）$AgNO_3$ 溶液为什么要用棕色试剂瓶，放在暗处保存？

（2）滴定使为什么要控制加入指示剂 K_2CrO_4 的量？

（3）为什么在 NH_4^+ 存在时，pH 值为 6.5～7.2？

实验 6.16　水泥熟料中 SiO_2、Fe_2O_3、Al_2O_3、CaO 和 MgO 的含量测定

实验目的

（1）了解重量法测定 SiO_2 含量的原理和用重量法测定水泥熟料中 SiO_2 含量的方法。

（2）进一步掌握配位滴定法的原理，特别是通过控制试液的酸度、温度及选择适当的掩蔽剂和指示剂等，在铁、铝、钙、镁共存时直接分别测定它们的方法。

（3）掌握配位滴定的几种测定方法——直接滴定法，返滴定法和差减法，以及这几种测定法中的计算方法。

（4）掌握水浴加热、沉淀、过滤、洗涤、灰化、灼烧等操作技术。

实验原理

水泥熟料是调和生料经 1400℃以上的高温煅烧而成的。通过熟料分析，可以检验熟料质量和烧成情况的好坏，根据分析结果，可及时调整原料的配比以控制生产。

目前，我国立窑生产的硅酸盐水泥熟料的主要化学成分及其控制范围，大致如下所述，见表 6.16.1 所列。

表 6.16.1　我国立窑生产的硅酸盐水泥熟料的主要化学成分及其控制范围

化学成分	含量范围	一般控制范围	化学成分	含量范围	一般控制范围
SiO_2	18%～24%	20%～22%	Al_2O_3	4.0%～9.5%	5%～7%
Fe_2O_3	2.0%～5.5%	3%～4%	CaO	60%～67%	62%～66%

同时，对几种成分限制如下：MgO＜4.5%，SO_3＜3.0%。

水泥熟料中碱性氧化物占 60%以上，因此易为酸分解。水泥熟料主要为硅酸三钙（$3CaO \cdot SiO_2$）[1]、硅酸二钙（$2CaO \cdot SiO_2$）、铝酸三钙（$3CaO \cdot Al_2O_3$）和铁铝酸四钙（$4CaO \cdot Al_2O_3 \cdot Fe_2O_3$）等化合物的混合物。这些化合物与盐酸作用时，生成硅酸和可溶性的氯化物，反应式如下：

$$2CaO \cdot SiO_2 + 4HCl \longrightarrow 2CaCl_2 + H_2SiO_3 + H_2O$$

$$3CaO \cdot SiO_2 + 6HCl \longrightarrow 3CaCl_2 + H_2SiO_3 + 2H_2O$$

$$3CaO \cdot Al_2O_3 + 12HCl \longrightarrow 3CaCl_2 + 2AlCl_3 + 6H_2O$$

$$4CaO \cdot Al_2O_3 \cdot Fe_2O_3 + 20HCl \longrightarrow 4CaCl_2 + 2AlCl_3 + 2FeCl_3 + 10H_2O$$

硅酸是一种很弱的无机酸，在水溶液中绝大部分以溶胶状态存在，其化学式以 $SiO_2 \cdot nH_2O$ 表示。在用浓酸和加热蒸干等方法处理后，能使绝大部分硅酸水溶胶脱水成水凝胶析出，因此可利用沉淀分离的方法把硅酸与水泥中的铁、铝、钙、镁等其他组分分开。

[1] 这里的化学式 $3CaO \cdot SiO_2$ 是指 3 分子 CaO 与 1 分子 SiO_2，不是 3 分子 $CaO \cdot SiO_2$。其他化学式如 $2CaO \cdot SiO_2$ 的含义均同此。

本实验中以重量法测定的 SiO_2 含量。

在水泥经分解后之溶液中，采用加热蒸发近干和加固体氯化铵两种措施，使水溶性胶状硅酸尽可能全部脱水析出。蒸干脱水是将溶液控制在100～110℃温度下进行的。由于HCl的蒸发，硅酸中所含的水大部分被带走，硅酸水溶胶即成为水凝胶析出。由于溶液中的 Fe^{3+}、Al^{3+} 等离子在温度超过110℃时易水解生成难溶性的碱式盐，而混在硅酸凝胶中，这样将使 SiO_2 的结果偏高，而 Fe_2O_3、Al_2O_3 等的结果偏低，故加热蒸干宜采用水浴以严格控制温度。

加入固体 NH_4Cl 后由于 NH_4Cl 易离解生成 $NH_3 \cdot H_2O$ 和HCl，在加热的情况下，它们易挥发逸去，从而消耗了水，因此能促进硅酸水溶胶的脱水作用，反应式如下：

$$NH_4Cl + H_2O \rightleftharpoons NH_3 \cdot H_2O + HCl$$

含水硅酸的组成不固定，故沉淀经过滤、洗涤、烘干后，还需经950～1000℃高温灼烧成固定成分 SiO_2，然后称量，根据沉淀的质量计算 SiO_2 的百分含量。

灼烧时，硅酸凝胶不仅失去吸附水，并进一步失去结合水，脱水过程的变化如下：

$$H_2SiO_3 \cdot nH_2O \xrightarrow{110℃} H_2SiO_3 \xrightarrow{950\sim1000℃} SiO_2$$

灼烧所得之 SiO_2 沉淀是雪白而又疏松的粉末。如所得沉淀呈灰色，黄色或红棕色，说明沉淀不纯。在要求比较高的测定中，应用氢氟酸-硫酸处理。

水泥中的铁、铝、钙、镁等组分以 Fe^{3+}、Al^{3+}、Ca^{2+}、Mg^{2+} 等离子形式存在于过滤 SiO_2 沉淀后的滤液中，它们都与EDTA形成稳定的配离子。但这些配离子的稳定性有较显著的差别，因此只要控制适当的酸度，就可用EDTA分别滴定它们。

铁的测定：控制酸度为pH=2～2.5。试验表明，溶液酸度控制得不恰当对测定影响很大。在pH=1.5时，结果偏高；pH>3时，Fe^{3+} 开始形成红棕色氢氧化物，往往无滴定终点，共存的 Ti^{4+} 和 Al^{3+} 的影响也显著增加。

滴定时以磺基水杨酸为指示剂，它与 Fe^{3+} 形成的配合物的颜色与溶液酸度有关，在pH=1.2～2.5时，配合物呈红紫色。由于 Fe^{3+}-磺基水杨酸配合物不及 Fe^{3+}-EDTA配合物稳定，所以临近终点时加入的EDTA便会夺取 Fe^{3+}-磺基水杨酸配合物中的 Fe^{3+}，使磺基水杨酸游离出来，因而溶液由红紫色变为微黄色，即为终点。磺基水杨酸在水溶液中是无色的，但由于 Fe^{3+}-EDTA配合物是黄色的，所以终点时由红紫色变为黄色。

滴定时溶液的温度以60～70℃为宜，当温度高于75℃，并有 Al^{3+} 存在时，Al^{3+} 亦可能与EDTA配位，使 Fe_2O_3 的测定结果偏高，而 Al_2O_3 的结果偏低。当温度低于50℃时，则反应速度缓慢，不易得出准确的终点。

由于配位滴定的过程中有 H^+ 产生（$Fe^{3+} + H_2Y^{2-} \rightleftharpoons FeY^- + 2H^+$），所以在没有缓冲作用的溶液中，当铁含量较高时（$Fe_2O_3$ 在40mg以上），在滴定的过程中溶液的pH值逐渐降低，妨碍反应进一步完成，以致终点变色缓慢，难以准确测定。实验表明 Fe_2O_3 的含量以不超过30mg为宜。

铝的测定：以PAN为指示剂的铜盐回滴法是普遍采用的一种测定铝的方法。

因为 Al^{3+} 与EDTA的配位作用进行得较慢，所以一般先加入过量的EDTA溶液，并加热煮沸，使 Al^{3+} 与EDTA充分配合，然后用 $CuSO_4$ 标准溶液回滴过量的EDTA。

Al-EDTA配合物是无色的，PAN指示剂在pH为4.3的条件下是黄色的，所以滴定开始前溶液呈黄色。随着 $CuSO_4$ 标准溶液的加入，Cu^{2+} 不断与过量的EDTA配合，由于Cu-EDTA是淡蓝色的，因此溶液逐渐由黄色变绿色。在过量的EDTA与 Cu^{2+} 完全配合后，继续加入 $CuSO_4$，过量的 Cu^{2+} 即与PAN配合生成深红色配合物，由于蓝色的Cu-EDTA的存在，所以终点呈紫色。滴定过程中的主要反应如下：

$$Al^{3+} + H_2Y^{2-} \rightleftharpoons AlY^-（无色）+ 2H^+$$

$$H_2Y^{2-}+Cu^{2+} \rightleftharpoons CuY^{2-}(\text{蓝色})+2H^+$$

$$Cu^{2+}+PAN(\text{黄色}) \longrightarrow Cu\text{-}PAN(\text{深红色})$$

这里需要注意的是，溶液中存在三种有色物质，而它们的含量又在不断变化之中，因此溶液的颜色特别是终点的变化就较复杂，决定于Cu-EDTA、PAN和Cu-PAN的相对含量和浓度。滴定时终点是否敏锐的关键是蓝色的Cu-EDTA浓度的大小，终点时Cu-EDTA配合物的量等于加入过量的EDTA的量。一般来说，在100mL溶液中加入的EDTA标准溶液（浓度在0.015mol/L附近的），以过量10mL左右为宜。

钙、镁含量的测定：其方法与“水的硬度的测定”类同，原理见前，此处从略。

仪器与试剂

仪器：水浴锅；马弗炉；瓷坩埚；酸式滴定管（50mL）；移液管（50mL、25mL）

试剂：浓盐酸（1＋1）HCl溶液；（3＋97）HCl溶液；浓硝酸；1＋1氨水；10%的NaOH溶液；固体NH_4Cl；10%的NH_4SCN溶液；1＋1三乙醇胺；0.015mol/L EDTA标准溶液；0.015mol/L $CuSO_4$标准溶液；HAc-NaAc缓冲溶液（pH＝4.3）；NH_3-NH_4Cl缓冲溶液（pH＝10）；0.05%溴甲酚绿指示剂；10%磺基水杨酸指示剂；0.2%的PAN指示剂；酸性铬蓝K-萘酚绿B；钙指示剂。

实验步骤

（1）SiO_2的测定。准确称取试样0.8～0.9g左右，置于干燥的200mL烧杯中，加入4g固体氯化铵，用玻璃棒混合均匀。盖上表面皿，沿杯口滴加6mL浓盐酸和2滴浓硝酸❶，仔细搅拌，使试样充分分解。将烧杯置于沸水浴上，盖上表面皿，蒸发近干（约需10～15min），（为什么要蒸发至近干?）取下，加10mL热的稀盐酸（3＋97）❷，搅拌，使可溶性盐类溶解，以中性定量滤纸过滤，用热的稀盐酸（3＋97）洗玻璃棒及烧杯，并洗涤沉淀至洗涤液中不含Fe^{3+}为止。Fe^{3+}可用NH_4SCN溶液检验❸，一般来说，洗涤10次以上可达不含Fe^{3+}的要求。滤液及洗涤液保存在500mL容量瓶中，并用水稀释至刻度，摇匀，供测定Fe^{3+}、Al^{3+}、Ca^{2+}、Mg^{2+}等离子之用。

将沉淀和滤纸移至已称至恒重的瓷坩埚中，先在电炉上低温烘干，再升高温度使滤纸充分灰化❹。然后在950～1000℃的高温炉内灼烧30min。取出，稍冷，再移置干燥器中冷却至室温（约需15～40min），称量。如此反复灼烧，直至恒重。

（2）Fe^{3+}的测定。准确吸取分离SiO_2后之滤液50mL❺，置于250mL锥形瓶中，加2滴0.05%溴甲酚绿❻指示剂（溴甲酚绿指示剂在pH小于3.8时呈黄色，大于5.4时呈绿色），此时溶液呈黄色。逐滴滴加1＋1氨水，使之成绿色。然后再用1＋1 HCl溶液调节溶液酸度至呈黄色后再过量3滴，此时溶液酸度约为pH＝2。加热至约70℃❼（根据经验，感

---

❶ 加入浓硝酸的目的是使铁全部以＋3价存在。

❷ 此处以热的稀酸溶解残渣是为了防止Fe^{3+}和Al^{3+}水解成氢氧化物沉淀而混在硅酸中，以及防止硅酸胶溶。

❸ Fe^{3+}与NH_4SCN反应生成血红色的$Fe(SCN)_3$。

❹ 也可以放在电炉上干燥后，直接送入高温炉灰化，而将高温炉的温度由低温（例如100～200℃）逐渐升高。

❺ 分离SiO_2后之滤液要节约使用（例如清洗移液管时，取用少量此溶液，最好用干燥的移液管），尽可能多保留一些溶液，以便必要时用以进行重复滴定。

❻ 溴甲酚绿不宜多加，如加多了，黄色的底色深，在铁的滴定中，对准确观察终点的颜色变化有影响。

❼ 注意防止剧沸，否则Fe^{3+}会水解形成氢氧化铁，使实验失败。

到烫手但还不觉得非常烫），取下，加6～8滴[1] 10%磺基水杨酸，以0.015mol/L的EDTA标准溶液滴定。滴定开始时溶液呈红紫色，此时滴定速度宜稍快些。当溶液开始呈淡红紫色时，滴定速度放慢，一定要每加一滴，摇摇，看看，然后再加一滴，最好同时再加热[2]，直至滴到溶液变为淡黄色，即为终点，滴得太快，EDTA易多加，这样不仅会使Fe^{3+}的结果偏高，同时还会使Al^{3+}的结果偏低。

（3）Al^{3+}的测定。在滴定铁含量后的溶液中，加入0.015mol/L EDTA标准溶液约20mL[3]，记下读数，摇匀。然后再加入15mL pH为4.3的HAc-NaAc缓冲液[4]。煮沸1～2min，取下，冷至90℃左右，加入5～6滴0.2%PAN指示剂，以0.015mol/L $CuSO_4$标准溶液滴定。开始时溶液呈黄色，随着$CuSO_4$标准溶液的加入，颜色逐渐变绿并加深，直至再加入一滴突然变紫，即为终点。在变紫色之前，曾有蓝色变为灰绿色的过程。在灰绿色溶液中再加1滴$CuSO_4$溶液，即变紫色。

（4）Ca^{2+}的测定。准确吸取分离SiO_2后的滤液25mL，置于250mL锥形瓶中，加水稀释至50mL，加4mL的1+1三乙醇胺溶液，摇匀后再加5mL 10%的NaOH溶液，再摇匀，加入约0.01g固体钙指示剂（用药勺小头取约一勺），此时溶液呈酒红色。然后以0.015mol/L EDTA标准溶液滴定至溶液呈蓝色，即为终点。

（5）Mg^{2+}的测定。准确吸取分离SiO_2后的滤液25mL于250mL锥形瓶中，加水稀释至50mL，加4mL 1+1三乙醇胺溶液，加入5mL pH为10的NH_3-NH_4Cl的缓冲溶液，再摇匀，然后加入适量酸性铬蓝K-萘酚绿B指示剂或铬黑T指示剂，以0.015mol/L EDTA标准溶液滴定至溶液呈蓝色，即为终点。根据此结果计算所得的为钙、镁合量，由此减去钙量即为镁量。

思考题

（1）如何分解水泥熟料试样？分解时的化学反应是什么？

（2）本实验测定SiO_2含量的方法原理是什么？

（3）试样分解后加热蒸发的目的是什么？操作中应注意些什么？

（4）沉淀在高温灼烧前，为什么需经干燥、炭化？

（5）在Fe^{3+}、Al^{3+}、Ca^{2+}、Mg^{2+}等离子共存的溶液中，以EDTA标准溶液分别滴定Fe^{3+}、Al^{3+}、Ca^{2+}等离子以及Ca^{2+}、Mg^{2+}的含量时，是怎样消除其他共存离子的干扰的？

（6）在滴定上述各种离子时，溶液酸度应分别控制什么范围？怎样控制？

（7）滴定Fe^{3+}、Al^{3+}时，各应控制什么样的温度范围？为什么？

（8）以ETDA为标准溶液，以磺基水杨酸为指示剂滴定Fe^{3+}，以PAN为指示剂滴定Al^{3+}，以钙指示剂滴定Ca^{2+}，以K-B为指示剂滴定Ca^{2+}、Mg^{2+}含量，在滴定过程中溶液颜色的变化如何？怎样确定终点？

（9）在测定SiO_2、Fe^{3+}及Al^{3+}时，操作中应注意些什么？

（10）如Fe^{3+}的测定结果不准确，对Al^{3+}的测定结果有什么影响？

---

[1] 磺基水杨酸与Al^{3+}有配位作用，不宜多加。

[2] Fe^{3+}与EDTA的配位反应较慢，故最好加热以加速反应。滴定慢，溶液温度降得低，不利于配位反应，但是如果滴得快，来不及反应，又容易滴过终点，较好的办法是开始时滴得稍快（注意也不能很快），至计量点附近时放慢。

[3] 根据水泥熟料中Al_2O_3的大致含量以及试样的称取量进行粗略计算。此处加入20mL EDTA标准溶液，约过量10mL。

[4] Al^{3+}在pH=4.3的溶液中会产生沉淀，因此必须先加EDTA标准溶液，然后再加HAc-NaAc缓冲液，并加热。这样使在溶液的pH值达4.3之前，部分Al^{3+}已反应生成Al-EDTA配合物，从而降低Al^{3+}的浓度，以免Al^{3+}水解而生成沉淀。

（11）测定 Fe^{3+} 时，如 pH<1，对 Fe^{3+} 和 Al^{3+} 的测定结果有什么影响？若 pH>4，又各有什么影响？

（12）测定 Al^{3+} 时，如 pH<4，对 Al^{3+} 的测定结果有什么影响？

（13）测定 Ca^{2+}、Mg^{2+} 含量时，如 pH>10，对测定结果有什么影响？

（14）在 Al^{3+} 的测定中，为什么要注意 EDTA 标准溶液的加入量？以加入多少为宜？

（15）本实验中，为什么测定 Fe^{3+}、Al^{3+} 时吸取 50mL 溶液进行滴定，而测定 Ca^{2+}、Mg^{2+} 时只吸取 25mL？

（16）在 Ca^{2+} 的测定中，为什么要先加三乙醇胺，而后加 NaOH 溶液？

（17）根据原理中介绍的水泥熟料中 Al_2O_3 含量的控制范围及试样称取量，如何粗略计算 EDTA 标准溶液的加入量？

参 考 文 献

1 四川大学化工学院．浙江大学化学系．分析化学实验．第三版．北京：高等教育出版社，2003

2 邢文卫，李炜．分析化学实验．第二版．北京：化学工业出版社，2007

3 蔡明招．分析化学实验．北京：化学工业出版社，2004

4 李永秀等．基础分析化学实验．南京：南京理工大学，1994

5 孙毓庆等．分析化学实验．北京：科学出版社，2004

6 崔学桂，张晓丽主编．基础化学实验（Ⅰ）——无机及分析化学实验．北京：化学工业出版社，2003

7 北京大学化学系分析化学教学组编．基础分析化学实验（第三版）．北京：北京大学出版社，1998

8 武汉大学主编．分析化学实验（第三版）．北京：高等教育出版社，1994

9 南京大学无机及分析化学实验编写组．无机及分析化学实验．第三版．北京：高等教育出版社，1998

10 佘振宝，姜桂兰．分析化学实验．北京：化学工业出版社，2006

11 刘珍．化验员读本（上册，化学分析）．第 4 版．北京：化学工业出版社，2004

附　录

1. 国际相对原子质量表

元素		相对原子质量	元素		相对原子质量	元素		相对原子质量
符号	名称		符号	名称		符号	名称	
Ac	锕	[227]	Ge	锗	72.61	Pr	镨	140.90765
Ag	银	107.8682	H	氢	1.00794	Pt	铂	195.08
Al	铝	26.981539	He	氦	4.002602	Pu	钚	[244]
Am	镅	[243]	Hf	铪	178.49	Ra	镭	226.0254
Ar	氩	39.948	Hg	汞	200.59	Rb	铷	85.4678
As	砷	74.92159	Ho	钬	164.93032	Re	铼	186.207
At	砹	[210]	I	碘	126.90447	Rh	铑	102.90550
Au	金	196.96654	In	铟	114.82	Rn	氡	[222]
B	硼	10.811	Ir	铱	192.22	Ru	钌	101.07
Ba	钡	137.327	K	钾	39.0983	S	硫	32.066
Be	铍	9.012182	Kr	氪	83.80	Sb	锑	121.75
Bi	铋	208.98037	La	镧	138.9055	Sc	钪	44.955910
Bk	锫	[247]	Li	锂	6.941	Se	硒	78.96
Br	溴	79.904	Lr	铹	[257]	Si	硅	28.0855
C	碳	12.011	Lu	镥	174.967	Sm	钐	150.36
Ca	钙	40.078	Md	钔	[256]	Sn	锡	118.710
Cd	镉	112.411	Mg	镁	24.3050	Sr	锶	87.62
Ce	铈	140.115	Mn	锰	54.93805	Ta	钽	180.9479
Cf	锎	[251]	Mo	钼	95.94	Tb	铽	158.92534
Cl	氯	35.4527	N	氮	14.00674	Tc	锝	98.9062
Cm	锔	[247]	Na	钠	22.989768	Te	碲	127.60
Co	钴	58.93320	Nb	铌	92.90638	Th	钍	232.0381
Cr	铬	51.9961	Nd	钕	144.24	Ti	钛	47.88
Cs	铯	132.90543	Ne	氖	20.1797	Tl	铊	204.3833
Cu	铜	63.546	Ni	镍	58.6934	Tm	铥	168.93421
Dy	镝	162.50	No	锘	[254]	U	铀	238.0289
Er	铒	167.26	Np	镎	237.0482	V	钒	50.9415
Es	锿	[254]	O	氧	15.9994	W	钨	183.85
Eu	铕	151.965	Os	锇	190.2	Xe	氙	131.29
F	氟	18.9984032	P	磷	30.973762	Y	钇	88.90585
Fe	铁	55.847	Pa	镤	231.03588	Yb	镱	173.04
Fm	镄	[257]	Pb	铅	207.2	Zn	锌	65.39
Fr	钫	[223]	Pd	钯	106.42	Zr	锆	91.224
Ga	镓	69.723	Pm	钷	[145]			
Gd	钆	157.25	Po	钋	[210]			

2. 常用有机溶剂的沸点和相对密度

名　称	沸点/℃	密度/(kg/L)	名　称	沸点/℃	密度/(kg/L)
甲醇	64.6	0.7928	苯	80.01	0.8790
乙醇	78.5	0.7850	甲苯	110.6	0.8669
乙醇	34.6	0.7135	二甲苯(o,p,m)	140	—
丙酮	56.5	0.792	氯仿	61.3	1.4985
乙酸	118.1	1.049	四氯化碳	76.8	1.595
乙酐	140.0	1.0820	二硫化碳	46.3	1.2628
乙酸乙酯	77.2	0.901	硝基苯	210.9	1.1987
二氧六环	100.5	1.0353	正丁醇	117.25	0.8098

3. 常用缓冲溶液的配制

缓冲溶液组成	pK_a	缓冲液 pH	缓冲溶液配制方法
氨基乙酸-HCl	2.35(pK_{a_1})	2.3	取氨基乙酸 150g 溶于 500mL 水中后,加浓 HCl 80mL,水稀至 1L
H_3PO_4-柠檬酸盐		2.5	取 $Na_2HPO_4 \cdot 12H_2O$ 113g 溶于 200mL 水后,加柠檬酸 387g,溶解,过滤后,稀至 1L
一氯乙酸-NaOH	2.86	2.8	取 200g 一氯乙酸溶于 200mL 水中,加 NaOH 40g,溶解后,稀至 1L
邻苯二甲酸氢钾-HCl	2.95(pK_{a_1})	2.9	取 500g 邻苯二甲酸氢钾溶于 500mL 水中,加浓 HCl 180mL,稀至 1L
甲酸-NaOH	3.76	3.7	取 95g 甲酸和 NaOH 40g 于 500mL 水中,溶解,稀至 1L
NH_4Ac-HAc		4.5	取 NH_4Ac 77g 溶于 200mL 水中,加冰 HAc 59mL,稀至 1L
NaAc-HAc	4.74	4.7	取无水 NaAc 83g 溶于水中,加冰 HAc 60mL,稀至 1L
NaAc-HAc	4.74	5.0	取无水 NaAc 160g 溶于水中,加冰 HAc 60mL,稀至 1L
NH_4Ac-HAc		5.0	取 NH_4Ac 250g 溶于水中,加冰 HAc 25mL,稀至 1L
六次甲基四胺-HCl	5.15	5.4	取六次甲基四胺 40g 溶于 200mL 水中,加浓 HCl 10mL,稀至 1L
NH_4Ac-HAc		6.0	取 NH_4Ac 600g 溶于水中,加冰 HAc 20mL,稀至 1L
NaAc-H_3PO_4 盐		8.0	取无水 NaAc 50g 和 $Na_2HPO_4 \cdot 12H_2O$ 50g,溶于水中,稀至 1L
Tris-HCl[二羟甲基氨甲烷 $CNH_2\equiv(HOCH_3)_3$]	8.21	8.2	取 25g Tris 试剂溶于水中,加浓 HCl 18mL,稀至 1L
NH_3-NH_4Cl	9.26	9.2	取 NH_4Cl 54g 溶于水中,加浓氨水 63mL,稀至 1L
NH_3-NH_4Cl	9.26	9.5	取 NH_4Cl 54g 溶于水中,加浓氨水 126mL,稀至 1L
NH_3-NH_4Cl	9.26	10.0	取 NH_4Cl 54g 溶于水中,加浓氨水 350mL,稀至 1L

注：1. 缓冲液配制后可用 pH 试纸检查。如 pH 值不对，可用共轭酸或碱调节。pH 值欲调节精确时，可用 pH 计调节。

2. 若需增加或减少缓冲液的缓冲容量时，可相应增加或减少共轭酸碱对物质的量，可调节之。

4. 常用缓冲溶液的pH范围

缓冲溶液	pK_a	pH有效范围	缓冲溶液	pK_a	pH有效范围
盐酸-邻苯二甲酸氢钾	3.1	2.4～4.0	磷酸二氢钾-硼砂	7.2	5.8～9.2
甲酸-氢氧化钠	3.8	2.8～4.6	磷酸二氢钾-磷酸氢二钾	7.2	6.9～8.0
醋酸-醋酸钠	4.8	3.6～5.6	硼酸-硼砂	9.2	7.2～9.2
邻苯二甲酸氢钾-氢氧化钾	5.1	4.0～6.2	硼酸-氢氧化钠	9.2	8.0～10.0
琥珀酸氢钠-琥珀酸钠	5.5	4.8～6.3	氯化铵-氨水	9.3	8.3～10.3
柠檬酸氢二钠-氢氧化钠	5.8	5.0～6.3	碳酸氢钠-碳酸钠	10.3	9.2～11.0
磷酸二氢钾-氢氧化钠	7.2	5.8～8.0	磷酸氢二钠-氢氧化钠	12.4	11.0～12.0

5. 常用酸碱的浓度、密度及配制方法

名　称	浓度 c(mol/L)(近似)	相对密度(20℃)	质量百分数/%	配制方法
浓 HCl	12	1.19	37.23	
稀 HCl	6	1.10	20.0	取浓盐酸与等体积水混合
	2		7.15	取浓盐酸167mL,稀释成1L
浓 HNO_3	16	1.42	69.80	
稀 HNO_3	6	1.20	32.36	取浓硝酸381mL,稀释成1L
	2			取浓硝酸128mL,稀释成1L
浓 H_2SO_4	18	1.84	95.6	
稀 H_2SO_4	3	1.18	24.8	取浓硫酸167mL,缓慢倾入833mL水中
	1			取浓硫酸56mL,缓慢倾入944mL水中
浓 HAc	17	1.05	99.5	
稀 HAc	6		35.0	取浓 HAc 350mL,稀释成1L
	2			取浓 HAc 118mL,稀释成1L
浓 $NH_3 \cdot H_2O$	15	0.90	25～27	
稀 $NH_3 \cdot H_2O$	6	10		取浓 $NH_3 \cdot H_2O$ 400mL,稀释成1L
	2			取浓 $NH_3 \cdot H_2O$ 134mL,稀释成1L
NaOH	6	1.22	19.7	将NaOH 240g溶于水,稀释至1L
	2			将NaOH 80g溶于水,稀释至1L

6. 常用基准物及其干燥条件

基准物	干燥后的组成	干燥温度及时间	标定对象
$NaHCO_3$	Na_2CO_3	260～270℃干燥至恒重	酸
$Na_2B_4O_7 \cdot 10H_2O$	$Na_2B_4O_7 \cdot 10H_2O$	NaCl-蔗糖饱和溶液干燥器中室温下保存	酸
$KHC_6H_4(COO)_2$	$KHC_6H_4(COO)_2$	105～110℃干燥1h	碱
$Na_2C_2O_4$	$Na_2C_6O_4$	105～110℃干燥2h	氧化剂
$K_2Cr_2O_7$	$K_2Cr_2O_7$	130～140℃加热0.5～1h	还原剂
$KBrO_3$	$KBrO_3$	120℃干燥1～2h	还原剂
KIO_3	KIO_3	105～120℃干燥	还原剂
As_2O_3	As_2O_3	硫酸干燥器中干燥至恒重	氧化剂
NaCl	NaCl	250～350℃加热1～2h	$AgNO_3$
$AgNO_3$	$AgNO_3$	120℃干燥2h	氯化物
Cu	Cu	室温干燥器中保存	还原剂
Zn	Zn	室温干燥器中保存	EDTA
ZnO	ZnO	约800℃灼烧至恒重	EDTA
无水 Na_2CO_3	Na_2CO_3	260～270℃加热0.5h	酸
$CaCO_3$	$CaCO_3$	105～110℃干燥	EDTA
$H_2C_2O_4 \cdot 2H_2O$	$H_2C_2O_4 \cdot 2H_2O$	室温空气中干燥	碱或 $KMnO_4$

7. 酸碱指示剂

指示剂名称	变色 pH 范围	颜色变化	溶液配制方法
甲基紫(第一变色范围)	0.13～0.5	黄→绿	0.1%或0.05%的水溶液
苦味酸	0.0～1.3	无色→黄	0.1%水溶液
甲基绿	0.1～2.0	黄→绿→浅蓝	0.05%水溶液
孔雀绿(第一变色范围)	0.13～2.0	黄→浅蓝→绿	0.1%水溶液
甲酚红(第一变色范围)	0.2～1.8	红→黄	0.04g 指示剂溶于 100mL 150%乙醇中
甲基紫(第二变色范围)	1.0～1.5	绿→蓝	0.1%水溶液
百里酚蓝(麝香草酚蓝)(第一变色范围)	1.2～2.8	红→黄	0.1g 指示剂溶于 100mL 20%乙醇中
甲基紫(第三变色范围)	2.0～3.0	蓝→紫	0.1%水溶液
茜素黄 R(第一变色范围)	1.9～3.3	红→黄	0.1%水溶液
二甲基黄	2.9～4.0	红→黄	0.1g 或 0.01g 指示剂溶于 100mL 90%乙醇中
甲基橙	3.1～4.4	红→橙黄	0.1%水溶液
溴酚蓝	3.0～4.6	黄→蓝	0.1g 指示剂溶于 100mL 20%乙醇中
刚果红	3.0～5.2	蓝紫→红	0.1%水溶液
茜素红 S(第一变色范围)	3.7～5.2	黄→紫	0.1%水溶液
溴甲酚绿	3.8～5.4	黄→蓝	0.1g 指示剂溶于 100mL 20%乙醇中
甲基红	4.4～6.2	红→黄	0.1g 或 0.2g 指示剂溶于 100mL 60%乙醇中
溴酚红	5.0～6.8	黄→红	0.1g 或 0.04g 指示剂溶于 100mL 20%乙醇中
溴甲酚紫	5.2～6.8	黄→紫红	0.1g 指示剂溶于 100mL 20%乙醇中
溴百里酚蓝	6.0～7.6	黄→蓝	0.05g 指示剂溶于 100mL 20%乙醇中
中性红	6.8～8.0	红→亮黄	0.1g 指示剂溶于 100mL 60%乙醇中
酚红	6.8～8.0	黄→红	0.1g 指示剂溶于 100mL 20%乙醇中
甲酚红	7.2～8.8	亮黄→紫红	0.1g 指示剂溶于 100mL 50%乙醇中
百里酚蓝(麝香草酚蓝)(第二变色范围)	8.0～9.0	黄→蓝	参看第一变色范围
酚酞	8.2～10.0	无色→紫红	0.1g 指示剂溶于 100mL 60%乙醇中
百里酚酞	9.4～10.6	无色→蓝	0.1g 指示剂溶于 100mL 90%乙醇中
茜素红 S(第二变色范围)	10.0～12.0	紫→淡黄	参看第一变色范围
茜素黄 R(第二变色范围)	10.1～12.1	黄→淡紫	0.1%水溶液
孔雀绿(第二变色范围)	11.5～13.2	蓝绿→无色	参看第一变色范围
达旦黄	12.0～13.0	黄→红	溶于水、乙醇

8. 能量单位换算表

能量单位	cm^{-1}	J	cal	eV
$1cm^{-1}$	1	1.98648×10^{-23}	4.74778×10^{-24}	1.239852×10^{-4}
1J	5.03404×10^{22}	1	0.239006	6.241461×10^{18}
1cal	2.10624×10^{23}	4.184	1	2.611425×10^{19}
1eV	8.065479×10^{3}	1.602189×10^{-19}	3.829326×10^{-20}	1

9. 压力单位换算表

压力单位	Pa	kg/cm^2	dyn/cm^2	lbf/in^2	atm	bar	mmHg
1Pa	1	1.019716×10^{-6}	10	1.450342×10^{-4}	9.86923×10^{-6}	1×10^{-3}	7.5006×10^{-3}
$1kg/cm^2$	9.80665×10^{4}	1	9.80665×10^{5}	14.223343	0.967841	0.980665	735.559
$1dyn/cm^2$	0.1	1.019716×10^{-6}	1	1.450377×10^{-5}	9.86923×10^{-7}	1×10^{-6}	7.50062×10^{-4}
$1lbf/in^2$	6.89476×10^{3}	7.0306958×10^{-2}	6.89476×10^{4}	1	6.80460×10^{-2}	6.89476×10^{-2}	51.7149
1atm	1.01325×10^{5}	1.03323	1.01325×10^{6}	14.6960	1	1.01325	760.0
1bar	1×10^{5}	1.019716	1×10^{6}	14.5038	6.986923	1	750.062
1mmHg	133.3224	1.35951×10^{-3}	1333.224	1.93368×10^{-2}	1.3157895×10^{-3}	1.33322×10^{-3}	1

注：$\rho_{Hg}=13.5931g/cm^3$；$g=9.80665m/s^2$。0℃下 1mmHg＝1Torr＝1/760atm。

参　考　文　献

1　龚凡．分析化学实验，哈尔滨：哈尔滨工程大学出版社，2000
2　邓珍灵．现代分析化学实验，长沙：中南大学出版社，2002
3　马全红，路春娥，吴敏，王国力．大学化学实验，南京：东南大学出版社，2002
4　董存智，王广健主编．大学化学实验教程（上册），合肥：安徽大学出版社，2005